职业素养与法律

主　编　余长潭　宋承武
副主编　马建华　潘伟伟

中央民族大学出版社
China Minzu University Press

图书在版编目(CIP)数据

职业素养与法律 / 余长潭,宋承武主编. —北京：中央民族大
学出版社，2015.6

ISBN 978 - 7 - 5660 - 1004 - 9

Ⅰ.①职… Ⅱ.①余…②宋… Ⅲ.①职业道德②法律-中国
Ⅳ.①B822.9②D92

中国版本图书馆 CIP 数据核字(2015)第 153842 号

职业素养与法律

主　　编	余长潭　宋承武
责任编辑	李　飞
封面设计	✳北京乘风破浪文化传播有限公司
出 版 者	中央民族大学出版社
	北京市海淀区中关村南大街 27 号　邮编:100081
	电话:68472815(发行部)　传真:68932751(发行部)
	68932218(总编室)　　　68932447(办公室)
发 行 者	全国各地新华书店
印 刷 厂	北京天正元印务有限公司
开　　本	787×1092(毫米)　1/16　印张:20.25
字　　数	469 千字
版　　次	2015 年 8 月第 1 版　2015 年 8 月第 1 次印刷
书　　号	ISBN 978 - 7 - 5660 - 1004 - 9
定　　价	32.00 元

出 版 说 明

　　按照传统的观念，一个人在接受过一定年限的正规教育之后，就应该初步具备了从业的基本能力。然而，事实却告诉我们，职场与校园的差别是如此之大，以至于许多学业成绩优秀的求职者苦苦追求却得不到用人单位的青睐，而很多幸运的职场新人虽然求职成功却无法适应职场的环境，并由此产生自卑、抱怨、厌倦等情绪，甚至有人不得不从来之不易的工作岗位上"落荒而逃"。

　　职场究竟需要什么样的能力？这是众多即将进入职场或已初涉职场却屡受挫折的人们共同面临的困惑。

　　考试是一种能力的培养方式，它可以使人获得一定的知识和专业能力，也有助于培养出一些优秀人才。但对于整个社会的发展和进步而言，显然是很不够的。当今社会之所以对"应试教育"批评得多，是因为它过分地强调学生的考试成绩，而忽略了他们作为未来职业人赖以生存所必需的某些关键能力，诸如自我管理、组织协调、适应环境变化、建立合作关系、应对突发事件及创造性地解决问题的能力等。而这些能力对人一生的发展又是至关重要的，其重要性甚至超过了学业水平或专业能力。

　　对于上述职场能力匮乏这一现象来说，并不是职场新人的错，而是我们的教育存在着某方面的缺失。多少年来，中国传统的重视成绩的成才观根植于社会的各个层面，包括每一个家庭和用人单位，这种观念直接影响着企业的用工机制和人才选拔制度。教育不得不屈服于来自社会的压力，迎合应试的社会需求，于是学业成绩成了衡量一个学生是否合格的唯一标准。在这种观念作用下的学校教育，忽略了人的综合素质培养，单纯以"识"取人，不同程度地背离了教育和人才成长的规律。

　　不少职业类学校已经意识到了应试教育的一些缺陷或弊端，努力尝试在教学中还原职业场景，模拟工作过程，提炼和概括职场所需要的专业能力，并在这一理念的指导下训练学生。这种尝试无疑对学生的就业是十分有益的。可是，这种模拟过程往往还只是强调训练学生的专业能力。事实上，最先觉悟的是企业的人力资源管理者。他们发现，很多拥有高分数的应聘者来到工作岗位后，面对新的工作常常显得困顿和无能为力，高分低能的现象十分突出。于是，越来越多的用人单位开始把选人和用人的目光从名牌学校和学业成绩转向综合素质和职业能力。如果说学业水平和专业能力可以使人胜任自己的工作的话，那么学业和专业以外的能力则可以帮助人获取更多的机会，为更好地从事专业工作创造条件、搭建平台，从而提升专业水准并从中获得更多的成功和职业幸福感，这种能力将使人终身受益。

信息时代最显著的特点之一就是知识爆炸，没有人可以通过一段时期的学习就掌握一生所需要的所有知识和技能。不仅如此，有人把当今社会称为"服务业主导的后工业社会"，它与工业社会的主要区别之一就是从业者变换岗位的频率大大地提高了。工业社会里被附加了太多贬义的"跳槽"行为在当今社会职场中几乎成为普遍现象。变化，是我们这个时代的一大特点。

什么才是"专业能力之外的能力"呢？我们称其为"职业核心能力"（Vocational Key Skills），并赋予它以下几个方面的内涵：职业沟通能力、团队合作能力、解决问题能力、自我管理能力、信息处理能力、创新创业能力。简单地说，也就是一个人适应工作岗位变化，处理各种复杂问题以及敢于和善于创新的能力。它是职业活动中最基本的能力，适用于任何职业的任何阶段，具有普适性。

既然我们的教育存在缺陷，而时代又对现代职业人提出了更高的要求。那么，"职业核心能力"是否可以通过培训而得到提高呢？现在，很多有识之士正在做着这样的努力。事实证明，科学合理的培训对于职场新人来说，可以从一定程度上弥补学校教育的不足，并使他们可以更快地适应职场的要求。

本套教材作为职业素质教育和培训教材无疑顺应了时代的需求。它贴近职场实际，采用"行为引导"教学法，通过构建能力目标、案例分析、过程训练和效果评估这样一种训练程序的培训，达到提高人的职业核心能力的目的。希望这个从职业场景提炼出来的职业核心能力的认证培训项目能在我们的院校和企业中开花结果，真正造福于全社会有需要的人士，使大多数职业人通过培训重获职场自信，进而走向成功。

本书分上篇和下篇，共十二个项目，由四川鹰才职业技术学校余长潭、辽宁省丹东市文化艺术学校宋承武主编，新疆伊犁州高级技工学校马建华、新疆石河子职业技术学院潘伟伟担任副主编。余长潭执笔项目一至项目四，宋承武执笔项目五至项目七，马建华执笔项目八和项目九，潘伟伟执笔项目十至项目十二全书由余长谭、宋承武负责统稿和修改。

编　者

目　　录

上　篇

下 篇

上　篇 ▸

项目一　职业素养概述

职业素养是一个人在从事职业活动中所需要的道德、心理、行为、能力等方面的素养，它包括职业道德、职业技能、职业行为、职业意识和职业态度等，可以通过学习、培训、锻炼、自我修养等方式逐步积累和发展。

职业素养就像一座在水中漂浮的冰山，水上部分由行为习惯和专业知识技能构成，代表冰山的可见部分和一个人的显性职业素养；水下部分的动机、特质、态度、责任心，代表冰山的不可见部分和一个人的隐性职业素养。显性的职业素养可以通过各种学历证书、职业证书来证明，或者通过专业考试来验证；而隐藏在水下，代表职业意识、职业道德、职业作风、职业态度、职业能力等方面的素养，是人们看不见的，这些隐性的职业素养具体表现为诚信品质、竞争能力、敬业形象、责任意识、法纪观念、团队精神等。在职业活动中，隐性职业素养决定、支撑着显性职业素养，隐性职业素养所起的作用远远大于显性职业素养所起的作用。

对职场人来说，职业素养这只看不见的无形之手，无时无刻都在发挥着关键甚至是决定性的作用。良好的职业素养会为你插上腾飞的翅膀，开启并收获美丽的人生。

项目知识要点：

- 职业道德规范
- 爱岗敬业、诚实守信、办事公道、服务群众、奉献社会
- 职业道德意识修养和职业道德行为修养
- 职业价值观
- 职业态度
- 责任意识
- 职业化
- 职业化的工作态度、工作道德、工作技能、工作形象

任务一 职业规范与价值观

职场在线

"违反职业规范，就会丢掉饭碗"

香港《大公报》一位记者到四川某高校采访，事先在电话中告知：随便提供住宿，打地铺都行，不在学校吃饭。负责接待的人以为只是客套，也就没有把他的话当一回事。

后来，那位记者来了。到了吃午饭的时间，他果真不肯到学校为他准备的地方就餐，无论怎样劝说，他始终坚持自己找地方吃饭。无奈之下，该校准备陪他吃饭的人只好散去。为略尽地主之谊，他们留下两个人，打定主意即便是实行"AA制"也不能冷落了客人。一顿饭吃下来，总共花了38元钱。但拗不过他的固执，饭钱由这位记者付了。晚饭，也只好由着他自己一人去了学生食堂，尔后赶晚上的火车匆匆去了西安。走之前，他拒绝了学校送给他的纪念品。尽管与他共事的时间不足一整天，尽管他一再说明，他这样做并不是刻意要保持什么"清高"，只是按照自己的职业规范来要求自己而已，请大家不要把这种正常的现象看成不正常，但他的所作所为仍然给人留下了深刻的印象：认真对待面临的每一件事，实在、谦虚、干练，有很强的自律能力。尤其是他所说的："违反了职业规范，就会丢掉饭碗。"把职业规范与"饭碗"联系起来，更是让人感慨不已。

无独有偶，在此之前香港亚洲电视台为"西部行"栏目来该校采访。采访车到校后，径直开到了指定的教学楼。选景、架机、采访学校领导、采访学生、拍摄校景，没有一句寒暄和客套，紧张而有条不紊地忙碌了近一个小时。同样，他们不吃学校为其准备的午饭，也不接受学校的礼品。短短的几十分钟，他们高质量的工作效率，随和、平易近人的工作作风，配合默契的团队为在场的人们留下了极深的印象。

俗话说得好，"没有规矩，不成方圆。"其实，每个行业都有自己的从业规范。这些规范与法律法规、生活习惯相协调，是社会公德、职业道德在该行业的具体化。它对职业活动中的各种人际关系起着调节作用，是评价职业活动和解决矛盾的行为准则。它使从业人员知道应该做什么，不应该做什么，应该怎么做，不应该怎么做。

一、能力目标 Competency Goal

（一）遵守职业道德规范

俗话说，德才兼备是精品，有德无才是次品，无德无才是废品，有才无德是危险品。所以，很多单位在招聘时都有这样一个潜规则，德才兼备要重用，有德无才可以用，有才

无德不敢用，无德无才不能用。

纵观历史，凡是做出重大成就的人，无不具有良好的职业道德修养。职业道德是从业人员的立身之本、成功之源。

1. 职业道德规范的含义

职业道德与职业规范是在职业特有的责、权、利的基础之上所形成的不同规范体系。

职业道德规范是指在一定职业活动中应遵循的、体现一定职业特征的、调整一定职业关系的职业行为准则和规范。它是从业人员在进行职业活动时应遵循的行为规范，同时又是从业人员对社会所应承担的道德责任和义务。职业道德是公民道德的一个组成部分和重要体现。

职业道德规范包括各行各业必须共同遵守的职业道德基本规范和适应各自职业要求的行业职业道德规范。职业道德规范体现的是对该职业的态度和能力要求，是人们在从事职业活动中应当遵守的标准和准则。它对职业活动中的各种人际关系起着调节作用，是评价职业活动和解决矛盾的行为准则。

2. 职业道德的基本规范

职业道德的基本规范是所有从事职业活动的人必须遵守的基本职业行为准则，它包括爱岗敬业、诚实守信、办事公道、服务群众和奉献社会五个方面。其中，爱岗敬业是职业道德的核心和基础，诚实守信、办事公道是职业道德的准则，服务群众、奉献社会是职业道德的灵魂。

（1）爱岗敬业——职场第一美德。爱岗就是热爱自己的工作岗位，热爱自己从事的职业；敬业就是以恭敬、严肃、负责的态度对待工作，一丝不苟，兢兢业业，专心致志。爱岗敬业是每个职业人都应该具备的一种职业态度，也是我们一生应当恪守的职业道德。

爱岗敬业有三个基本要求：

乐业	爱岗敬业的前提，是一种良好的职业情感
勤业	爱岗敬业的保证，是一种优秀的工作态度
精业	爱岗敬业的条件，是一种执着完美的追求

爱岗敬业的最高境界就是把职业当成事业来看待。一个员工有没有爱岗敬业的精神，其工作的效果和绩效是完全不同的，当一个员工有爱岗敬业精神时，他才能投入全身心的精力，把工作做到最好。

（2）诚实守信——职场立身之本。诚实就是真心诚意，实事求是，不虚假，不欺诈；守信就是遵守承诺，讲究信用，注重质量和信誉。诚实守信的基本要求是：要恪守诺言，要讲究信誉，要诚信无欺，要讲究质量，要信守合同，言必信、行必果。

诚信不仅是一种品行，更是一种责任；不仅是一种道义，更是一种准则；不仅是一种声誉，更是一种资源。诚实守信是企业的发展之基，也是员工的立身之本；是各行各业的生存之道，也是维系良好市场经济秩序必不可少的道德准则。

（3）办事公道——彰显公平、正义。办事公道就要体现公平、正义。办事公道有助于社会文明程度的提高，是市场经济良性运行的有效保证。

办事公道的基本要求：要求从业人员以国家法律法规、社会公德为准则，客观、公正、公开地开展公务活动。

（4）服务群众——全心全意为人民服务。服务群众，就是全心全意地为人民服务，一切以人民的利益为出发点和归宿。

服务群众的基本要求：要求从业人员认真听取群众意见，了解群众需要，端正服务态度，改进服务措施，提高服务质量；要热情周到，要满足需要，要有高超的服务技能。

(5) 奉献社会——实现人生价值。奉献社会，就是把自己的知识、才能、智慧等毫不保留地、不计报酬地贡献给人民、社会、国家，并带来实实在在的利益。

奉献社会的基本要求：要求从业人员具有奉献精神，全心全意为社会做贡献，把公众利益、社会效益放在第一位，这是每个从业者职业行为的宗旨和归宿。

3. 不同行业的职业道德规范

行业是以生产要素组合为特征的各类经济活动。每个行业都包含着许多职业。由于每种职业的社会使命、工作性质、业务内容、运作方式、劳动强度、服务对象、活动场所等存在明显的差别，所以，对从业人员的职业素养就有一些不同的要求。如科学、教育类职业道德规范；文化、医务类职业道德规范；法律、商业类职业道德规范；行政管理人员职业道德规范等。每类行业的职业道德规范都是职业道德基本规范在各行业的进一步具体化，体现了本行业内各种职业道德的共同特征。

4. 职业道德修养

职业道德修养是指人们为了在职业道德方面达到一定的水平而进行的自我教育、自我锻炼、自我改造和自我完善的过程。职业道德修养是围绕着从业人员所应遵循的基本原则和规范在职业活动中进行的自我完善的过程。其目的在于使人培育出良好的职业道德品质，达到较高的职业道德境界。职业道德修养可分为职业道德意识修养和行为修养两个方面。

(1) 职业道德意识修养。职业道德意识是指人们对客观存在的职业道德活动和道德关系的认识和理解。其内容包括从认识到情感，转为意志，上升为信念等各个层次。

职业道德认识是指从业人员对职业道德原则和规范的认知和理解，是从业人员增强道德责任感、形成良好道德品质的第一步。

职业道德情感是指从业人员在职业活动中对事物进行善恶判断所引起的情绪体验。它比职业道德认识深化了一步，并且有一定的稳定性。它是一个人职业良心的重要体现。

职业道德意志是指从业人员在履行职业道德义务的过程中所表现出来的自觉地克服困难、完成任务的毅力和精神。一旦有了坚强的职业道德意志，就能够抵御外来的不良侵蚀和影响，就能够坚守道德规范，坚决推进职业活动。

职业道德信念是指人们对所从事的职业道德义务发自内心的笃信和强烈的责任感。它是职业道德认识、情感、意志的升华与结晶，是职业道德意识的最高层次。人们一旦确立了某种道德信念，就会矢志不渝地遵循它来选择行为，履行义务，并以此作为评定自身和他人行为的标准。

(2) 职业道德行为修养。职业道德行为是职业道德意识的外在表现。良好的职业道德行为是在职业活动中不断得到强化的，主要体现为从业者将道德知识内化为道德信念，再将道德信念外化为道德行为。

提高职业道德修养的途径主要有三个方面：一是学以致用，重在实践，努力做到言行一致，知行统一；二是经常自省，加强自律，开展道德评价，勇于解剖自己；三是学习先进典型，不断激励自己，自觉追求"慎独"的精神境界。在培养职业道德修养时，要牢记四个要素：根在实践，贵在自觉，重在坚持，难在"慎独"。

（二）树立职业价值观

1. 职业价值观的含义

职业价值观是一个人对职业的认识和态度及他对职业目标的追求和向往。职业价值集中体现在个人选择职业的标准和对具体职业的评价上，是人们在面对职业时最看重的东西。

职业价值观影响着人们的职业兴趣、职业评价、择业意向、从业态度、创业效果和职业行为，影响着人们对职业方向和职业目标的选择，对人的职业发展和生涯前程具有决定性的作用。

2. 职业价值观的培养

（1）树立正确的人生观。人生观、价值观对一个人观念的形成、行为的选择具有非常重要的影响。要确立正确的人生观，首先，必须要确立科学的人生目的。其次，要追求崇高的人生理想，从自身做起，从身边的小事做起。再次，要确立正确的人生态度，自觉抵制各种不良的社会风气。最后，要明确自己的人生责任，勤奋学习，真诚待人，用心做事，努力承担社会责任。

（2）培养社会责任感。一个有社会责任感的人，应该具备三点品质：坚持道德上正确的主张；坚持实践正义的原则；愿为他人作出奉献和牺牲。勇于承担社会责任是当代大学生实现自我价值的基本要求。爱因斯坦曾经说过，人只有献身社会，才能找到那实际上是短暂而有风险的生命的意义。

（3）树立职业理想。职业理想是人们在职业上依据社会要求和个人条件、借想象而确定的奋斗目标，即个人渴望达到的职业境界。职业理想是理想的重要组成部分，大学生的职业理想是他们正确择业并激励自己克服求职及职业活动中的挫折、实现自己目标的重要支撑。

（4）涵养职业心理。职业心理是人们在职业活动中表现出的认识、情感、意志等相对稳定的心理倾向或个性特征。通过对大学生职业心理教育，积极引导新生代大学生勇于面对挫折，在环境的变化和角色的转变中保持健康自信、坚韧不拔的职业态度，消除求职者的各种心理困惑，提高求职者的心理承受能力和社会适应能力，帮助求职者顺利实现自己的职业理想。

（5）形成共赢思维。共赢是指交易双方或共事双方或多方在完成一项活动或共担一项任务的过程中互惠互利、相得益彰，能够实现双方或多方的共同收益。共赢品格的核心是利人利己、你好我也好，有成果之后懂得分享。

二、案例分析 Case Study

案例一：道德缺陷挽救不了聪明

十几年前，有一个小伙子刚毕业就去了法国，开始了半工半读的留学生活。渐渐地，他发现当地的公共交通系统的售票是自助的，也就是你想到哪个地方，根据目的地自行买票，车站几乎都是开放式的，不设检票口，也没有检票员，甚至连随机性的抽查都非常少。

他发现了这个管理上的漏洞，或者说以他的思维方式看来是漏洞。凭着自己的聪明劲，他精确地估算了这样一个概率：逃票而被查到的概率大约仅为万分之三。他为自己的这个发现而沾沾自喜，从此之后，他便经常逃票上车。他还找到了一个宽慰自己的理由：自己还是穷学生嘛，能省一点儿是一点儿。

四年过去了，名牌大学的金字招牌和优秀的学业成绩让他充满信心，他开始频频地进入巴黎一些跨国公司的大门，踌躇满志地推销自己。

但这些公司都是先热情有加，然而数日之后，却又都是婉言相拒。一次次的失败，使他不解，更使他愤怒。他认为一定是这些公司有种族歧视的倾向，排斥外国人。

最后一次，他冲进了某公司人力资源部经理的办公室，要求经理对于不予录用他给出一个合理的理由。

然而，结局却是他始料不及的。下面的一段对话很令人玩味。

"先生，我们并不是歧视你，相反，我们很重视你。你一来求职的时候，我们对你的教育背景和学术水平都很感兴趣，老实说，从工作能力上，你就是我们所要找的人。"

"那为什么不收天下英才为贵公司所用？"

"因为我们查了你的信用记录，发现你有三次乘公交车逃票被处罚的记录。"

"我不否认这个。但为了这点小事，你们就放弃了一个多次在学报上发表过论文的人才？"

"小事？我们并不认为这是小事。我们注意到，第一次逃票是在你来我们国家后的第一个星期，检查人员相信了你的解释，因为你说自己还不熟悉自助售票系统，只是给你补了票。但在这之后，你又两次逃票。"

"那时刚好我口袋中没有零钱。"

"不、不，先生。我不同意你这种解释，你在怀疑我的智商。我相信在被查获前，你可能有数百次逃票的经历。"

"那也罪不至死吧？干吗那么认真？以后改还不行吗？"

"不、不，先生。此事证明了两点：

一、你不尊重规则。你善于发现规则中的漏洞并恶意使用。

二、你不值得信任。而我们公司的许多工作是必须依靠信任进行的，因为如果你负责了某个地区的市场开发，公司将赋予你许多职权。

为了节约成本，我们没有办法设置复杂的监督机构，正如我们的公共交通系统一样。所以我们没有办法雇用你，可以确切地说，在这个国家甚至整个欧盟，你可能找不到雇用你的公司。"

直到此时，他才如梦方醒、懊悔难当。然而，真正让他产生一语惊心之感的，却是对方最后提到的一句话："道德常常能弥补智慧的缺陷，而智慧却永远填补不了道德的缺陷。"

故事的主人公不久便回国了。他凭着自己的努力成了一名小有名气的企业家。在一次电视访谈节目中，他向大家讲了这个故事，并告诫大家：一个人要是失去财富、失去职业、失去机会，他都可以再重新站起来，但要是失去诚信的人格，他的信誉将一败涂地，一生的前途都将为此蒙上阴影。诚信是事业成功的关键品质。

案例二：道德陷阱

汤姆是一家网络公司的技术总监，由于公司改变发展方向，他觉得这家公司不再适合自己，决定换一份工作。以汤姆的资历和在 IT 业的影响及原任公司的实力，找份工作并不是件多么困难的事情。有很多企业早就盯上他了，以前也曾试图挖走他，但都没成功。

很多公司都抛出了令人心动的条件，但在优厚条件的背后总是隐藏着一些东西，汤姆知道这是为什么，但是他不能因为优厚的条件就背弃自己一贯的原则，汤姆拒绝了很多公司对他的邀请。最终，他决定到一家大型的企业去应聘技术总监，这家企业在全美乃至世界都有相当影响力，很多 IT 界人士都希望能得到这家公司的工作。

面试汤姆的是该企业的人力资源部主管和负责技术方面工作的副总裁。对汤姆的专业能力他们并无挑剔，但是他们提到了一个令汤姆很失望的问题："我们很欢迎你到我们公司来工作，你的能力和资历都非常不错。我听说你以前所在公司正在着手开发一个新的适用于大型企业的财务应用软件，据说你提了许多非常有价值的建议，我们公司也在策划这方面的工作，能否透露一些你原来公司这方面的情况，你知道这对我们很重要，而且这也是我们为什么看中你的原因。请原谅我说得这么直白。"副总裁说。

"你们问我的这个问题很令我失望，看来市场竞争的确需要一些非正常的手段。不过，我也要令你们失望了。对不起，我有义务忠诚于我的企业，即使我已经离开，到任何时候我都必须这么做。与获得一份工作相比，忠诚对我而言更重要。"汤姆说完就走了。

汤姆的朋友都替他惋惜，因为能到这家企业工作是很多人的梦想。但汤姆并没有因此而觉得可惜，他为自己所做的一切感到坦然。没过几天，汤姆收到了来自这家公司的一封信，信上写着："你被录用了，不仅仅因为你的专业能力，还有你的忠诚。"这家公司在选择人才的时候，一直很看重一个人是否忠诚。他们相信，一个能对自己原来公司忠诚的人也可以对自己的公司忠诚。这次面试，很多人被淘汰了，就是因为他们为了获得这份工作而对原来的企业丧失了最起码的忠诚。这些人中不乏优秀的专业人才，但是，这家公司的人力资源部主管认为，如果一个人不能忠诚自己原来的企业，人们很难相信他会忠诚于别的企业。

由此可见，能力再强，如果缺乏职业道德，也往往会被人拒之门外。取得成功的因素最重要的不是一个人的能力，而是他优良的道德品质。一个人的忠诚不仅不会让他失去机会，相反会让他赢得机会。除此之外，他还能赢得别人对他的尊敬和敬佩。员工的忠诚和责任，有时胜过他们的智慧。

三、过程训练 Process Training

活动一：职业道德对个人发展的意义

职业道德是我们取得事业成功的重要前提。虽然各个企业的规模不尽相同，用人标准有一定的差异，在选拔人才时自有其独特之处，但是从根本上看，他们对人才的要求是一样的。依据企业员工工作能力与职业道德水准的不同，可以分为四类员工。请参考 A、B、C、D 四类员工，与同学讨论职业道德对个人职业发展的意义所在。

	类型	职业道德	工作能力	企业认同度	结果
A	人财	好	强	高	给企业带来财富
B	人才	好	差	一般	"将就"使用
C	人才	差	强	低	很难使用
D	人裁	差	差	低	被裁员

讨论：在个人的职业发展过程中，职业道德具有什么样的重要地位？与工作能力相比较，哪一个更重要？

活动二： 通过活动澄清价值观

以下列出了 20 种价值观，请在每一项前面，做出 1～20 的排序。

排序	价值观	表现
	成就	获得成功的结果，达到预期的目标
	审美	为了美而欣赏、享受美
	利他	关心别人，为别人的利益献身
	自主	能够独立地做出决定
	创造性	产生新思想及革命性的设计
	情绪健康	能够克服焦虑的情绪，有效阻止坏脾气的发生
	诚实	公正或正直的行为，忠诚、高尚的品质或行为
	正义	无偏见，公平、正直；遵从真理、事实，理性
	知识	为了满足好奇心而寻求真理、信息或者原则
	爱	温暖的依恋、热情、献身；无私的奉献，忠诚地接待他人
	忠诚	效忠于个人、团队或者组织
	道德	相信并遵守道德标准
	身体外观	关心自己的容貌
	愉悦	一种惬意的感觉，更注重内心的满足与喜悦
	权力	拥有支配权、权威或对他人的影响
	认可	由于他人的反应而感觉自己很重要，很有价值
	宗教信仰	对宗教观念信服和尊崇，并奉为自己的行为准则
	技能	乐于有效使用知识、完成工作的能力；具有专门技术
	财富	拥有大量的物质财富；富足
	智慧	具有洞察内在品质和关系的能力

从上述排序中，筛选出 5 种对你而言最重要的价值观写下来，如果对你而言很重要，但是上述 20 项中没有列出，也可以写下来。

讨论：通过这次活动，你对自己的价值观有什么新的认识和想法？

四、效果评估 Performance Evaluation

评估一： 诚信状况测评

（一）情景描述

1. 你认为自己是个讲诚信的人吗？   （   ）
   A. 是，诚信是人的基本道德，一向严格要求自己
   B. 视具体情况而定，不诚信只是偶尔状况
   C. 不是
   D. 其他

2. 你认为目前大学生的总体诚信情况如何？   （   ）
   A. 很好，不值得担忧
   B. 一般，不诚信只是个别行为
   C. 较差，较多人存在不诚信行为
   D. 很差，前景值得担忧

3. 你认为不少大学生诚信缺失的原因是什么？   （   ）
   A. 社会大环境中不诚信的影响
   B. 家长、老师、朋友的影响
   C. 高校考试教育体制不合理
   D. 其他

4. 你认为加强大学生的诚信应该从哪些方面入手（多选题）？ （   ）
   A. 健全个人诚信档案
   B. 建立失信的惩罚措施
   C. 开展宣传教育
   D. 加强舆论监督
   E. 其他

5. 在成长过程中，长辈对你进行过有关诚信的教育吗？ （   ）
   A. 小时候有，长大以后没有
   B. 经常，长辈很重视
   C. 基本没有，被长辈忽略

6. 和他人交往时，你是否看重对方的诚信？   （   ）
   A. 十分看重，但不是决定性条件
   B. 比较重视，但不是决定性条件
   C. 无所谓，大家开心即可

7. 在申请国家助学贷款或特困生补助时，你会对家庭情况： （   ）
   A. 如实填写
   B. 夸大经济困难程度，不惜出具假的家庭证明
   C. 基本上照实说，稍微有点隐瞒

D. 其他

8. 你认为银行对助学贷款的担保及偿还要求： （　　）

A. 不可理解，要求过于苛刻，对大学生没有必要

B. 与诚信无关，是银行的原则问题

C. 理解，银行有其难处，毕竟现在社会不诚信现象很常见

D. 其他

9. 你对作弊行为的看法是： （　　）

A. 深恶痛绝，自己绝不会作弊

B. 不赞成，但也不会制止，是老师的事情

C. 无所谓，现在作弊司空见惯，没有什么大惊小怪的

D. 其他

10. 对于毕业求职简历中的修饰现象，你认为： （　　）

A. 是不诚信的体现，不值得提倡

B. 适当修饰可以理解

C. 允许，大家都明白有很多水分，没什么大不了的

11. 你怎么看待约会迟到和借物不还的情况？ （　　）

A. 很生气

B. 有时候确实是有原因，没关系

C. 无所谓，个人性格问题

12. 北京大学一位教授因剽窃论文而被开除，你认为： （　　）

A. 做法合理，有助于纠正学术风气

B. 没必要，学术作假大家心知肚明

C. 惩罚过分，有点不近人情

（二）讨论与评估

1. 3～5 人一个小组，围绕调查问卷上的问题展开讨论。针对意见不同的问题，意见双方要有理有据对自己的想法进行阐述。

2. 小组成员之间结合自身学习生活经历，谈谈如何从小事做起，培养自己的诚信意识。

评估二：职业道德自我测评

（一）情景描述（对下列判断结合自己的实际做出"不同意""有点同意/有点不同意""同意"的选择）

1. 不拿公司财物，即使是一支水笔、一张信封。

2. 在规定的休息时间之后，会立即赶回工作场所。

3. 看到别人违反规定，会想办法让其反省，并告知相应部门。

4. 凡与职务有关的事情，会注意保密。

5. 不到下班时间，不会擅自离开工作岗位。

6. 不会做有损于公司名誉的行为，即使这种行为并不违反规定。

7. 自己有对本公司有利的意见或方法，都会提出来，不管自己是否得到相应的报酬。

8. 不泄露对竞争者有利的信息。

9. 注意自己和同事们的健康。

10. 能接受更繁重的任务和更重大的责任。

11. 在工作以外，不做有损于公司名誉的事情。

12. 在促进商业利益的团体和场合中，会显得积极。

13. 为了完成工作，在工作时间以外，会自行加班加点。

14. 为了保证工作绩效，会做到劳逸结合。

15. 会利用业余时间研究与工作有关的信息。

16. 保证自己的家庭成员也采取有利于公司的行动。

（二）评估标准与结果分析

1. 有四个及以上不同意的，职业道德和敬业程度较低；

2. 有两三个不同意的，职业道德和敬业程度中等；

3. 有一个不同意的，职业道德和敬业程度上等；

4. 没有不同意的，职业道德和敬业程度卓越。

任务二　职业态度与责任感

职场在线

　　一个偏远山区的小姑娘来到城市打工，在一家餐馆当服务员。在大多数人看来，这是一份简单的工作，只要招呼好客人就行了。虽然很多人从事这个职业多年，却很少认真用心地投入过，不就是客人来了，泡泡茶，帮客人点点菜、端端盘子之类的事吗？实在没有什么需要投入的。

　　可是，这个小姑娘不一样，她从一进入餐馆就十分地用心，只要有客人光顾，她总是千方百计地让他们高兴而来，满意而去。那些常来餐馆吃饭的客人，她不仅记得他们的姓名，还掌握了他们的口味和爱好，赢得了顾客的交口称赞。当别的服务员在嗑瓜子闲聊时，她却在厨房帮师傅们配菜或切菜，她还自费买来菜谱，细细地琢磨，为餐馆推荐了许多既营养又有特色的菜，招来了很多前来尝鲜的新客户，为饭店增加了收益。很多的老客人就是因为她的口碑好而常来这个餐馆的。

　　吃饭高峰期客人特别多，服务员们有时忙得连正点吃饭的时间都没有。只有等客人吃好、吃饱，走了以后，他们才有时间吃饭。很多人抱怨工作量太大，不是喊肚子饿，就是说没力气了，虽然不敢怠工，但对待客户的服务就没那么细心、周到和热情了，甚至有点心不在焉。而这个姑娘呢，脸上始终挂着微笑，别的服务员照顾一桌客人，她却独自招呼好几桌的客人，并且让客人都感到满意。

老板很欣赏她的才能,提拔她做主管。餐馆生意在不断地做大,这个小姑娘也成为这家餐馆的合伙人。

小姑娘之所以能够脱颖而出,关键在于她有良好的职业态度,在平凡的工作岗位上无怨无悔地倾注着自己全部的真诚与热情,勤奋工作,爱岗敬业,充分发挥了工作的主动性和积极性。一个人的工作态度折射着他的人生态度,而人生态度决定了一个人一生的成就。

一、能力目标 Competency Goal

在一项对1000名成功者的调查中发现,促使这些人成功的因素中,积极、主动、努力、毅力、乐观、信心、爱心、责任心这些态度因素占到了80%左右。由此可见,无论选择何种工作,成功的基础都是你的态度、责任感、素养。一个人对职业的态度,及其基本职业素养决定了他在职业上的成就。

(一)端正职业态度

1. 职业态度的含义

职业态度是一个人对自己所从事的或者即将从事的职业所持的主观评价与心理倾向。它包括四个方面的内容:

职业认识	个体对自身特点、兴趣爱好等的认知,以及对某种社会职业的认识和评价
职业情感	个体对某种职业的态度体验和相应的行为反应,是一种情绪表现
职业意向	个体对所从事或者将要从事的某种社会职业的综合反应倾向
职业行为	个体对职业劳动的认识、评价等过程的综合反映,调控和支配着职业行为

"态度决定方法,态度决定一切。"一个人的态度直接决定他的行为,拥有良好积极的职业态度才会感到工作的乐趣、职业的前途,才有可能取得事业的成功。

2. 职业态度的内容

(1)择业态度。择业态度是毕业生在择业过程中所表现出来的各种心理状态与特征的总和,包括务实进取和逃避现实两种截然不同的择业态度。培养良好的择业态度,敢于面对竞争和迎接挑战,在择业过程中是十分重要的。大学生择业要知己知彼。所谓"知己"主要是指要全方位地了解自己,包括自己的兴趣爱好、个人能力、性格特征等;"知彼"就是要了解自己希望从事的职业,包括它的职业前景、任职条件、工作内容等。

(2)敬业态度。敬业是指对待工作有责任感,尽心尽责,忠于职守。敬业态度主要包括:对待工作要有恭敬的态度;在工作中要具备责任感,具备主动的精神;具备追求完美、勇于付出的精神。

比尔·盖茨在被问及他心目中的最佳员工是什么样时,强调了这样一条:一个优秀的员工应该对自己的工作满怀热情,当他对客户介绍本公司的产品时,应该有一种传教士传教般的狂热。一句话,将你的职业当成一项事业来做,它的荣誉感和使命感会立即将你工作中的一切不如意一扫而空。

(3)奉献精神。奉献精神不仅体现了对生活的态度,还表现了一个人对待职业认真与否的态度。只有甘于奉献，才能胸怀祖国，服务人民；只有乐于奉献，才能热忱服务，恪尽职守；只有善于奉献，才能精益求精，开拓创新。

（二）增强责任意识

1. 责任意识的含义

责任意识也称责任心或责任感，是指一个人的行为在生活或工作中对待他人、家庭、组织和社会是否负责，以及负责任的程度。

责任意识是一种自我约束的价值取向。它是衡量一个人是否成熟的重要标准，是一个人立足社会、获得事业成功和家庭幸福的至关重要的人格品质。一个人有了责任意识，就不会对工作掉以轻心，就会一丝不苟、信心十足地做好工作，遇到困难，也绝不轻易放弃；有了责任意识，才会勇于担当，乐于贡献。相反，一个责任意识淡薄的人，不可能全身心地投入工作，他的潜能也不可能被激发出来，即使他工作得再久，也只能是碌碌无为。

2. 责任意识的内容

自我责任感 ➤ 这是对自己负责，能做出负责任的行为选择和承担该行为选择的后果。其基本要求是珍惜生命和追求有价值的生命；其主要内容是珍惜生命、提高自身修养的责任意识；其目的是培养自爱、自尊、自信、自律、自强的意识，充分发挥个人的聪明才智，使自己成为一个对社会有用的人。

家庭责任感 ➤ 这是一种爱自己的家庭、爱自己的亲人、爱自己的家庭生活的主体意识。作为一名家庭成员，应当尊老爱幼，孝敬父母，夫妻恩爱，在努力追求事业成功的同时，学会关心，学会感恩，学会担当，妥善处理家庭的感情和物质生活，承担相应的家庭责任，营造温馨和谐的家庭关系。

他人责任感 ➤ 这是对他人负责，尊重、接纳、关爱他人，与他人和谐相处与合作的意识。在社会生活中，接受他人的支持、帮助与合作不可避免，关爱他人也就是关爱自己，爱别人也就是爱自己，对别人负责也就是对自己负责。因此，树立关爱他人的责任意识，是实现人生价值的重要内容。

社会责任感 ➤ 这是社会群体或个人为了建立美好社会而承担相应的责任，履行各种义务的自律意识和人格素质。社会责任感往往通过人们对社会责任的认识、理解和态度及人们的行为表现出来，具体体现为社会公德、责任意识、公民意识和履行公民责任的状况，以及法制观念、法律意识和守法状况等。

职业责任感 ➤ 这是从事一定职业的人们对社会和他人所承担的职责、义务及相应行为后果。它主要包括敬业精神和诚信教育两方面的内容，能引导人们把职业理想同远大理想结合起来，寻求个人需求、能力同社会需求的结合点，使社会成员都能在自己的岗位上履行对社会、对他人的责任。

3. 责任意识的培养途径

（1）明确自己的责任。大学生的责任就是要使自己成为社会需要的德才兼备的人才，为将来的职业生涯做好充分的准备。一是要探索自己的价值观、人格、兴趣和能力，不断完善自己的人格，明确自己的爱好、优势和目标；二是安排好自己的大学生活，管理好时间、情绪、压力和健康，使自己在大学期间高效地增长才干；三是从入学开始，就要规划好自己的生活，包括学习安排、身心健康、职业生涯、职业素养提升等，为实现自己的职业目标做好充分的准备。

（2）善于从小事做起。要养成良好的责任感，就必须注重实干，积极主动，从身边的小事做起。无论从事何种工作，一定要有一种从零做起的心态，要放下架子，尊重他人，虚心学习，埋头苦干，千万不要抱怨，不要浮躁，不要好高骛远。所有的成功者，都与我们做着同样的小事，他们与我们的区别在于他们将每一件小事做到最好。

（3）学会自我管理。责任心首先体现在对自己负责。这就要求大学生学会管理和控制自己。管理和控制自己主要表现在以下几个方面。

管理自己的时间：要充分利用每天的时间，要把控自己学习多长时间，休息多长时间，休闲多长时间，要有具体限定，不可放任自流。

管理自己的目标：要制定并践行自己制定的目标，把长期目标和短期目标结合起来，从量化的具体小目标做起。

管理自己的情绪：在实现自己目标的过程中，人人都会遭受困难和挫折，甚至失败。这时，要管理并控制好自己的情绪，不抛弃、不放弃，要振作精神，以积极的心态谋求解决的途径。

此外，还要对自己的学习、健康、人际关系等进行管理。当一个人实现了自我管理，体现出潜在的管理能力，他就是真正有职业精神的人。只有进行自我管理的员工，才能实现业绩的最优化，才能实现自己的职业化。

（4）勇于承担责任。"人非圣贤，孰能无过。"一个人再聪明，再能干，也总有出错失误的时候。一个缺乏责任感的人，总爱把工作成绩归于自己，而把工作失误推给别人或客观条件。这种做法必然会损害组织的利益，伤害他人的利益，也损伤自己的形象。在任何组织中，这种人都不会得到认可。只有勇于担当并及时改正、设法补救的人，才能成为组织中独当一面的人才，才有可能被赋予更多的使命，才有资格获得更大的荣誉。

二、案例分析 Case Study

案例一：巴林银行的倒闭

巴林银行成立于 1763 年，被誉为英国银行业的泰斗，享有"女王的银行"之美誉。

1995 年 2 月 27 日，国际金融界传出一条举世震惊的消息：有着 232 年灿烂历史、4 万名员工、全球几乎所有地区都有分支机构、曾一度排名世界第六的英国巴林银行，宣布倒闭。消息一经传开，全球无不感到惊愕，人们不禁要问："到底是什么原因造成了这一悲剧？"

造成这一悲剧的直接原因，是该行新加坡分行交易员尼克·里森在未经授权的情况下，赌输了日经指数期货，却利用多个户头掩盖其损失所致。

尼克·里森当年 28 岁，是巴林银行新加坡分行的经理。他 25 岁时到巴林银行，主要是做期货买卖，1992 年被委以主持巴林银行在新加坡期货业务的重任。里森上任初期，业务表现非常出色，1993 年为巴林银行赚了 1400 万美元，他本人从中获得 100 万美元的奖金。

巴林银行的高层决策者认为里森是一位才华出众的金融新星，对他委以更大的重任，让他既主管前台的交易，又负责后台报表统计，并直接向伦敦负责，对他的决策和管理能力，以及他对银行的责任心毫无戒疑。

然而，里森对公司却毫无责任心可言，他只想到他能拿多少年终奖，能挣多少钱。在这种念头的驱使下，他终于铤而走险。

从1994年年底开始，里森认为日本股市将上扬，未经批准就做风险很大的被称作"套汇"的衍生金融商品交易，期望利用不同地区交易市场上的差价获利。在已购进价值70亿美元的日本日经股票指数期货后，里森又在日本债券和短期利率合同期货市场上做价值约200亿美元的空头交易。不幸的是，日经指数并未按照里森的想法走，在1995年1月就降到了18500点以下，在此点位下，每下降一点，就损失200万美元。里森又试图通过大量买进的办法促使日经指数上升，但都失败了。随着日经指数的进一步下跌，里森越亏越多，眼睁睁地看着10多亿美元化作乌有，而且整个巴林银行的资本和储备金只有8.6亿美元。

眼看这个失误带来的恶果越来越严重，里森深知无力回天，于1995年2月22日在办公室留下一张条子，声称自己失误并道声"对不起"，便潜逃了。

在短短不到三年的时间里，里森以特殊账户，用偷天换日的手法，掩盖自己错误的交易，造成的损失达14亿美元。真相大白后，有232年历史的英国巴林银行轰然倒下。最后以1英镑的象征性价格，被荷兰皇家银行收购，现改名为霸菱银行。

巴林银行的倒闭，是由于尼尔·里森缺乏长久的责任心而造成的。尼尔·里森一开始也是尽心尽力为银行负责，但时间一长就被一时的胜利冲昏了头脑，完全丧失了对银行的长久责任心，以至于到了后来为掩盖一个个失误而造成百年银行的倒闭。

缺乏责任心、不负责任的人给企业造成的危害有多大，几乎超出人们的想象。大家都知道在数学上，"100-1"等于99，而在责任上，"100-1"却等于零。无论企业管理制度多么严谨，一旦雇用没有责任心的人，就像组织中的深水炸弹，随时可能会引爆。

案例二：老木匠的最后一座房子

一个年纪很大的老木匠就要退休了，他告诉老板自己要离开建筑业，然后跟家人享受天伦之乐。

老板实在舍不得老木匠的精湛手艺，于是再三挽留。但是老木匠决心已定，不为所动。老板只好答应，但希望他能在离开之前，再盖一栋具有个人风格的房子。老木匠答应了。

在盖房子的过程中，大家都看得出来，老木匠的心已经不在工作上了。用料不那么严格，做出的活计也全无往日水准。

房屋落成时，老板来了，看都没看房子，就把大门的钥匙交给木匠说，"你一直都那样努力，让我感动，这所房子就是我送给你的礼物，谢谢。"

老木匠愣住了，心中充满了悔恨与羞愧。自己一生盖过多少好房子，最后却为自己建了这样一座粗制滥造的房子。如果他知道这间房子是他自己的，他一定会用百倍的努力，最好的建材，最精致的技术来把它盖好。可惜，这世界上没有后悔药。

我们其实都是那个木匠，每一天都在经营着将来属于自己的一砖一瓦，钉钉子、锯木板，但很少有人会意识到自己现在所有的努力都是为了将来的自己。直到结果呈现在自己面前，才幡然醒悟，原来自己今日所得都是昨日所为的必然结果。因此，我们一定要有自己的长远目标和人生规划，从当下开始，用每天一点一滴的进步来一步步铸造属于自己的梦想。

三、过程训练 Process Training

活动一：培养责任感

（一）活动目的

1. 培养学员的责任感。
2. 增进学员彼此之间的信任与协作。

（二）活动过程

选择一片空地，中间放置一个高度为 1.5～1.8 米的平台（也可以用梯子或树桩代替）。

要求所有学员在参加活动前摘下手表、戒指、带扣的腰带或其他的尖锐物件，并把衣兜掏空。

1. 准备。首先挑选两名学员，站在平台上。其中一名准备从平台往下跌落，另一名担任监护员。其余同学作为救护员，在平台前排成两列。队列与平台形成一个合适的角度（如垂直于平台前沿）。他们的共同任务是承接跌落者。

进行承接的救护人员必须按照从低到高、肩并肩地排成两列，相对而立；保持向前伸直胳膊、掌心朝上的姿态，形成一个安全的承接区。但是不能同对面队友拉手，也不能抓住对方的胳膊或者手腕。

2. 监护员职责。监护员要负责整个活动进程。监护员的首要职责是保证跌落者正确倒下，直接倒在两列队员中间的承接区。跌落者双手贴近大腿两侧，始终挺直身体，必须背对承接队列向后倒。

监护员要负责查看承接队列是否按照个头高低或者力气大小均匀排列了。必要时，要让队员重新排队。

3. 活动过程。跌落者要听从监护员的指挥，听到监护员发出喊声"倒"才可以按照规定的方式向后倒下去。

队列前部的承接员接住跌落者后，把他安全地传到队尾。

队尾的两名承接员要始终抬着跌落者的身体，直到他双脚着地。

4. 角色转换。每当跌落者站在承接队伍尾部时，开始角色转换。刚才的跌落者及其监护员变为队尾的承接员，靠近平台的两名承接员变成台上新的跌落者和监护员。如此循环，让每位同学都有机会充当跌落者。

每一对跌落者和监护员要安排互换，以便分别体验两种角色的感受。

（三）问题与讨论

1. 在参与活动之前，你对此活动有何认识？
2. 在参与活动之后，你对此活动有何感受？
3. 作为跌落者，当在平台上听到口令往后倒时，你有何感想？
4. 监护员应该具备什么样的职业意识？

活动二： 运筹帷幄共建高楼

（一）活动过程

1. 活动准备：30 张报纸，6 卷封箱胶，6 把剪刀，2 把长直尺，1 个秒表，1 个口哨。
2. 人数要求：每班分成 6 组，每组选 3 个人，共 18 人参加游戏。
3. 时间要求：20 分钟。
4. 活动规则：每组各分 5 张报纸，1 卷封箱胶，1 把剪刀，每组队伍要求在 10 分钟内，利用分配给他们的纸和封箱胶，尽可能建立最高的高楼。当老师宣布游戏结束时，所有参加游戏的人必须离开高楼，使大楼独立耸立，不得有任何支撑。

游戏结束后，按照楼的高度评选出第一至第六名，楼最高者为第一名。

（二）分享与评估

1. 评比结束后，每个小组总结游戏经验和体会。
2. 这是培养竞争意识、创新意识、合作意识和自身意识的团体活动，同时可以让每个参加游戏的同学更好地了解自己。

四、效果评估 Performance Evaluation

评估： 测测你的责任感

（一）情景描述

对下列问题按照实际回答"是"或"否"。回答"是"得 1 分，回答"否"得 0 分，将每题的得分相加就是你最后的得分。

情景描述	是	否
1. 与人约会，你通常会提前出门，以保证自己能准时赴约吗		
2. 当你发现自己脚下有纸屑时，会主动捡起来放到垃圾桶吗		
3. 你会把零用钱储蓄起来吗		
4. 发现朋友违规，你会举报吗		
5. 当外出的你找不到垃圾桶时，你会把垃圾带回家吗		
6. 你会坚持运动以保持健康吗		

情景描述	是	否
7. 你忌吃垃圾食物、脂肪过高或其他有害健康的食物吗		
8. 你永远将正事列为优先，完成后再做其他休闲吗		
9. 当你玩得正兴起时，母亲让你帮忙打酱油，你会中止玩耍吗		
10. 收到别人的信件，你总会在一两天内就回信吗		
11. "既然决定做一件事情，那么就要把它做好。"你认可这一句话吗		
12. 没有交警时，你会遵守交通规则吗		
13. 求学时代，你经常拖延交作业吗		
14. 你经常帮忙做家务吗		
15. 你会认真写好每一个字吗		
16. 每天出门前，你有照镜子的习惯吗		
17. 当你作业做到深夜还未完成时，你会继续努力直至完成吗		
18. 与人相约，你从来不会耽误赴约，即使自己生病也不例外吗		

（二）结果分析

分数为 13～18 分：你是个非常有责任感的人。行事谨慎、为人可靠，并且相当诚实。

分数为 9～12 分：大多数情况下你都很有责任感，只是偶尔有些率性而为，没有考虑得很周到。

分数为 4～8 分：你的责任感有所欠缺，这将会使你难以得到大家的充分信任。

分数为 4 分以下：你是个完全不负责任的人。

任务三　职场成功与职业化

职场在线

张明的学习成绩很好，毕业后却屡次碰壁，一直找不到理想的工作。他觉得自己怀才不遇，对社会感到非常失望。他为没有伯乐来赏识他这匹"千里马"而愤慨，甚至因伤心、绝望。

怀着极度的痛苦，他来到大海边，打算就此结束自己的生命。正当他即将被海水淹没的时候，一位老人救起了他。

老人问他为什么要走绝路。张明说："我得不到别人和社会的承认，没有人欣赏我，我觉得人生没有意义。"

老人从脚下的沙滩上捡起一粒沙子，让年轻人看了看，随手扔在了地上。然后对张明说："请你把我刚才扔在地上的那粒沙子捡起来。""这根本就不可能。"张明低头看了一下说。

老人没有说话，从自己的口袋里掏出一颗晶莹剔透的珍珠，随手扔在了沙滩上。然后对张明说："你能把这颗珍珠捡起来吗？"

"当然能！"

"那你就应该明白自己的境遇了！你要认识到，现在你自己还不是一颗珍珠，所以你不能苛求别人立即承认你。如果想要得到别人的承认，那你就要想办法使自己变成一颗珍珠才行。"

张明低头沉思，半晌无语。

有的时候，你必须知道自己只是普通的沙粒，而不是价值连城的珍珠。你要出人头地，必须要有出类拔萃的资本才行。要使自己有别于海滩上的沙粒，就要努力使自己成为一颗璀璨的珍珠。

我们如何才能创造自己的职业生涯与事业的辉煌呢？职业化就是答案之一。职业化是对工作的尊重与热爱，是对事业孜孜不倦的一种追求精神，也是现代企业要求员工必须具备的首要素质。职业化是成功的代名词，是生存与发展的硬道理，也是职场人士最强的竞争力。

一、能力目标 Competency Goal

福特基金会的一项问卷调查统计结果显示，在对应聘者主要素质的要求中，排在前五位的是责任意识、敬业精神、团队合作精神、品德、踏实肯干；在对应聘者主要能力的要求中，排在前五位的是沟通、专业、解决问题、灵活应变、自我管理。对于"当前大学生最欠缺的是什么？"排在前五位的回答是：工作经验、吃苦耐劳能力、解决问题能力、沟通能力、责任意识。事实上，一个人的成功智商占 20%、情商占 80%。我们所说的职业素养包含了责任意识、敬业精神、意志品质、自信心等情商要素。也可以说，一个人职业素养的高低是决定他事业成功与否的根本性因素。

（一）职业化的概念

"职业化"简单来讲，就是一种精神，一种力量，一套规则，是对职业的价值观、态度和行为规范的总和。职业化就是以此为生，精于此道；职业化就是细微之处做的专业；职业化就是尽量用理性的态度对待工作；职业化就是敢于向不可能挑战；就是不断地富有成效地学习，就是责任心、敬业精神和团结协作……职业化要求员工的工作状态实现标准化、规范化、制度化，要求员工的知识、技能、观念、思维、态度、心理等方面符合职业规范和标准。

（二）职业化的内涵

职业化就是专职化和专业化，其基本内涵包括：职业化的工作态度、职业化的工作道德、职业的工作技能和职业化的工作形象。

名称	释义	表现
职业化的工作态度	做事情要力求完善，把事情做到最好。有了这种态度，才能叫职业化或专业化	以服务对象的眼光看事情；耐心对待你的顾客和工作伙伴；把职业当成你的事业；对自己的言行负责；用最高职业标准要求自己；一切以业绩为导向；为实现自我价值而工作；积极应对工作中的困难；懂得感恩，接受工作的全部
职业化的工作道德	最大限度地维护组织和团队的利益和形象，这是职业化员工必须恪守的基本职业道德	以诚信精神对待职业；廉洁自律，秉公办事；严格遵守职业规范和组织制度；绝不透露本组织机密；永远忠诚于你的团队；全力维护本组织和团队的品牌形象；克服自私心理，树立节约意识；培养职业美德，缔造人格魅力
职业化的工作技能	努力修炼岗位所需的必要技能。简单地说就是做事要有做事的样子	制定清晰的职业目标；学以致用，把知识转化为职业能力；把复杂工作简单化；加强沟通，把话说得恰到好处；重视职业中的每一个细节；多给客户和工作伙伴一些有价值的建议；善于学习，适应变化；突破职业思维，具备创新能力
职业化的工作形象	在职场或公众面前树立的印象，是客户认知的直接出发点，即"像干那一行的样子"	主要包括：职业化的服饰礼仪，职业化的形体礼仪，职业化的工作礼仪。可简单概括为：统一化、标准化、简单化、精致化。它是组织和团队鲜活的广告，是保持自己和组织竞争力的关键

（三）职业化素养的特征

职业化素养包括显性素养和隐性素养：显性素养是指外在形象、知识结构和各种技能；隐性素养包括职业道德、职业意识和职业态度。职业化要求员工应当具备以下基本特征。

1. 职业化就是训练有素、行为规范

训练有素，就是拥有训练有素的思想（共同的价值观、奋斗目标等）和训练有素的行为（共同的行为规范、解决问题的方法等）。21世纪职场中生存的第一要则：只有高度职业化才能生存。

2. 职业化就是细微之处体现专业

细微之处体现专业，是职业化的精髓。对职场中人来说，不论从事何种工作，我们的职业要求我们处处体现专业性，尤其是在细微之处。

邮件往来，你有没有在主题上标明邮件的主旨，没有主题的邮件，你就要小心被别人当作垃圾邮件处理掉；和别人会面的时候，你是不是会注意眼神交流，老是举目顾盼或者脸红低头，别人会怀疑你心里有障碍；同女性客户走在一起的时候，有没有主动给她挡电梯的门、开出租车的门，这不是做作，而是绅士风度的职业化延伸。要记住，职场中影响你成功的最大障碍，就是从小养成疏忽的习惯。而职业化成功的最好方法，就是不分大小，把任何事都做得精益求精，尽善尽美。

3. 职业化就是共赢与共享

机遇与挑战并存的时代让竞争成为一个沉重的话题。市场上此起彼伏的广告战、价格战、渠道战乃至肉搏战经久不息，职场中尔虞我诈、明争暗斗、恶语中伤乃至拳脚相加的打拼仍在继续。难道我们不能用双赢与共享的智慧削去竞争的锋芒，携手同行吗？双赢其实可以很简单，即用美德为竞争镶边着色，让折射的阳光照亮携手同行的路程，在诚实守信、关爱和睦中共同进步。竞争体现着时代特色，共赢更是代表着一个民族和个人的高度。因此，共赢与共享，是职业化素质的基本要求。

4. 职业化就是坚持不懈的勤奋付出

职业化就像你学习任何一项技能一样，刚开始总是举步维艰，不过努力到一定程度，你就可以触类旁通、举一反三了。职场中的人都明白"二八法则"的推理：假设要实现完全的职业化需要你付出五年的时间，那么在你前四年的努力当中，你可能只能实现20%的职业化。但是如果你坚持进入第五年，你20%的努力也许会获得甚至超越80%的回报。所以，如果你没有得到你想要的回报，那说明你的努力还远远不够。要知道，勤奋胜过一切天赋！

5. 职业化就是自主自发地去做能做的事

什么是主动？阿尔伯特·哈伯德在《把信送给加西亚》一书中这样解释——"世界会给你以厚报，既有金钱也有荣誉，只要你具备这样一种品质，那就是主动。"主动，是一种态度，它反映一个人对待问题、对待工作的行为趋向和价值趋向；主动，是一种品质，它是任何人取得成功所必须具备的一种重要品质。

6. 职业化就是勇于向困难挑战

在工作中，经常会遇到各种难题。"聪明的人"往往能够看出完成这些工作的困难程度和成功的可能性到底有多大，其结果却大多会选择退缩和回避，因为他们"聪明"地认为这些都是不可能完成的任务。

而有些"傻人"好像就不会想这么多，他们"傻乎乎"地迎难而上、全力以赴，即使最后失败了也在所不惜。有时想想，人生最精彩的华章，并不是你在哪一天拥有了多少钱，也不是你在哪一刻获得了美妙的赞誉。最激动人心也最令人难忘的，或许就是你在某一关键的瞬间，咬紧牙关战胜了自己。如果你想要摆脱平庸的工作状态，拥有精彩卓越的人生，就应当摆脱内心的恐惧和退缩，不断挑战自我。

（四）职业化能力的提升

职业化已经成为当今世界的一大特征。各种组织机构要实现其未来的职能，越来越依赖于员工的职业化能力。我国的职业化进程远远落后于发达国家，据调查资料显示，90%的公司认为，制约企业发展的最大因素是缺乏高素质的职业化员工。入职后的职业过程，往往需要2～3年的时间。在大学阶段的职业化教育几乎是空白的情况下，如果从大一就开始启发学生树立职业化的意识，培养职业化素质，那么，到工作岗位之后，不仅适应得快，而且还将大大缩短事业成功的时间。

要完成从非职业人向职业人的转变，将职业素养内化为态度和行为习惯，需要不断地提升包括职业沟通能力、团队合作能力、礼仪素养能力、信息处理能力、解决问题能力、执行能力等在内的能力素养，以达到职业化的要求。这些能力将会在本书中一一展开。

二、案例分析 Case Study

案例一：每天进步一点点，成功就会变简单

有一个美国年轻人，小时候卖过报纸，做过杂货店伙计，还当过图书馆管理员，日子

过得很紧。几年以后，他下定决心，用 50 美元开创出一片基业。一年后，他果真有了几万美元。但当他雄心勃勃准备大干一场时，存钱的那家银行破产倒闭，他也随之一贫如洗，还欠了两万美元的外债。万念俱灰的他，得了一种怪病，全身溃烂，医生说他只有三周的时间可以存活。绝望的他写了遗嘱，准备一死了之，就在这时，他突然看到一句话，这使他幡然醒悟。他抛开忧虑和恐惧，安心休养，身体慢慢恢复了健康。几年后，他成了一家大公司的董事长，开始雄霸纽约股市。他，就是大名鼎鼎的爱德华•伊文斯。他看到的那句话是：每天进步一点点，成功就随时在你的生活里。

职业化的过程就是一个职业人在职场中的成长过程，就是普通员工成长为卓越员工的过程。对于刚刚步入职场的年轻人来说，一定要保持良好的心态，敢于挑战工作中的各种困难，同时充分利用一切机会锤炼自己，提升自己，通过点滴的进步来逐渐造就自己的职业化素养。如果每天都能进步一点点，那么成功肯定就在不远处。

案例二：我们都很重要

第二次世界大战以后，日本经济很不景气。一家濒临倒闭的食品公司，决定裁员三分之一，有三类人列在其中：清洁工、司机、仓管人员。经理找他们谈话，说明了裁员的意图。清洁工说："我们很重要。如果没有我们打扫卫生，没有一个清洁优美的环境，你们怎么能全身心地投入工作呢？"司机说："我们很重要。这么多产品，如果没有司机的话，怎么迅速销往市场呢？"仓管人员说："我们很重要。战争刚刚过去，社会秩序不好，如果没有我们，这些食品岂不被偷光？"

经理觉得他们说的都很有道理，决定不裁员，重新制定管理策略。最后，经理在厂门口挂了一块大匾，上面写着"我很重要"。从此以后，上至高层管理人员下至普通一线员工，每天走进公司大门的第一眼就看到这四个大字，每个人都觉得老板很重视自己，觉得自己是公司里不可或缺的一分子，因此工作积极性前所未有的高涨。几年后，公司迅速崛起，成为日本屈指可数的大公司之一。

任何一个单位都是一个整体，每个员工都是所在单位"链条"中的重要一环。从这个角度来说，一个单位的进取目标，不仅是单位领导、一系列部门的目标，更是每一个员工的目标。每个人无论职位高低，都应该具有强烈的主人翁意识。只有每一个员工都以主人翁的姿态把自己的本职工作做到尽善尽美，整个团体才能获得成功。

三、过程训练 Process Training

活动一：团队合作能力

（一）活动目的

1. 了解团队协作的重要性。
2. 增加团队成员的归属感。
3. 激发学员的奋斗精神。

（二）活动过程

1. 将学员分成若干个小组，每组在五人以上为佳。
2. 每一组先派出两名学员，背靠背坐在地上。
3. 两人双臂互相交叉，合力使双方一同站起。
4. 以此类推，每组每次增加一人，如果失败需再来一次，直到成功才可再加一人。
5. 指导者在旁观看，选出人数最多且用时最少的一组为优胜。

（三）问题与讨论

1. 你能仅靠一人的力量完成起立动作吗？
2. 如果参加游戏的队员能够保持动作协调一致，这个任务是不是更容易完成？

活动二：勇于承担责任

（一）活动目的

帮助学生克服心理障碍，在错误面前，勇于承担责任。

（二）活动过程

学生相隔一臂距离站成几排（视人数而定），教师喊一声，向右转；喊两声，向左转；喊三声，向后转；喊四声，向前跨一步；喊五声，不动。

当有人做错时，做错的人要走出队列，站到大家面前先鞠一躬，举起右手高声说："对不起，我错了！"

（三）问题与讨论

1. 当你站在大家面前，准备承认错误时，你有什么想法？
2. 当你面对大家勇敢地承认了错误之后，你有什么感受？
3. 结合你的成长经历，谈谈自己成长过程中曾经有过哪些犯了错误不敢承认和勇于承认的经历。

四、效果评估 Performance Evaluation

评估：测测你的工作主动性

（一）情景描述

1. 在工作当中，对于你力所能及的事情，你愿意 （ ）
A. 与别人合作　　　B. 说不准　　　C. 自己单独进行
2. 在接受困难任务时，你： （ ）
A. 有独立完成的信心
B. 拿不准

C. 希望能力强的人与自己一起进行

3. 你对自己的工作能力 （　　）

A. 充分相信　　　　　B. 很不相信　　　　　C. 介于 A 和 B 之间

4. 解决问题时，你常常： （　　）

A. 独立思考　　　　　B. 与别人讨论　　　　C. 介于 A 和 B 之间

5. 对领导布置的任务你总是： （　　）

A. 为保证质量，需要反复检查

B. 在规定时间内完成，并保证质量

C. 能提前完成，并得到上司赞赏

6. 在社团活动中，你是不是积极分子？ （　　）

A. 是的　　　　　　　B. 看兴趣　　　　　　C. 不是

7. 领导指派你做一些简单的工作，你会： （　　）

A. 认为领导看不起自己

B. 心中有抱怨，但仍会把工作做好

C. 不管工作多少，始终尽心尽力

8. 对于一件许多人都不愿意去做的工作，你会： （　　）

A. 主动请缨，相信自己的能力

B. 如果领导指派，自己会尽力做好

C. 不显露自己，更不自寻烦恼

9. 在工作上，你喜欢独自筹划或不愿意别人干涉吗？ （　　）

A. 是的　　　　　　　B. 不好说　　　　　　C. 喜欢与人共事

10. 你的学习多依赖于 （　　）

A. 阅读书刊　　　　　B. 参加集体讨论　　　C. 介于 A 和 B 之间

（二）评分标准与结果分析

请根据下列计分标准，计算自己的得分。

题号	1	2	3	4	5	6	7	8	9	10
A	0	2	2	2	0	2	0	0	2	2
B	1	1	1	0	0	1	1	2	1	0
C	2	0	1	1	2	0	3	1	0	1

15～20 分：自主性很强。你就像上满发条的钟表一样，时刻地走着。对你而言，懒惰、拖延是你最痛恨的恶习。在工作中，你无论自己分内的工作是多少，都会尽心尽力地完成，而且对于艰难的工作，你还会主动请缨，排除万难。自动自发是你的习惯，坚持下去，你的职场前景一片光明。

11～14 分：自主性一般。对你而言，没有出类拔萃，也没有落后于人，你有的只是平凡。在工作中，你不会有很高的效率，但一般都能按时完成自己分内的工作。如果企业裁员，你往往不用担心，因为有比你更差的员工；但升职之时，你同样也不在其中，因为有比你优秀的员工。

11 分以下：自主性很差。你认为工作是谋生的手段，因此工作是为了生活。你少有激情、缺乏耐心；少有信心、缺乏目标，你就像一棵墙头草随风摇摆。在工作中，你依赖、随群、附和，表面上你很有人缘，实际上你很不受欢迎，也许明天被裁的人就是你。

1. 近年来，许多招聘单位对求职者学历的要求越来越高，你是否认可这种倾向？为什么？

2. 为什么说终身学习是现代社会职场人的必然选择？你毕业后打算采取哪种方式继续学习？

3. 职场中，有人认为应该"干一行，爱一行"，还有人坚持应该"爱一行，干一行"。你赞成哪一种观点？为什么？

4. 大学生就业前应该做好哪些职业能力的准备？

（一）作业描述

职业化离你还有多远，寻找差距并拟定计划和目标。

（二）作业要求

1. 五人一组展开讨论，根据职业化的相关内容，成员之间相互指出彼此在职业化素质方面还存在哪些差距。

2. 分析小组成员意见，了解别人眼中的自己。在此基础上，对自我进行深刻反省和剖析，找出自己离职业化的真实距离，并制定下一步的努力目标和详细实施步骤。

项目二　职场上的基本能力

　　人生是一个漫长的旅程，工作是旅程中必不可少的内容，它占据了生命三分之一的时间，我们的人生快乐与否，很大程度上取决于我们工作的状态。或者说，工作的质量往往决定了我们生活的质量。你的工作是否快乐，来自你对工作态度的选择。

　　在职业生涯中，我们的工作状态会受到情绪与压力的影响，了解情绪与压力，学会情绪管理，培养积极情绪，认识压力，掌握压力管理策略，找到适合自己的减压方法，及时有效地调节自己的精神状态，做工作的主人，满怀热情，全力以赴去体会工作的快乐，你的生命将会因工作更有意义！

项目知识要点：

- 工作的意义
- 快乐工作方法
- 情绪
- 自我情绪管理
- 积极情绪培养
- 压力
- 压力管理
- 压力管理方法

任务一　快乐工作方法

职场在线

1993 年，刚刚毕业的王林被分配到海南某电气集团有限公司。作为一家国有企业，当时的效益不太好，很多人都不愿意来。但他想，既然来了，就好好干吧。因为在他的心里有一个朴素而美好的想法，希望单位能好起来。他的心始终和企业在一起，把个人的荣辱和企业的命运紧紧地连接在一起。1997 年厂子改制，之后，发展一年比一年好，特别最近几年，一年一个台阶，效益年年攀升。从起初到如今，这一路起起伏伏，从一名普普通通的工人，到如今的企业管理者，他始终保持乐观的态度，时刻享受工作的乐趣。他在工作中责任心很强，对工作投入极大的热情，他说："如果你负责一件事情，那就一定要做得有头有尾，就像画圆，一定要把圈圈画圆，踏踏实实地做，一步一个脚印，搞实业的就要这样！"

在企业，他是一名优秀的好员工，就像集团一位领导说的"他勤勤恳恳，兢兢业业，心态很好，为工作付出，不计较，自发地做好工作。"的确，他以他的工作态度影响着一个团队。他就是一个榜样，一面旗帜。这种无形的精神力量所带来的团队凝聚力及生产效率的提高，对企业来说是一种用金钱也难以换来的价值！

说到个人发展，他总是怀着一颗感恩的心，说是企业发展得好，是企业给自己提供了发展的平台。他以自己的行动为企业做出了贡献，工作上他获得了一定的成就感，也实现了他个人的人生价值。

王林的经历给我们的启发是：快乐工作有方法。王林以他乐观、积极的工作态度和踏实的工作作风，30 年如一日，不但为企业带来了效益，而且他个人的价值也因此而实现了。

一、能力目标 Competency Goal

工作的最高境界就是快乐工作，积极的心态是快乐工作之本。无论从事哪种工作，都能找到兴趣和满足。当一个人全身心地沉浸在自己所热爱的工作中时，就会感到前所未有的兴奋与满足，这就是一种幸福。

（一）工作的意义

人们在择业和从业活动中通常会把获取较高的报酬放在第一位，这是无可厚非的，因为对很多人来说，工作是获取生活来源的主要途径，但是，通过工作来获取生活来源并不是工作的唯一价值，而且过分看重这个价值，就很容易沦为金钱的奴隶。

工作没有高低贵贱之分，在工作中，人们总是以一定的职业身份与社会组织、部门和个人打交道，这就要承担和履行一定的社会责任，这是工作社会性的表现。人生价值只有在工作中才能得到实现，一个人如果不能通过自身的工作为他人、为社会创造价值，就不会被社会认同；反之，一个人如果能不断地为他人、为社会创造价值，那么，他被社会认同的程度就会越来越高，其人生价值也就会得到最大限度的实现。

你在为谁工作？这是一个值得思考的问题。对待工作的态度就是我们对待人生的态度，每个人都应该为自己的人生负责，我们在为他人工作的同时，也是在为自己工作！

工作的意义还在于它是实现人生愿景的重要途径，相对于个人的成长而言，我们的付出是很值得的。

（二）快乐工作方法

1. 积极的心态

世界上没有不好的工作，让我们对工作产生不满的是不平衡的心态。因此，快乐工作的关键在于人们的心态。放弃抱怨，用乐观的心态去面对当前的工作，我们就会从这种积极转变中找到快乐。从自己胜任工作后的那一刻起，我们会发现，原来快乐工作就在自己身边。

2. 赋予工作意义

如果你赋予工作意义，无论工作大小都会感到快乐，那么人生就是天堂。如果你不喜欢做的话，任何简单的事都会变得困难、无趣，那么人生就变成了地狱。

3. 满腔热情，投入当下的工作

快乐不是对工作的喜爱，而是满怀热情，全力以赴去做才能体会到工作的快乐，得到别人的认可。唯有先看重自己，才能肯定自我价值。

4. 科学的时间管理

做事需要章法，不能眉毛、胡子一把抓，要分轻重缓急。这样才能一步一步地把事情做得有节奏、有条理，从而避免拖延。工作的一个基本原则是，要把最重要的事情放在第一位，只有这样，才可以提高效率，才能游刃有余、轻松自在。

5. 树立新的目标

任何工作在本质上都是一样的，都存在着周而复始的重复。如果是因为这永无休止的重复，而对眼前的工作失去信心的话，那么就要转变工作的态度，主动给自己树立新目标，反之，即使是一份让你称心的工作，一个令所有人羡慕的工作环境，它一样会因为一成不变而变得枯燥乏味，你也不会从中获得快乐。因此想要工作快乐，就一定要给自己不断树立新的目标，挖掘新鲜感。

6. 对工作心存感恩

工作为你展示了广阔的发展空间，为你提供了施展才华的平台。每一份工作或每一个工作环境都无法尽善尽美，但每一份工作中都有许多宝贵的经验和资源，如失败的沮丧、自我成长的喜悦、温馨的工作伙伴、值得感谢的客户等，这些都是成功者必须体验的感受和必须具备的财富。如果你能每天怀着感恩的心情去工作，在工作中始终牢记"拥有一份工作，就要懂得感恩"的道理，你一定会收获很多。

7. 建立和谐融洽的人际关系

在工作中，"和谐"经常会被忽略，但它却是快乐工作的重要因素。因为，工作除了要有满意的薪资收入和经验学习之外，更重要的一点是要能与领导、同事相处愉快。因此，在职场中，你要多花些时间与精力，去跟身边的领导、同事建立起和谐融洽的关系。这样你的工作环境才会愈加顺心遂意，而你的工作也会更加轻松自如。

8. 改变对事物或事态的解释风格

事态	悲观的解释	乐观的解释
我最近身体不好	我完蛋了	我只是累坏了
老板今天发脾气了	我的老板是个混蛋	老板现在情绪不佳
朋友之间没有沟通	你从来都不跟我沟通	你最近没怎么跟我聊天
我买的股票跌入了谷底	我永远都不会投资	我只是那时买错了股票
我抽中了一个小奖	今天是我的幸运日	我的运气一向很好
我和同事吵架了	他（她）是个暴君	他（她）今天心情不好
我的一小块皮肤最近很痒	50%以上的概率是癌症	只不过是湿疹而已
我们的球队赢了	这完全是运气	我们能善于利用好运
今天我迷路了	我总是没有方向感	在十字路口我拐错了
我的方案被否决了	我总是不善于策划	老板觉得我的方案成本太高

二、案例分析 Case Study

案例一：工作着，快乐着

非洲的某个土著部落迎来了美国的观光旅游团。部落里的人虽然还没有什么市场观念，可面对这样好的赚钱商机，自然也是不会放过的。

部落中有一位老人，他正悠闲地坐在一棵大树下面，一边乘凉，一边编织着草帽。编好的草帽，他会放在身前一字排开，供游客们挑选购买。他编织的草帽造型非常别致，而且颜色的搭配也非常巧妙，可以称得上是巧夺天工了。游客们纷纷驻足购买。这时候一位精明的商人看到了老人编织的草帽，他立刻盘算开了：这样精美的草帽如果运到美国去，我敢保证一定能卖个好价钱，至少能够获得十倍的利润吧。想到这里，他不由得激动地对老人说："朋友，这种草帽多少钱一顶呀？""十块钱一顶。"老人冲他微笑了一下，继续编织着草帽。他那种闲适的神态，真让人感觉他不是在工作，而是在享受一种美妙的心情。"天哪，如果我买一万顶草帽回到国内去销售的话，我一定会发大财的。"商人欣喜若狂，不由得为自己的经商天才而沾沾自喜。

于是商人对老人说："假如我在你这里定做一万顶草帽的话，你每顶草帽给我优惠多少钱呀？"

他本来以为老人一定会高兴万分，可没想到老人却皱着眉头说："这样的话，那就要二十元一顶了。"

"什么？"商人简直不敢相信自己的耳朵了，买一顶草帽只要十元钱，可买一万顶草帽却要每顶二十元，这是他从商以来闻所未闻的事情。"为什么？"商人冲着老人大叫。老人讲出了他的道理："在这棵大树下没有负担地编织草帽，对我来说是种享受。可如果要我编一万顶一模一样的草帽，我就不得不夜以继日地工作，不仅疲惫劳累，还成了精神负担。难道你不该多付我些钱吗？"

那些在工作中能够真正感到快乐的人，更多的是被某种价值激励着，这种价值超越了金钱的影响力。在工作中，有些比钱更重要的东西应该引起你的重视。你发现了它们，然后让你的工作也向它们靠近，你就能工作并快乐着。所以，不管别人关心什么或希望你做什么，为了你的快乐，最终的决定只能由你自己做出。

案例二：我工作，我快乐

美国哈佛大学曾经作过一个有趣的心理调查，调查人员给一位调查对象打电话，提出一个最简单的问题：

"请问您现在在做什么？"

"我在上班。"

"请问您上班的感觉如何？"

"枯燥乏味，毫无乐趣。"

"那么您觉得干什么更有趣？"

"下班以后，我可以和同事一起去酒吧，那里最有趣也最快活。"

过了两个小时，调查员又打电话给他："请问您现在做什么？"

"我和同事在酒吧喝酒。"

"怎么样，现在感觉好多了吧？"

"好什么啊！虽然喝了很多酒，还是没劲。大家谈论的都是些无聊的话题，我想还是去找女朋友好些。"

过了一个小时，调查人员再次给那个人打电话："您现在和女朋友在一起吗？感觉怎么样？"

"别提了，简直令人无法忍受。一位女同事打电话来问一件工作上的事，她竟然怀疑我有外遇，不依不饶地盘问我，真是烦死人了。我现在就回家休息。"

到了午夜，调查员又把电话打到那个人的家里。他拿起电话没等调查员问话就烦躁地说："你不用问了，没意思极了。电视几十个台竟然没有喜欢的节目，杂志全看完了，光碟也看了个遍，真不知道干点儿什么好。仔细想想，还是上班的时候最开心，和同事们一起工作的时候最有趣。明天开始要努力工作，并且尽情享受工作中的快乐。"

上面的调查对象，从最初感到工作"枯燥乏味，毫无乐趣"到"明天开始要努力工作，并且尽情享受工作中的快乐"，心里有一个很纠结的过程。你有过这样的纠结吗？李大钊说："我觉得人生求乐的方法，最好莫过于尊重劳动。一切乐境，都可由劳动得来，一切苦境，都可由劳动解脱。"脚踏实地地工作，积极主动地工作，高效工作，愉快工作，问心无愧，这让我们感到从容和快乐。

三、过程训练 Process Training

活动一：工作是……

（一）活动目的

对工作的认识，会影响我们的工作态度，进而会对工作状态及工作效率产生影响。此活动的目的在于了解自己对工作的认识。

（二）活动过程

1. 你会用怎样一个句子来说明："工作是……"
2. 在班级中统计，对工作的认识有几大类，各有多少人，如有多少人会说工作让人觉得充实？有多少人会说工作是因为兴趣？

活动二：公益爱心活动

（一）活动目的

感恩的心态可以帮助员工树立快乐工作的观念，让人更易体会到工作的快乐。通过此活动，增强每个人的社会责任感，唤醒人们感恩回报的心态。

（二）活动过程

活动形式：可联系一家希望小学、留守儿童学校或敬老院等爱心机构，组织慰问活动，募捐一些必需品。

费用预估：以义工形式或旧物募捐。

备注：可能会产生一些购买募捐物品的费用。

四、效果评估 Performance Evaluation

评估一：测测你的快乐工作指数

（一）情景描述

根据你的实际情况，对下面的问题作答，情况与所描述相符合的回答"是"，不符合的回答"否"。

1. 公司业绩不错，年终奖金令你满意；
2. 能经常和老板 QQ 聊天；
3. 公司给你安排的岗位很适合你；
4. 大伙儿常开老板玩笑，对此老板并不介意；
5. 公司每年安排体检；

6. 国家规定的劳动法规公司执行得不含糊;

7. 老板基本能做到一碗水端平,公平待人;

8. 公司打小报告的人没市场;

9. 不担心会因生孩子而丢掉工作;

10. 员工有持股的机会。

(二) 评估标准与结果分析

每选中一项为1分。如果你的得分在6分以上,说明你拥有较高的快乐工作指数,目前这份工作对你而言,基本意味着舒心和有价值;如果得分低于4分,你就要小心了,因为工作对你而言,不仅仅是每月的进账那么简单,可能还包括很多烦恼。

评估二: 职场幸福指数测试

(一) 情景描述

说明:本测试目的旨在帮助大家分析自己当前的职业满意状态,并帮助大家找出原因,以期及时调整。作题时需要大家抱着对自己负责的态度,诚实作答即可。每个问题的答案包括"是""不确定""否"三种,请在题后写出符合你情况的答案。

1. 我很热爱现在的工作。

2. 在工作中我很有成就感。

3. 上司能及时了解我的需求。

4. 我与同事间的关系很融洽。

5. 公司在工作时间安排和任务分配方式上很人性化。

6. 我每天过得都很充实。

7. 公司有良好的激励机制。

8. 我所从事的工作与自己的期望值和能力相匹配。

9. 公司有很灿烂的远景,让我觉得工作有目标。

10. 我对公司有一种家的感觉。

(二) 评估标准与结果分析

回答"是"得2分;"不确定"得1分;"否"得0分。将各题得分累加即为总得分。

得分为0~3:你的工作满意度极差,在工作中你无法获得幸福感,你很有必要找个职业规划专家或比较有资质的职场人士为你把把脉,重新勾画和设计一下你的职业规划,并调整一下生活方式。

得分为4~7:你的工作幸福感较差,工作状态不怎么样,这让你容易沮丧,情绪低落。你不妨检讨一下自己的状态,看看是不是目标太高,过分追求完美,或是自卑感等让你工作难以开展。改变想法,也许感觉会有改变。

得分为8~17:你的生活状态一般,有喜有忧的日子使得你和多数人一样。

得分为18~20:你有相当高的职业满意度。你不一定就是富人或有地位的人,但你的心态很好,一个人能感到幸福是件不容易的事,在这里我们向你表示祝贺,并希望你永远幸福。

任务二　积极情绪培养

职场在线

总经理因为闯红灯而遭到警察罚款和扣驾照的处罚，心里很是不痛快。一到办公室，销售经理告诉他昨天那笔眼看到手的生意谈黄了。

经理大怒，说销售经理是白拿这么长时间的高薪。

销售经理被老总突如其来的怒火和指责弄得满心不快，怏怏地回到办公室。这时，秘书过来告诉他下午的会议安排。销售经理打断她，问昨天交代要打好的五封信有没有完成。秘书说："还没有，可是……""没什么可是，你虽然在这里工作了三年，但并不意味着你没有被解雇的可能。"销售经理没好气地说。秘书回到工作间，心想，几年来，我没日没夜地加班，现在倒成了奴隶了。这次我不就是没法同时做两件事耽搁了一下嘛，就拿解雇相威胁，越想越恼火。

秘书回到家，看到儿子躺在沙发上看电视，满脸脏兮兮的，不由怒火中烧，怒吼道："多少次叫你放学后别到处乱疯，你就是不听，你以为我容易吗？"

儿子气呼呼地转身回到自己的房间，心想，怎么搞的，妈妈也不听我解释一下。这时，小猫喵喵叫着跑过来了。儿子不由得性起，一脚踹过去，怒喝道："滚开，你这死猫！"猫从阳台上滚下去，正好砸在下班回家的老总头上……

你有过这样的经历吗？好像有一股神奇的力量在左右着事情的发展，这种情形有没有改变的可能呢？有没有更好地解决问题的方法？完成本任务的学习，你将会有新的认识。

一、能力目标 Competency Goal

在我们每个人的身上，都存在这样一种神奇的力量，它可以使你精神焕发，也可以使你萎靡不振；它可以使你冷静理智，也可以使你暴躁易怒；它可以使你安详从容的生活，也可以使你惶惶不可终日。总之，它可以加强你，也可以削弱你；可以使你的生活充满甜蜜与快乐，也可以使你的生活抑郁、沉闷、暗淡无光。这种能使我们的感受产生变化的神奇力量，就是情绪。它存在于我们每个人的心中，让我们体验着工作与生活的酸甜苦辣。只有认识情绪，培养积极情绪，做情绪的主人，才能让我们享受工作的快乐。

（一）认识情绪

1. 情绪的含义

每一个人都有喜、怒、哀、乐，还伴随着相应的表情和心理体验，这就是人的情绪，又叫情感活动。这些情感活动是人对外界事物的一种态度的反应。例如，听到一个好消息时会产生高兴的体验，表情愉快，会笑起来；相反，听到坏的、不幸的消息时就会产生悲哀、痛苦的体验，甚至会哭起来。所以，情绪会随着外界事物的变化而发生改变。

2. 情绪的分类

一般而言，人类具有四种基本的情绪：快乐、愤怒、恐惧和悲哀。而在这四种基本情绪上又可以派生出众多的复杂情感，如厌恶、羞耻、悔恨、嫉妒、内疚、喜欢、同情等。

情绪本身无好坏之分，但是由情绪引发的行为或行为的后果却有好坏之分，因此，一般我们根据情绪所引发的行为或行为的结果，将情绪划分为积极情绪和消极情绪两大类。

3. 情绪的影响

在日常生活中，人们常有这样的体验：高兴时，神清气爽；悲伤时，食欲不振；忧虑时，辗转难眠；惊慌时，心脏乱跳；愤怒时，热血冲头……这些都说明了情绪会对身体的内部功能产生影响。

（1）积极的情绪可以提高人的免疫能力。"笑一笑，十年少；愁一愁，白了头。"积极的情绪可以提高人的免疫能力，消极的情绪则直接影响人的身体健康。

（2）消极的情绪破坏人的身体健康。古代就有"怒伤肝、喜伤心、思伤脾、忧伤肺、恐伤肾"之说，这生动地说明了情绪对身心可能产生的负面影响。

（3）情绪会影响人的思维和行动。突然而强烈的紧张情绪的冲击会抑制大脑皮层的高级心智活动，破坏大脑皮层的兴奋和抑制平衡，使意识范围狭窄，正常判断减弱，失去理智和自制力。

（4）情绪的失控导致异常恐怖的后果。情绪失控容易导致失去理智，而失去理智，冲动难免发生，常导致不可挽回的后果。

（二）自我情绪管理

情绪波动有时可能会影响一个人的命运，管理情绪是一件非常重要的事情，是要做情绪的主人，还是奴隶，这完全取决于我们自己。

1. 觉察情绪

当我们产生情绪时，表示生活中有事件刺激而引发警报。与此同时，若我们能察觉到情绪的产生并认知情绪的种类，可以延缓情绪瞬间的爆发，并有针对性的管理。

2. 管理情绪

当情绪冲动时，只要我们懂得把握自己，就可以避免许多的麻烦，甚至不幸。情绪管理可以使用以下几种方法。

（1）注意力转移法。注意力转移法就是把注意力从引起不良情绪反应的刺激情境中，转移到其他事物上去或去从事其他活动的自我调节方法。例如，通过游戏、打球、下棋、看电影、读报纸、读小说、散步等有意义的活动，使自己从消极情绪中解脱开来，从而激发积极、愉快的情绪反应。再如，心情烦闷时，听听音乐、出去散散步、找人聊聊天；感到愤怒，想要发作时，赶紧把舌头在嘴里转上几圈，或喝几口水、去打开窗户等。

（2）适度宣泄。过分压抑只会使情绪困扰加重，而适度宣泄则可以把不良情绪释放出来，从而使紧张情绪得以缓解、轻松。发泄的方法，如大哭、做剧烈的运动（跑步、打球等）、放声大叫或唱歌、向他人倾诉等。

（3）自我安慰。自我安慰即阿Q精神。面对我们无法改变的现实，学会安慰自己，追求精神胜利。这种方法，对于帮助人们在大的挫折面前接受现实，保护自己，避免精神崩溃是很有益处的。因此，当人们遇到情绪问题时，可以用"胜败乃兵家常事""塞翁失马，焉知非福"等话语来进行自我安慰，帮助我们摆脱烦恼，消除抑郁，达到自我安慰、自我激励的目的，从而带来情绪上的安宁和稳定。

（4）自我暗示。积极的自我暗示令我们保持好的心情、乐观的情绪、自信心等。如不断地对自己默语："我一定能行""不要紧张""不许发怒"等。

（5）冷静三思。美国临床心理学家阿尔伯特·艾利斯在 20 世纪 50 年代创立了理性情绪疗法，其核心是去掉非理性的、不合理的信念，建立正确的信念。非理性信念的特点是绝对化、过分概括化、糟糕透顶，如因与他人争论或吵架后产生许多非理性的想法而导致情绪异常。我们应当静下来，觉察自己的情绪，明白当前所处的状态。弄清楚事情的来龙去脉，增加情绪反应的选择性。

（6）改变思维，调整心态。只要心态正确，心情就会变好，情绪也相对稳定。我们的情绪不同往往不是由事物本身引起的，而是取决于我们看待事物的不同思维方式。在不利的环境中，我们不妨换一种思维方式去思考，在不利之中，找出对自己有利的一面。若总是在不利的圈子里打转，那你就看不到光明，只会忧心忡忡，自寻烦恼。

（三）积极情绪的培养

积极情绪即正性情绪。许多研究者对积极情绪给出过具体的描述或定义，心理学家孟昭兰认为，积极情绪是与某种需要的满足相联系的，通常伴随愉悦的主观体验，并能提高人的积极性和活动能力。

积极情绪有多种多样的表现形式，如喜悦、感激、宁静、兴趣、希望、自豪、逗趣、激励、敬佩和爱等。

积极情绪能够提高主观幸福感，积极情绪的表达能够促进心理健康，积极情绪有利于个人才能的发挥，积极情绪有利于身体健康，研究发现积极情绪对于疾病的预防和治愈起着重要的作用。

1. 放声大笑

笑是一种健身运动，可增加吸氧量，提高抗病能力。笑能增加人的积极情绪，促进免疫系统功能的改善。通过笑产生的积极情绪能够促进健康。

2. 助人为乐

我们可以通过认知来调节情绪，也可以通过行为来调节。助人是一种很好的调节方法。我们在帮助他人的时候自己也有成就感、满足感，不但可以转移注意，而且能得到他人的感激和赞赏。所谓"助人为乐"，就是不但能让他人快乐，自己也会快乐——赠人玫瑰，手有余香。

3. 积极对待生活，培养乐观态度

乐观是一种对未来好结果的积极期望，在生活中的表现就是积极向上的生活态度。积极乐观的态度能够增强人免疫系统的功能，促进人的身心健康发展。要想保持乐观的心态，首先要相信任何事物都有两面性，尤其是在困难和挫折情境中，要学会发现事情好的一面，对未来抱有积极的期望。在困难中看到希望的机会，保持积极向上的乐观态度。

4. 保持希望

法国作家莫泊桑有一句名言："人是活在希望之中的。"我们要相信"面包会有的，牛奶也会有的。"希望和乐观是紧密相连的。乐观的人更容易看到希望，而悲观的人更容易陷入绝望。

5. 向情绪乐观的人学习

当我们陷入情绪低谷的时候，不妨观察一下周围的人们：别人是否也像我一样容易生气？在与人相处中，有的人对小事情斤斤计较，常常因别人的一点点错误而生气，却没有想到这恰恰是对自己的惩罚。试想一下：你在生别人的气时，你心情舒畅吗？你生别人的气，别人知道吗？为什么有的人整天乐呵呵的，不容易生气呢？如果你注意到了这些问题，就应该及时加以改正，学习别人健康的情绪反应。

6. 积极参加集体活动

在集体活动中，你可以结识许多志同道合的朋友，你会觉得自己的生活很充实，从而，拥有健康快乐的情绪。

二、案例分析 Case Study

案例一：他是怎么死的

1965 年 9 月 7 日，世界台球冠军争夺赛在纽约进行。比赛开始后，参赛选手路易斯十分得意，因为他远远领先其他对手，只要再得几分便可登上冠军的宝座。正当他全力以赴要拿下比赛时，意料不到的事发生了：一只苍蝇落在台球上，这时路易斯没有在意，一挥手赶走苍蝇，俯下身准备击球，可当他的目光落在主球上时，发现那只可恶的苍蝇又落到主球上。在观众的笑声中，路易斯又去赶苍蝇，情绪也受到影响。然而，这只苍蝇好像故意和他作对，他一回到台盘，它也跟着飞了回来，惹得在场观众放声大笑，路易斯愤怒地击打苍蝇，不小心球杆碰到台球，被裁判判为击球，从而失去了一轮机会。本以为败局已定的竞争对手约翰见状勇气大增，最终赶上并超过了路易斯，夺得了冠军，路易斯沮丧地离开了。第二天早上，有人在河里发现了他的尸体。他投河自尽了。

一只小小的苍蝇，竟然击倒了实力非凡的世界冠军！由此可见，一个人保持积极情绪、学会控制情绪是多么地重要！不良情绪会使我们冲动、消极，会让我们做出一些有悖常理的事情，因此我们要坚决地赶走它！本来可以一笑了之的事情，竟因情绪的失控而导致最后自杀的结局，真是让人扼腕叹息啊！

案例二：要不要管理好情绪

有一个男孩脾气很坏，于是他的父亲就给了他一袋钉子，并且告诉他，当他想发脾气的时候，就钉一根钉子在后院的围篱上。第一天，这个男孩钉下了 40 根钉子。慢慢地，男孩可以控制他的情绪，不再乱发脾气，所以每天钉下的钉子也跟着减少了，他发现控制自己的脾气比钉下那些钉子来得容易一些。终于，父亲告诉他，现在开始每当他能控制自己的脾气的时候，就拔出一根钉子。一天天过去了，最后男孩告诉他的父亲，他终于把所有的钉子都拔出来了。于是，父亲牵着他的手来到后院，告诉他说："孩子，你做得很好。但看看那些围墙上的坑坑洞洞，这些围篱将永远不能恢复从前的样子了，当你生气时所说的话就像这些钉子一样，会留下很难弥补的疤痕，有些是难以磨灭的呀！"从此，男孩终于懂得管理情绪的重要性了。

如果对情绪没有足够的认识，就会犯很多情绪错误，不仅伤害自己，还会伤害别人。但如果我们对情绪有了正确的认识，并学会如何管理好情绪，那么我们的个人力量就会增强很多。

三、过程训练 Process Training

活动一：　快乐清单

1. 请大家回想最近两周令自己开心的事件，在笔记本上列出自己的"快乐清单"，每人至少列出 10 项。

2. 请部分人员读出自己的快乐清单。

3. 把短文《美国年轻人眼里的开心时刻》发给大家，请其中一人阅读，其他人对照自己的"快乐清单"。

4. 小组脑力激荡法：在大家的"快乐清单"及短文的启发下，大家开动脑筋再尽可能多地寻找快乐，每个小组请一人做记录，完成小组的快乐清单。

5. 以小组为单位读出小组的快乐清单，给想得最多的小组颁发"快乐大使"奖状。

附：美国年轻人眼中的开心时刻

1	异性一个特别的眼神	15	有很多朋友
2	听收音机里播放自己最喜欢的歌曲	16	无意中听到别人正在称赞你
3	躺在床上静静地聆听窗外的雨声	17	醒来发现还有几个小时可以睡觉
4	发现自己想买的衣服正在降价出售	18	自己是团队的一分子
5	被邀请去参加舞会	19	交新朋友或和老朋友在一起
6	在浴缸的泡沫里舒舒服服地洗个澡	20	与室友彻夜长谈
7	傻笑	21	甜美的梦
8	一次愉快的谈话	22	见到心上人时心头撞鹿的感觉
9	有人体贴地为你盖上被子	23	赢得一场精彩的棒球或篮球比赛
10	在沙滩上晒太阳	24	朋友送来家里自制的甜饼和苹果派
11	在去年冬天穿过的衣服里发现 20 美元	25	看到朋友的微笑，听到他们的笑声
12	在细雨中奔跑	26	第一次登台表演，既紧张又快乐的感觉
13	开怀大笑	27	遇见多年不曾谋面的老友，发现都没改变
14	开了一个绝妙幽默的玩笑	28	送朋友想要的礼物，看他拆包装时的惊喜

活动二：　快乐动物园

（一）活动过程

请你学一种动物的叫声或你认为最能代表这种动物的一个动作。你姓氏汉语拼音的第一字母，决定了你要学的是哪种动物：

A—F	狮子	G—L	企鹅
M—R	猴子	S—Z	天鹅

规则一：现在选择一位不熟悉的同学作为伙伴。彼此盯着看，目光不能转移，同时用嘴大声学动物叫或做动作，至少10秒钟。

规则二：现在请挑一位你最熟悉的人作为伙伴，彼此盯着看，目光不能转移，同时用嘴大声学动物叫或做动作，至少10秒钟。

（二）问题与思考

1. 游戏的两个阶段大家的表现有何不同？
2. 情绪对你或你身边的人产生过怎样的影响？

四、效果评估 Performance Evaluation

评估一：你的情绪稳定性如何

下面的测试能帮助你了解自己的情绪稳定性，请在下表中选择最适合你的表述，并根据评价标准计算自己的得分。

（一）情景描述

情景描述	是	不一定	不是
1. 你的情绪一般不受气候变化的影响			
2. 你常常善意待人，却得不到好报			
3. 如果能到一个新环境，你会把生活安排得和从前不一样			
4. 你所预期的目标一定会达到			
5. 至今你仍然敬佩你的小学老师			
6. 你认为有些人总是回避或冷淡你			
7. 即使是关在铁笼里的猛兽，你见了也会惴惴不安			
8. 你喜欢所学的专业和所从事的社会工作			
9. 即使有人在你身旁高谈阔论，你也能聚精会神地看电影			
10. 无论到什么地方，你都能清楚地辨别方向			
11. 你常常避开你不愿意打招呼的人			
12. 你常常因为生动的梦境而干扰睡眠			
13. 你有能力克服各种困难			

（二）评估标准与结果说明

题号	1	2	3	4	5	6	7	8	9	10	11	12	13
是	2	0	0	2	2	0	0	2	2	2	2	0	2
不一定	1	1	1	1	1	1	1	1	0	1	1	1	1
不是	0	2	2	0	0	2	2	0	1	0	0	2	0

17～26 分，说明你的情绪倾向于稳定，常常有能力以沉着的态度应对各种问题。

13～16 分，说明你的情绪倾向于基本稳定，有时会受环境的影响而表现出急躁不安。

0～12 分，说明你的情绪倾向于激动，常常感到身心疲乏，甚至失眠等。要注意调控自己的心境，让自己的情绪趋于稳定。

心情提示：以上测试仅供参考，不必刻意"对号入座"。

评估二：积极情绪影响测试量表（Positive Impact Test）

在日常的人际交往中，我们的言行常常反映着我们的心态和影响力，从而影响了人际关系和幸福指数。本量表可用来了解自己的积极影响能力，共由 15 道题目组成。请根据目前自己的实际情况如实回答"是"或"否"。

（一）情景描述

情景描述	是	否
1. 我在过去的 24 小时里帮助过一个人		
2. 我是一个非常礼貌的人		
3. 我喜欢与心态积极的人相处		
4. 我在过去的 24 小时里夸奖过一个人		
5. 我有一种本领，能让别人心情愉快		
6. 我与心态积极的人在一起时效率更高		
7. 在过去的 24 小时里，我告诉一个人，我对他/她很关心		
8. 我每到一地，都刻意结识别人		
9. 我每次受到表扬，都想表扬别人		
10. 上星期，我听别人诉说他/她的目标和理想		
11. 我能让心情不好的人笑		
12. 我刻意以我的同事喜欢的方式称呼他们		
13. 我关注同事们的优秀表现		
14. 我见到别人时总是笑容满面		
15. 见到优秀表现，及时给予表扬，使我心情舒畅		

（二）评估标准与结果分析

你的选择有几个"是"呢？如果你的"是"在 6 个以下，请反思一下吧，也许你较多时间在从别人的水桶中舀水，你缺乏良好的积极影响力和人际关系，而且主控权在你手里，你可以学习多往别人的水桶中加水，通过有意增加以上问卷中"是"的数量来改善自己的积极影响力，三个月以后，你将惊奇地发现，你的生活发生了积极的变化。

任务三　压力管理策略

👁 职场在线

A先生在房地产行业工作十多年了，主要在公司的行政部门负责一些日常的管理工作，同事对他的评价是很认真，也很敬业，领导也很欣赏他。A先生一直也很喜欢这份工作，生活和工作对于他来说都算开心。

去年九月份，工程部需要一名土建主管，领导经过讨论，决定让A先生来担任这个职位。A先生虽然在这个行业很多年，但是对于工程部却不熟悉，看到了这个可以挑战自己的机会，他认为是突破自己的时候来了，便欣然领命。

九月中旬到了新岗位上班之后，每天的工作地点也从公司来到了工地上。十月份的时候出现睡眠不好，接下来饮食也出现了问题，睡不着，吃不下，每天最害怕的事情就是上班，情况越来越严重，到了年底提交了辞职报告。领导觉得他在闹情绪，也做了不少思想工作，但A先生的情绪越来越低落，对上班的恐惧也越来越强。

A先生因为职位变换面临着很大的压力，压力导致他身体出现什么症状？他辞职的原因是什么？在职场上，当我们遭遇压力的时候应该如何应对呢？

一、能力目标 Competency Goal

随着社会竞争的日趋激烈，每个人都要面对来自工作、生活、学习和情感等多方面的压力。压力已经成为现代社会所使用的高频词，它是每个人都在面临的一种无法逃避的心理状态。沉重的压力导致人们情绪不良，学习效率下降，生活质量降低。据现代医学研究表明，70%～80%的疾病都与压力有关。我们想要获得健康幸福的生活，就必须正确地面对压力、处理压力、管理压力。

（一）认识压力

1. 什么是压力

压力是指一种认知反应，是个体认为某种刺激或境遇超出个人能力所能应付的范围所表现出的一种激动、紧张、不安、威胁等心理体验的总和。确切地讲，压力是一种主观的心理状态，即所谓心理压力。例如，对于某些人来说，能够在公司的全体大会上担当主要发言人是无上的光荣；但对另一些人来说，却是一场最恐怖的噩梦。

2. 压力的分类及影响

我们不能通过辞职来逃离自己的上司，不能关掉电脑来预防死机，也不能干脆拔掉电话线，拒绝接听任何电话，而且我们也完全没有必要做到这么极端。因为压力也是有好有坏的，一种压力究竟是给我们带来好处还是导致不良的影响，取决于其性质和程度的不同。根据认知学的理论，有一种压力叫作"良性应激"或"善压"，它不仅可以振奋情绪、激发活力、通过加强免疫系统功能以达到增进健康的作用，还能够激发我们的自信和内在潜能，帮助我们应对各方面的挑战。

并非所有压力都能给人带来快乐，而"不良应激"就是造成现代人苦恼的罪魁祸首！一般来说，"不良应激"导致的恶性变化，首先会表现在心理方面：在短期的巨大压力下，人往往会感觉自己不能集中注意力，烦躁失眠，情绪波动很大，产生挫败感和自卑感。随后，心理上的问题就会进一步影响人体的各项生理机能，前期症状通常表现为头疼、背部酸胀、肠胃不适，进而在长期的发展过程中逐渐影响神经系统、内分泌系统及免疫系统的功能，最严重的甚至还有可能导致心肌梗死和中风。压力的出现会对人的生理、情绪、精神及行动等产生影响，使其表现出一些症状。这也是压力的早期预警信号，其内容如下表：

生理信号	情绪信号	精神信号	行动信号
头疼 肌肉紧张 肠胃功能失调 心悸和胸部疼痛 呼吸问题 皮肤功能失调 心率加快 血压升高 ……	容易烦躁： 喜怒无常 消沉 经常性的忧愁 丧失信心 自负自大 感觉精力枯竭 缺乏积极性 疏远感 ……	注意力缺乏 优柔寡断 记忆力减退 判断力削弱 自信心不足 持续地对自己及周围环境持消极态度 ……	睡眠易受打扰 酗酒和吸毒 从朋友和家庭的陪伴或同事的友谊中退出 发现自己很难放松 暴饮暴食 拖延和逃避工作 自杀或企图自杀 ……

适度的压力可以使人集中注意力，提高忍受力，增强机体活力，减少错误的发生。压力可以说是机体对外界的一种调节的需要。人在压力情境下不断地学会应对的有效办法，可以使应对能力不断提高，工作效率也会随之上升，所以压力是提高人的动机水平的有力工具。

3. 压力的来源

压力是一种主观的心理状态，其起因或来源大体分为三方面：工作压力、家庭压力和生活压力、社会压力。

（1）工作压力。工作压力是指在工作中产生的压力。它的起源可能有多种情况。如工作环境（包括工作场所物理环境和组织环境等），分配的工作任务多寡、难易程度，工作所要求完成时限长短，员工人际关系，工作岗位的变更等，这些都可能是引发工作压力的诱因。

（2）家庭压力和生活压力。每一个人都有自己的个人家庭生活，家庭生活是否美满和谐对个人也具有很大影响。这些家庭压力可能来自父母、配偶、子女及亲属等。

（3）社会压力。包括社会宏观环境（如经济环境、行业情况、就业市场等）和身边微观环境的影响。如IT业职场要求掌握的专业技术日新月异，职场竞争压力大，专业人员淘汰率高，此时就会对 IT 从业人员造成很大社会压力。人们所处的社会阶层的地位高低、收入状况等同样会对其构成社会压力。如当自身收入状况与其他社会阶层相比，或者与其他同行业从业人员相比较低时，对他也会产生压力。

（二）压力管理

1. 压力管理

所谓压力管理，包含两方面的内容：一是针对压力源本身去处理；二是处理压力所造成的反应，即情绪、行为，以及生理等方面的缓解。简而言之，压力管理就是以管理为目的，有组织、有计划地对压力产生行为进行有效的预防和干预，从而维护自身健康，提高工作学习效率，改善生命质量。

2. 压力管理策略

（1）着重于问题的应对——针对压力源造成的问题本身去处理。努力改变目前的环境，将引发情绪的事件看作待解决的问题，采取按部就班的方式加以解决。例如，觉得自己能力不够，就要进修；觉得自己没有很好的管理时间的技巧，就要学习时间管理；有的人不相信下属，不会授权，就要学习授权。如果这个压力源是不可承受的，就要选择远离。

（2）着重于情绪的应对——处理压力所造成的反应。尝试减轻情绪带来的不适感，如冷淡、逃避、回避，寻求社会支持。

3. 压力管理的技巧

（1）关于压力的提问。每当你感觉自己正处于极大的压力之下，失去了内心的宁静，就请问问自己：

到底是什么造成了现在的这种压力？

在现在这种状况下，可能发生的最糟糕的事情是什么？

哪几种因素会使这种最坏的打算变成现实？

我应该怎样解决这个问题？

请你始终谨记这四个关于压力的问题。通过对这些问题的回答，你就能够摆脱"当局者迷"的劣势，客观地分析自己面临的问题，将自己从压力的魔爪中解救出来。

（2）保持距离。当你感受到压力时，请你马上与自己保持距离。换句话说，你应该从消极情绪中跳出来，试着以旁观者的身份分析自己的现状，从另一个角度思考一下："如果我是这个人，如果我也遇到相同的问题，我会怎么办呢？"或者，你也可以把自己的生活想象成舞台上的一出戏，而你反而是坐在台下的一位普通观众。换个角度你会看到，原来自己的问题根本没什么大不了！

（3）展望未来。压力在一定程度上只是一种暂时的自我欺骗。如果你固执地坚持这种感觉，它就会嚣张地自我膨胀，直到占据你的全部思绪为止。只要一感受到压力，就冷静地问问自己："刚才发生的这件事情到底有多么重要？"最常见的压力来源通常是都是一些小事：办公桌上堆满了文件，上班的路上遇到大堵车，出差途中的飞机延误……与长期的目标相比，这些所谓的压力来源其实真的不值一提！即使在个别的情况下，你也会发现这些事情是相对不太重要的。因此，要想解决压力问题还有一个很好的办法，那就是展望未来。请你将眼光放得更长远一些，问问自己：尽管这件事情现在让我这么头痛，但在一个月或者一年之后，它对我来说是否仍然至关重要？五年或者十年之后又会怎样呢？

4. 压力管理的方法

改变认知	改变认知是成本最低很容易操作的舒缓压力的方法。改变自己对事物或世界的认识和感知，用积极乐观的风格来解释事态变化，同时，要把自己的心态摆平，不要太在意得失
放松身心	你可以学习画画、种花种草、练习瑜伽，做冥想、沉思、自我催眠等来放松紧张的情绪，舒缓压力，还可以从头到脚一点一点通过放松暗示来舒缓身心；呼吸放松，有意识地放慢呼吸，专注呼吸，到慢慢忘记呼吸进入一种无我状态
寻求支持	每个人都需要有比较好的社会支持系统，不管是来自家庭、还是来自社会、社团或工作团队，一定要有朋友。要学会倾诉，找专业人士、自己相信的人倾诉，不要把压力隐藏在心里
专注当下	有些人喜欢为那些根本不会发生的事情担心。结果让自己为那些发生概率极小，且担心也无济于事的"可能性"忧心忡忡。因此，要学会经常提醒自己：我现在做到什么程度了，将注意力只放在如何把眼前的事情做好
增加营养	压力使肌肉处于紧张状态，身体制造出大量乳酸需要钙质与其反应，否则就会感到疲劳、焦虑和不满。人体要维护健康必须有几十种营养素，包括维生素、矿物质、动物脂肪和氨基酸，另外，补充体力则需要糖、蛋白质和脂肪
运动减压	运动之后，消耗体力，身体会恢复平常的平衡状态，会觉得精神放松，提高了肌肉的强度、韧性和弹性，改善了心血管的机能，加快了新陈代谢率，减少了肌肉紧张度

二、案例分析 Case Study

案例：白岩松的工作减压"黄金法则"

作为电视节目主持人，白岩松长期承受着普通人无法想象的压力。刚做主持人时经常发音不准，读错字。当时，台里规定，主持人念错一个字罚 50 元，有一个月他被罚光了工资，还倒贴钱。压力重重，不愿意说话，只用笔和妻子交流。他有时候千辛万苦做了一个节目，但却因为种种原因被领导"枪毙"掉，心中滋味非常不好受。连续四五个月的时间一分钟都睡不着，天天琢磨着自杀，不想活了。当年还在《时空连线》时，挡不住观众的不良评价，一张明信片上写着："每天早上起来，看着你哭丧着脸，我一天的好心情都没有了。"

但不管压力再大，白岩松认为这都是自己的工作，节目被领导毙掉也属于正常的工作状态，隔一段时间就可能遇到一次。因而面对这种隔三岔五的打击，白岩松对自己说，要学会坦然面对。

白岩松有很好的心理调节能力："状态特好的时候要有危机感，特差的时候也要能够平静下来想想，前面还有好事等着自己呢。"

白岩松迷恋摇滚乐，喜欢"清醒"乐队，因为他们"找回了旋律"。他也爱听马勒的交响作品，那乐声让他觉得"老马"还在继续痛苦，而自己过得挺好。

正是有了这样好的心理调节能力，让他能一直坚持走下去。

白岩松认为，从事新闻行业本身就是一个动态的学习过程。"谁要是不读书、不看报，就是找死。"他曾经跟年轻人说："别指望我停下来等你，你必须用更快的速度超过我。"

可见，服从领导的指挥，不断创新、学习，造就了金牌电视人白岩松事业的成功，他也把各种不良情绪赶出了自己的工作和生活。

正是勇于面对、积极调节，才铸就了白岩松乐观、创新的工作状态，才能让他在工作中不断接受挑战，不断创新。

三、过程训练 Process Training

活动一：想象放松训练

活动准备：找一个安静、不被打扰的环境，找到一种让自己感到舒服的姿势。

闭上双眼，集中注意力，全身放松，调整呼吸，让呼吸均匀下来。

然后开始想象你来到一个朝阳照耀的海滩。海滩上没有别人，只有你自己，你注意到脚下米白色的沙子很柔软，你感觉得到脚掌接触沙子的过程。海风轻轻地吹拂着你的头发，你感到很惬意。远处的大海缓慢地起伏着，涌起又滑落，如呼吸般，随着海潮声你的呼吸也变得均匀。想象蓝色的大海和橙色的朝霞，你感到十分的轻松。你躺在松软的沙滩上，阳光照到了你的身上，你感到一阵温暖舒适。阳光停在你的脚尖，你的脚尖很温暖，很放松。阳光来到你的小腿，你的小腿感到很温暖，很放松。以此类推，放松身体的每一部分，注意在某一部分放松的时候，要停留一定的时间。

放松完后，暗示自己浑身感到很舒服，结束想象。想象的时候可以配合音乐，辅助你进入想象的情境。

活动二：验证"烦恼实验箱"的结果

把你未来 7 天所预料的烦恼事情写在纸条上，投入"烦恼实验箱"。在过后第三周打开"烦恼实验箱"，核对箱里的每项烦恼，取出已经不成为烦恼的纸条，留下你仍然认为是烦恼的纸条。记录剩下的烦恼有几个；再过三周，再拿出来核对，看还剩下哪些烦恼？记录剩下的烦恼有几个。

你的结论是否与下面的论述接近？

1. 第一次核查，九成的烦恼没有发生。第二次核查，剩下的一成也没有发生。

2. 一般人的忧虑，40%属于过去，50%属于未来，只有10%属于现在。92%的忧虑并没有发生，剩下8%是你可以轻松应对的。

四、效果评估 Performance Evaluation

评估一：你有压力吗

虽然仅凭20个题目很难测量出你是否有压力及压力水平，但它的确可以帮助你更了解自己现在的生活状况。请阅读以下每一个句子，在"同意"或"不同意"上画"√"，然后计算同意的个数，并根据最后的解释判断当前的压力水平。

（一）情景描述

情景描述	同意	不同意
1. 晚上我入睡困难		
2. 我肌肉紧张，或有偏头痛		
3. 我担心自己的财务状况，怕收支失衡		
4. 我希望我每天拥有更多的笑容		
5. 经常因为工作不吃早餐		
6. 如果我能够改变我的工作状况，我愿意去做		
7. 希望拥有更多的个人时间来休闲娱乐		
8. 最近我失去了一位好朋友或家庭成员		
9. 最近我的婚姻状况不佳或刚离婚		
10. 我好长时间没有好好放假了		
11. 我希望自己的人生有清晰的意义和目标		
12. 我一周要在外面吃三顿以上		
13. 我有慢性疼痛		
14. 我没有很亲密的朋友圈子		
15. 我没有每周定期锻炼三次以上的习惯		
16. 在吃抗抑郁药		
17. 我与异性交往时效果不太满意		
18. 我的家庭关系不尽如人意		
19. 我的自尊水平较低		
20. 我没有时间冥想或内省		

（二）评估标准与结果分析

每个同意的分数为1分。
低于5分：你的压力水平较低，保持良好的应对措施。
5～10分：你有中度的压力。
10～15分：你的压力水平较高。
15～20分：你的压力水平极高。

评估二：你的压力从何而来？

你的压力来自哪些方面？通过下面的简易测量，来判断一下你的压力具体是由什么造成的。测评时，请你如实回答：

0分＝没有；1分＝偶尔；2分＝时而；3分＝经常；4分＝总是。

（一）情景描述

过去一年的经历中，你：

情景描述	得分
1. 我缺乏行使某项职责的权力	
2. 我感觉陷在某种情形里，没有出路	
3. 我不能在对我有影响的决定中起作用	
4. 在执行某项任务时，会有许多要求妨碍我	
5. 我不能解决指派给我的问题	
6. 我不能确定我的学习或工作职责	
7. 我没有足够的信息去执行某项任务	
8. 我不能胜任别人认为我能做的某项任务	
9. 同我一起学习或工作的其他人不清楚我在做什么	
10. 不知道用来评价我的表现的标准是什么	
11. 我是如何学习或工作的与我受到的何种评价没有关系	
12. 我感觉人气和政治态度比学习或工作表现更重要	
13. 我不知道我的上司是如何看待我的学习或工作表现的	
14. 我不知道我做对以及做错了什么	
15. 我如何表现和我受到的何种待遇无关	
16. 在对立状态中我必须做出让步	
17. 与合作者意见不同	
18. 同上级意见不同	
19. 我被夹在中间	
20. 我得不到完成学习或工作所需要的支持	
21. 对提升或发展的机会感到很悲观	
22. 我的上级或老板很严厉	
23. 感觉不能被同事接受	
24. 好的表现不受重视或赞赏	
25. 在学习或工作中的进步似乎不尽如人意	
26. 在学习或工作中不被重用	
27. 感觉同事或老板不支持我	
28. 我的价值观与管理部门的不一致	
29. 公司似乎不关注我	
30. 在学习或工作中不能做自己所想的事	
31. 我有太多事要做却苦于没有时间	
32. 旧的任务没有完成，新的任务又来了	
33. 我的学习或工作影响了我的生活	
34. 我不得不利用业余时间学习或工作	
35. 学习或工作太多以致我都不能很好地完成	

情景描述	得分
36. 没什么可做的	
37. 觉得目前的工作或学习对我来说太轻松	
38. 学习或工作不具有挑战性	
39. 大部分学习或工作都很平淡	
40. 在学习或工作中缺乏与人接触	
41. 学习或工作环境不愉快	
42. 没有人关注我的学习或工作	
43. 学习或工作环境的某些方面似乎危险	
44. 与人打交道的机会太多或太少	
45. 不得不去应付许多争论	
46. 我不得不做一些违背良心的事情	
47. 我不得不在价值观上妥协	
48. 我的家人或朋友不尊重我做的事	
49. 我的同事在做我不同意的事	
50. 学习或工作的组织强迫我们做不道德或不安全的事	

（二）评估标准与结果分析

该测试题目主要选取的是工作和学习方面的压力事件。

总分大于 100 分，表明工作或学习压力超过了均值；大于 130 分，表明学习或工作的压力非常高。

每个部分的得分大于 12 分，显示在该方面具有压力。其中：

1～5 题，代表工作或学习中缺乏控制力；

6～10 题，代表工作或学习中缺乏信息支持；

11～15 题，代表学习或工作中感到非常无助；

16～20 题，代表在学习或工作中与人冲突严重；

21～25 题，代表在工作或学习上发展受到限制；

26～30 题，代表在工作或学习中的疏离感；

31～35 题，代表工作或学习的任务过于繁重；

36～40 题，代表工作或学习的任务过于轻松；

41～45 题，代表工作或学习的环境不好；

46～50 题，代表与他人的价值观存在冲突。

思考与练习

1. 请列举你生活中遇到的情绪问题，并详加说明。

2. 以上情绪对你产生了哪些影响，应当如何正确地调节？

3. 请结合实际谈谈情绪对身心健康的影响。

4. "你在为谁工作？"这个问题你是怎么想的？

5. 列举自己曾经历过的压力实践，谈谈如何有效应对？

作业

（一）作业描述

任务 1：故事填补

不以物喜、不以己悲、随遇而安、知足常乐是高智商、高情商的表现。古希腊哲学家苏格拉底生活境况并不尽如人意，但善于从不利中寻找欢乐，心境保持良好，还是单身的时候，和几个朋友挤在一间小屋，他总是乐呵呵的。有人问他："如此拥挤，何以高兴？"他说："朋友在一起，随时交流感情，难道不值得高兴？"

过了一段时间，朋友成家都走了，他一个人住，依然很快乐。那人又问："现在一个人孤单单的，还有什么高兴的？"他说："……"（请大家填补快乐语句）

几年后，他成家住进楼房底层，条件不好，那人又问："现在快乐吗？"他说："进门就是家，搬东西方便，朋友来访容易，空地能种花，乐趣没法说！"

又过一年他搬到最高层，依然快快乐乐的，那人又问他："住最高层又有哪些好处？"他说："……"（请大家填补快乐语句）

按照个人想法填上表示快乐的语句，然后举出一例说明苏格拉底的心境可以解决生活中哪些不快乐的事情。

任务 2：

在工作中有压力，就会有相应情绪反映，对很多人来说，这就会带来一定的情绪困扰，了解你身边的上班族的工作状态，当他们遇到工作的压力时，一般是如何处理的。

（二）作业要求

1. 可 2～3 人组成一个小组分工合作。

2. 完整地记录任务完成的全部过程。

项目三　职场上的团队合作

　　每个人都离不开团队。在团队中，我们必须处理好团队与个体的关系，将团队视为个人生存和发展的平台，以团队为中心，彻底摒弃个人英雄主义的思想。在一个组织或部门中，团队合作精神显得尤为重要，那么怎样加强与别人的合作并最终实现合作共赢呢？

　　在一个组织中，很多时候，合作的成员不是我们能选择得了的，所以，很可能出现组内成员各方面能力参差不齐的情况，这就要求对个人角色要有明确认知，面对团队冲突危机，作为一个团队领导者，此时就需要很好的凝聚能力，能够把大多数组员各方面的特性凝聚起来，同时也要求领导者要有与不同的人相处与沟通的能力。同时，领导者也要有领导者的风范，工作上对成员严格要求，在生活上也要关心成员，做好团队成员之间的沟通和协调工作，使整个团队像一台机器一样，有条不紊地和谐运转，最终实现合作共赢。

　　所以，学会与他人合作，发挥团队精神在具体工作中的运用，可以使我们达到事半功倍的效果，可以使我们的工作更加良好地向前发展。

项目知识要点：

- 高效团队
- 团队要素
- 团队角色
- 团队精神
- 团队责任
- 团队凝聚力
- 团队激励
- 冲突危机
- 合作

任务一　个人角色认知

职场在线

张乐乐毕业后留在了南京。一家广告公司招工的时候，她通过笔试和面试后被留了下来。

试用期间，总经理对她们同时应聘的 5 个人说："试用期满，将在你们中间选一名业务主管。"听了总经理的话，她更是雄心勃勃，发誓要当上业务主管！

然而，要想当上业务主管就必须战胜 4 个同事！张乐乐想，在短短的 3 个月里要凸显自己的业绩仅靠埋头苦干是不行的，必须凭借聪明才智苦干加巧干。此后，她开始利用网络的优势进入广告设计网博览别人的设计创意，并频频跟网络设计高手交流。她想，这样正当的学习，其他的 4 个同事同样能做到，如果是在同一起跑线上公平竞争，她的优势不一定能凸显出来。

为了确保自己能超过其他几个人，张乐乐开始"不耻下问"地向 4 个同事学习，而他们向自己请教问题的时候，张乐乐每次都把自己独特的见解藏起来，只说一些能在网上查询到的观点。

当然，她所做的一切都很隐蔽。

试用期满，张乐乐的业绩果然比其他 4 个人突出，自认为业务主管一职肯定非我莫属。然而，总经理的决定却让她大跌眼镜：不仅没能当上业务主管，还被公司淘汰了！面对总经理的决定，张乐乐想知道为什么。总经理平和地说："我们公司之所以能有今天，主要靠的是团队合作精神，因此，在我们公司，能跟同事共同提高的人才是最理想的人选。"

原来，总经理对她们的所作所为明察秋毫！离开公司的时候，总经理吩咐财务处多给她算了一个月的工资，他还拍着她的肩膀语重心长地说："记住，跟同事共同提高比只向同事学习受欢迎。"

随着社会竞争的日趋激烈，个人单打独斗的时代已经过去，只有更加注重团队合作，成为团队中的一员，与团队共同成长、共同发展才能在事业上获得成功。作为团队成员，每个人都要对自己有清晰的认知，只有这样才能更好地融入团队，发挥自己的作用，也才能被团队接受。

一、能力目标 Competency Goal

个人角色认知是指角色扮演者对社会地位、作用及行为规范的实际认识和对社会其他角色关系的认识。任何一种角色行为只有在团队中且角色认知十分清晰的情况下，才能使角色很好地扮演。角色认知是角色扮演的先决条件，一个人在团队中能否成功地扮演各种角色，取决于对角色的认知程度。角色认知包括两个方面，一是对团队特点及角色规范的认知，二是对团队精神和团队责任的认知。

（一）高效团队的特征

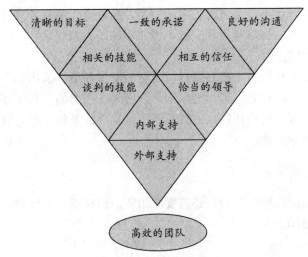

1. 清晰的目标

高效的团队对要达到的目标有清楚的理解，并坚信这一目标包含着重大的意义和价值，还要激励着团队成员把个人目标升华到群体目标。在高效的团队中，成员愿意为团队目标做出承诺，清楚地知道团队希望他们做什么工作，以及他们怎样共同工作并实现目标。

2. 相互的信任

团队成员间相互信任是高效团队的显著特征，每个成员对其他成员的品行和能力都确信不疑。因为信任是相当脆弱的，它需要花大量的时间去培养而又很容易被破坏。因此，只有信任他人才能换来被他人的信任，所以，维持团队内的相互信任是高效团队得以维持的关键。

3. 相关的技能

高效的团队是由一群有能力的成员组成的。他们具备实现目标所必需的技术和能力，而且相互之间有良好合作的个人品质，从而能出色地完成任务。

4. 一致的承诺

高效的团队成员对团队表现出高度的忠诚和承诺，为了能使群体获得成功，他们愿意去做任何事情，我们把这种忠诚和奉献称为一致承诺。承诺一致的特征表现为对群体目标的奉献精神，愿意为实现这一目标而调动和发挥自己的最大潜能。

5. 良好的沟通

良好的沟通是高效团队一个必不可少的特点。团队成员通过畅通的渠道交流信息，包括各种言语和非言语交流，此外，管理层与团队成员之间健康的信息反馈也是良好沟通的重要特征，它有助于领导指导团队成员的行动，消除误解。

6. 谈判的技能

以个体为基础进行工作设计时，员工的角色有工作说明、工作纪律、工作程序及其他一些正式或非正式文件明确规定。但对高效的团队来说，其成员角色具有灵活多变性，总在不断进行调整。这就需要成员具备充分的谈判技能。

7. 恰当的领导

有效的领导者能够让团队跟随自己共同度过最艰难的时期，因为他能为团队指明前途所在，他们向成员阐明变革的可能性，鼓舞团队成员的自信心，帮助他们更充分地了解自己的潜力。优秀的领导者不一定非得指示或控制，高效团队的领导者往往担任的是教练和后盾的角色，他们对团队提供指导和支持，但并不试图去控制它。

8. 内部与外部的支持

要成为高效团队的最后一个必要条件就是它的支持环境。从内部条件来看，团队应拥有一个合理的基础结构，这包括适当的培训，一套易于理解的并用于评估员工总体绩效的测量系统，以及一个起支持作用的人力资源系统。从外部条件来看，管理层应给团队提供完成工作所必需的各种资源。

（二）团队的构成要素

在了解了高效团队的特征之后，还需要对团队的构成要素有深刻的认识，我们可以把团队的构成要素，总结为5P。

1. 目标（Purpose）

团队应该有一个既定的目标，为团队成员导航，知道要向何处去，没有目标，这个团队就没有存在的价值。

在团队中失去目标后，团队成员就不知道上何处去，最后的结果可能是饿死，这个团队存在的价值可能就要打折扣。

2. 人（People）

人是构成团队最核心的力量，三个或以上的人就可以构成团队。在一个团队中可能需要有人出主意，有人订计划，有人实施，有人协调不同的人一起去工作，还有人去监督团队工作的进展，评价团队最终的贡献。不同的人通过分工来共同完成团队的目标，在人员选择方面要考虑人员的能力如何、技能是否互补、人员的经验如何等问题。

3. 定位（Place）

团队的定位包含两层意思：即团队的定位和个体的定位。团队的定位是指团队在组织中处于什么位置，由谁选择和决定团队的成员，团队最终应对谁负责，团队采取什么方式激励下属。个体的定位是指作为成员在团队中扮演什么角色，是制订计划还是具体实施或评估。

4. 权限（Power）

团队领导人的权力大小跟团队的发展阶段相关，一般来说，团队越成熟领导者所拥有的权力相应越小。团队权限关系包括两个方面：

（1）整个团队拥有什么样的决定权？如财务决定权、人事决定权、信息决定权。

（2）组织的基本特征，如组织的规模多大，团队的数量是否足够多，组织对于团队的授权有多大，它的业务是什么类型。

5. 计划（Plan）

在这里，计划包含两个层面的含义：

（1）目标最终的实现，需要一系列具体的行动方案，可以把计划理解为实现目标的具体工作程序。

（2）按计划进行可以保证团队的工作进度，计划可以使团队一步一步地贴近目标，从而最终实现目标。

（三）团队角色

剑桥产业培训研究部前主任贝尔宾博士和他的同事们经过多年在澳洲和英国的研究与实践，提出了著名的贝尔宾团队角色理论，即一支结构合理的团队应该由八种角色组成。这八种团队角色分别为执行者 IMP（Implementer）、协调者 CO（Coordinator）、塑造者 SH（Shaper）、智多星 PL（Planter）、外交家 RI（Resource Investigator）、监督员 ME（Monitor Evaluator）、凝聚者 TW（Team Worker）、完成者 CF（Completer Finisher）。每一种角色都有其不同的特征、积极特性、缺点以及在团队中的作用。

团队角色	典型特征	积极特性	能容忍的缺点	团队中的作用
执行者	保守，顺从，务实可靠	有组织能力、实践经验，工作勤奋，有自我约束力	缺乏灵活性，对没有把握的主意不感兴趣	把谈话与建议转换为实际步骤，考虑什么是行得通的，什么是行不通的，整理建议，使之与已经取得一致意见的计划和已有的系统相配合
协调者	沉着，自信，有控制局面的能力	对各种有价值的意见不带偏见地兼容并蓄，看问题比较客观	在智能以及创造力方面并非超常	明确团队的目标和方向，选择需要决策的问题，并明确它们的先后顺序，帮助确定团队中的角色分工、责任和工作界限，总结团队的感受和成就，综合团队的建议
塑造者	思维敏捷，开朗，主动探索	有干劲，随时准备向传统、低效率、自满自足挑战	好激起争端，爱冲动，易急躁	寻找和发现团队讨论中可能的方案，使团队内的任务和目标成形，推动团队达成一致意见，并朝向决策行动
智多星	有个性，思想深刻，不拘一格	才华横溢，富有想象力，智慧，知识面广	高高在上，不重细节，不拘礼仪	提供建议，提出批评并有助于引出相反意见，对已经形成的行动方案提出新的看法
外交家	性格外向，热情，好奇，联系广泛，消息灵通	有广泛联系人的能力，不断探索新的事物，勇于迎接新的挑战	事过境迁，兴趣马上转移	提出建议，并引入外部信息，接触持有其他观点的个体或群体，参加磋商性质的活动

团队角色	典型特征	积极特性	能容忍的缺点	团队中的作用
监督员	清醒，理智，谨慎	判断力强，分辨力强，讲求实际	缺乏鼓动和激发他人的能力，自己也不容易被别人鼓动和激发	分析问题和情景，对繁杂的材料予以简化，并澄清模糊不清的问题，对他人的判断和作用做出评价
凝聚者	擅长人际交往，温和，敏感	有适应周围环境以及人的能力，能促进团队的合作	在危急时刻往往优柔寡断	给予他人支持，并帮助别人，打破讨论中的沉默，采取行动扭转或克服团队中的分歧
完成者	勤奋有序，认真，有紧迫感	理想主义者，追求完美，持之以恒	常常拘泥于细节，容易焦虑，不洒脱	强调任务的目标要求和活动日程表，在方案中寻找并指出错误、遗漏和被忽视的内容，刺激其他人参加活动，并促使团队成员产生时间紧迫的感觉

（四）团队精神

1. 团队精神

团队精神是指团队个体为了团队的整体利益和目标而协同合作的大局意识，它表现为成员对团队目标的认同，对团队的强烈归属感和团队成员之间紧密合作共为一体的意识。团队精神的形成并不要求团队成员牺牲自我，相反，挥洒个性、表现特长保证了成员共同完成任务目标，而明确的协作意愿和协作方式则产生了真正的内在动力。

2. 团队精神的内涵

团队精神并不是虚无缥缈的东西，它可以体现在以下五个方面：

（1）协作意识。即个人愿意与他人建立友好关系和相互协作的心理倾向。团队成员在工作中相互依从、相互支持、密切配合，并建立起相互尊重、相互信赖的协作关系。

（2）全局观念。团队成员对团队忠诚度高，对团队有一种强烈的归属感，不允许有损团队利益的事情发生，具有团队荣誉感。

（3）责任意识。即团队成员有着为团队的成长和兴衰而尽忠尽责的意识，忠于团队的目标和利益，尽最大努力完成团队任务。

（4）互助精神。团队成员有意愿将个人的信息与资源同团队的其他成员共享，为了达到团队整体目标与利益而互帮，互助交流合作，团队成员之间没有隔阂。

（5）进取精神。团队成员为了实现团队的整体利益努力进取，在团队发展、团队战略和价值实现的过程中努力进取、齐心协力，为一个共同的目标而奋斗。

（五）团队责任

责任心是团队合作的核心。合作的成功与否，也取决于团队中每个成员的责任意识。

在合作时，一个人的失职可能会造成整个团队的损失。这时候，便出现了两种态度：一种是拒不认账，推诿责任；另一种是坦率承认，并努力补救。

在职场中，大部分人都在为自己的安全作铺垫，这是本能。这个本能促使我们在遇到职场危险时，把借口拿出来当挡箭牌。如果一件事办砸了，有些人总会本能地找出各种冠冕堂皇的借口，以换得他人的理解和原谅。而长此以往，这种人就会疏于努力，推卸责任。

工作就意味着责任，找借口的实质就是推卸责任。在团队中，遇到困难在所难免。但责任不明、相互推诿会毁掉整个团队。同样，因为责任心不强，企图用各种借口掩盖自己的失败，也会给人不自信、能力不足的感觉，从而失去更多锻炼自己和提高自己的机会。

一位著名企业家说过："我希望下属有承担错误的勇气，我不会因为犯了小错就改变对他的看法，但我看重一个人面对错误的态度。"相信这句话代表着绝大部分上司的观点。在团队合作中，勇于承担责任，挑起属于自己的担子，已经造成的损失不仅不会成为职业发展中的障碍，反而会成为继续前进的助推器。

二、案例分析 Case Study

案例："7 个小矮人"的团队

相传，在古希腊时期的塞浦路斯，曾经有一座城堡里关着 7 个小矮人，传说他们是因为受到了可怕咒语的诅咒，才被关到这个与世隔绝的地方。他们住在一间潮湿的地下室里，找不到任何人帮助，没有粮食，没有水。这 7 个小矮人越来越绝望。小矮人中，阿基米德是第一个受到守护神雅典娜托梦的。雅典娜告诉他，在这个城堡里，除了他们等待的那间房间外，其他的 25 个房间里，一个房间里有一些蜂蜜和水，够他们维持一段时间，而在另外的 24 个房间里有石头，其中有 240 块玫瑰红的灵石，收集到这 240 块灵石，并把它们排成一个圈的形状，可怕的咒语就会解除，他们就能逃离厄运，重归自己的家园。

第二天，阿基米德迫不及待地把这个梦告诉了其他的 6 个伙伴。其他 4 个人都不愿意相信，只有爱丽丝和苏格拉底愿意和他一起努力。开始的几天里，爱丽丝想先去找些木材生火，这样既能取暖又能让房间里有些光线。苏格拉底想先去找那个有食物的房间；阿基米德想快点把 240 块灵石找齐，好快点让咒语解除，3 个人无法统一意见，于是决定各找各的，但几天下来，3 个人都没有成果。反而耗得筋疲力尽，更让其他的 4 个人取笑不已。

但是 3 个人没有放弃，失败让他们意识到应该团结起来。他们决定，先找火种，再找吃的，最后大家一起找灵石。这是个灵验的方法，3 个人很快在左边第二个房间里找到了大量的蜂蜜和水。

美好的愿景是团队组建的基础；明确的目标是团队成功的基础；团结协作则是团队成功的关键。

在经过了几天的饥饿之后，他们狼吞虎咽了一番；然后带了许多分给特洛伊、安吉拉、亚里士多德和梅里莎。温饱的希望改变了其他 4 个人的想法。他们后悔自己开始时的愚蠢，并主动要求要和阿基米德他们一起寻找灵石，解除那可恨的咒语。

团队的阻力来自成员之间的不信任和非正常干扰。尤其在困难时期，这种不信任以及非正常干扰的力量更会被放大。因此，在团队运作时，建立一个和谐的环境非常重要。

为了提高效率，阿基米德决定把7个人兵分两路：原来3个人，继续从左边找，而特洛伊等4人则从右边找。但问题很快就出来了，由于前3天一直都坐在原地，特洛伊等4人根本没有任何的方向感，城堡对他们来说就像个迷宫。他们几乎就是在原地打转。阿基米德果断地重新分配：爱丽丝和苏格拉底各带一人，用自己的诀窍和经验指导他们慢慢地熟悉城堡。

当然事情并不像想象中那么顺利，先是苏格拉底和特洛伊那组，他们总是嫌其他两个组太慢。后来，当过花农的梅里莎发现，大家找来的石头里大部分都不是玫瑰红的。最后由于地形不熟，大家经常日复一日地在同一个房间里找石头。大家的信心又开始慢慢丧失。

提高效率，尽快完成团队的目标是任何一个团队所追求的。知识是生产力，是提高效率的重要手段。而经验是知识的有机组成部分，也可以通过有意识的学习获得。

阿基米德非常着急。这天傍晚，他把6个人都召集在一起商量办法。可是，交流会刚刚开始，就变成了相互指责的批判会。

性子急的苏格拉底先开口："你们怎么回事，一天只能找到两三个有石头的房间？"

"那么多的房间，门上又没有写哪个有石头，哪个是没有的，当然会找很长时间了！"爱丽丝答道。

"难道你们没有注意到，门锁是圆孔的都是没有的，门锁是十字形的都是有石头的吗？"苏格拉底反问道。

"干吗不早说哪？害得我们做了那么多的无用功。"其他人听到这儿，似乎有点生气。经过交流，大家才发现，原来他们有些人可能找准房间很快，但可能在房间里找到的石头都是错的；而那些找得非常准的人，往往又速度太慢。他们完全可以将找得快的人和找得准的人组合起来。

相互指责只会使问题更加严重。对问题的解决没有丝毫的作用。一个团队里，具有专业素质的人非常关键。但是一个团队的运作，需要的是各种类型的人才，如何搭配各类人才，是团队管理要解决的重大问题。

于是，这7个小矮人进行了重新组合。并在爱丽丝的提议下，大家决定开一次交流会，交流经验和窍门。然后把很有用的那些都抄在能照到亮光的墙上，提醒大家，省得再去走弯路。

吃一堑，长一智，及时总结经验教训，并通过合适的方法将其与团队内的所有成员共同分享，是团队走出困境、走向成功的最好方法。

在7个人的通力协作下，他们终于找齐了所有的240块灵石，但就在这时苏格拉底停止了呼吸。大家震惊和恐惧之余，火种突然又灭了。

没有火种，就没有光线；没有光线，大家就根本没有办法把石头排成一个圈。

本以为是件简单的事，大家都纷纷地来帮忙生火，哪知道，6个人费了半天的劲，还是无法生火——以前生火的事都是苏格拉底干的。寒冷、黑暗和恐惧再一次向小矮人们袭来。灰暗的情绪波及了每一个人，阿基米德非常后悔当初没有向苏格拉底学习生火的技能。

分工有利于提高效率，但分工会使得团队成员知识单一。在一个团队里，不能够让核心技术掌握在一个人手里。应通过科学的体制和方法对核心知识进行管理。

在神灵的眷顾下，最终火还是被生起来了。小矮人们胜利了。

通过对团队的有效管理，团队的目标终将会实现。

三、过程训练 Process Training

活动一：勇于承担责任

（一）活动过程

1. 每队4人，两人相向站着，另外两人相向蹲着，一个站着和蹲着的人是一边。
2. 站着的两个人进行猜拳，猜拳胜者，则由猜拳胜方蹲着的人去刮对方蹲着的人的鼻子。
3. 输方轮换位置，即站着的人蹲下，蹲着的人站起来，继续开始下一局。

（二）问题与讨论

1. 如何看待责任？
2. 当别人失败的时候，你有没有抱怨？
3. 两个人有没有同心协力对付外界的压力？

（三）总结

如果团队中的每个成员都有为整个团队考虑的责任感，那么这个团队就会在互敬互爱中不断提高、不断发展。

活动二：《西游记》中的团队角色分析

西游记中，唐僧、孙悟空、沙和尚、猪八戒去西天取经的故事，是大家都耳熟能详的，许多人会被这个群体中四位性格各异，兴趣不同的人物所感染。人们不禁会诧异：这样四个在各方面差异如此之大的人竟然能容在一个群体中，而且能相处得很融洽，甚至能做出去西天取经这样的大事情来。难道这是神灵、菩萨的旨意，而绝非凡人力所能及的吗？

请根据所学内容分析师徒四人在团队中的角色。如果唐王要裁员，您认为可以裁掉谁？为什么？

活动三：信任背摔

（一）活动过程

1. 全队每个人轮流上到背摔台上背向队友，双脚后跟 1/3 出台面，（培训师做示范动作）身体重心上移尽量垂直水平倒下去，下面的队员安全把他接住即为完成。

2. 这个项目的危险性大，所以一定要端正自己的态度，保持极高的警觉性，一丝不得懈怠，以保证队友的安全。队员进行项目前都要将身上的尖锐物品（如：眼镜、发卡、手表、钥匙、戒指等）放在一边，做完项目后再收回去。

（二）问题与讨论

1. 为什么信任？信任是如何产生并建立起来的？如何体现自己对背摔团员的生命安全的责任感？

2. 由孤立无助到感受团队力量（背摔者由空中无助到触及队友手臂的感觉），为什么会恐惧？

3. 如果是未知的领域，你怎么去面对？

四、效果评估 Performance Evaluation

评估：团队角色自测问卷

（一）情景描述

说明：对下列问题的回答，可能在不同程度上描绘了你的行为。每题有 8 句话，请将10 分分配给这 8 个句子。分配的原则是：最能体现你行为的句子得分最高，以此类推。最极端的情况也可能是 10 分全部分配给其中的某一句话。

请根据你的实际情况把分数填入后面的表中。

1. 我认为我能为团队做出的贡献是：

A. 我能很快地发现并把握住新的机遇

B. 我能与各种类型的人一起合作共事

C. 我生来就爱出主意

D. 我的能力在于，一旦发现某些对实现集体目标很有价值的人，我就及时把他们推荐出来

E. 我能把事情办成，这主要靠我个人的实力

F. 如果最终能导致有益的结果，我愿面对暂时的冷遇

G. 我通常能意识到什么是现实的，什么是可能的

H. 在选择行动方案时，我能不带倾向性和偏见地提出一个合理的替代方案

2. 在团队中，我可能有的弱点是：

A. 如果会议没有得到很好地组织、控制和主持，我会感到不痛快

B. 我容易对那些有高见，却没有适当地发表出来的人表现得过于宽容

C. 只要集体在讨论新的观点，我总是说得太多

D. 我的客观看法，使我很难与同事们打成一片

E. 在一定要把事情办成的情况下，我有时使人感觉到强硬甚至专断

F. 可能由于我过分重视集体的气氛，我发现自己很难与众不同

G. 我易于陷入突发的想象之中，而忘了正进行的事情

H. 同事认为我过分注意细节，总有不必要的担心，怕把事情搞糟

3. 当我与其他人共同进行一项工作时：

A. 我有在不施加任何压力的情况下，去影响其他人的能力

B. 我随时注意防止粗心和工作中的疏忽

C. 我愿意施加压力换取行动，确保会议不是在浪费时间或离题太远

D. 在提出独到见解方面，我是数一数二的

E. 对于与大家共同利益有关的积极建议我总是乐于支持

F. 我热衷寻求最新的思想和新的发展

G. 我相信我的判断能力有助于做出正确的决策

H. 我能使人放心的是对那些最基本的工作都能组织得井井有条

4. 我在工作团队中的特征是：

A. 我有兴趣更多地了解我的同事

B. 我经常向别人的见解进行挑战或坚持自己的意见

C. 在辩论中，我通常能找到论据去推翻那些不甚有理的主张

D. 一旦确定必须立即执行的一项计划，我就有推动工作运转的才能

E. 我不在意使自己太突出或出人意料

F. 对承担的任何工作，我都能做到尽善尽美

G. 我乐于与工作团队以外的人进行联系

H. 尽管对所有的观点都感兴趣，但并不影响我在必要的时候下决心

5. 在工作中我得到满足，因为：

A. 我喜欢分析情况，权衡所有可能的选择

B. 我对寻找解决问题的可行方案感兴趣

C. 我感到，我在促进良好工作关系

D. 我能对决策有强烈的影响

E. 我能适应那些有新意的人

F. 我能使人们在某项必要的行动上达成一致意见

G. 我感到我的身上有一种能使我全身心地投入到工作中去的气质

H. 我很高兴能找到一块可以发挥我想象力的天地

6. 如果突然给我一件困难的工作，而且时间有限，人员不熟：

A. 在有新方案之前，我宁愿先躲进角落拟订出一个解脱困境的方案

B. 我比较愿意与那些表现出积极态度的人一起工作

C. 我会设想通过用人所长的方法来减轻工作负担

D. 我天生的紧迫感，将有助于我们不会落在计划后面

E. 我认为我能保持头脑冷静，富有条理地思考问题

F. 尽管困难重重，我也能保证目标始终如一

G. 如果集体工作没有进展，我会采取积极措施去加以推动

H. 我愿意展开广泛的讨论，意在激发新思想，推动工作

7. 对于那些在团队工作中或与周围人共事时所遇到问题：

A. 我很容易对那些阻碍前进的人表现出不耐烦

B. 别人可能批评我太重分析而缺少直觉

C. 我有做好工作的愿望，能确保工作的持续进展

D. 我常常容易产生厌烦感，需要一两个有激情的人使我振作起来

E. 如果目标不明确，让我起步是很困难的

F. 对于我遇到的复杂问题，我有时不善于加以解释和澄清

G. 对于那些我不能做的事情，我有意识地要求助他人

H. 当我真正地与对立方发生冲动时，我没有把握使对方理解我的观点

（二）评估标准与结果分析

示范：第1题，A给1分，B给1分，C给2分，D给2分，E给2分，H给2分，F、G不给分，以此类推，把题目对应的分数填在下表中，最后把各项的总分加起来就是你扮演的各个角色的分数。分数最高的一项就是你表现出来的角色，如果你有一项突出，超过18分以上，你就是这类角色了，一般5分以下你不能去扮演这个角色，15分以上证明你特别适合这个角色。对照文中团队角色内容，进一步评估自己。

自我评价分析表

题号	IMP 执行者	CO 协调者	SH 塑造者	PL 智多星	RI 外交家	ME 监督员	TW 凝聚者	CF 完成者
1	G	D	F	C	A	H	B	E
2	A	B	E	G	C	D	F	H
3	H	A	C	D	F	G	E	B
4	D	H	B	E	G	C	A	F
5	B	F	D	H	E	A	C	G
6	F	C	G	A	H	E	B	D
7	E	G	A	F	D	B	H	C
总计								

任务二　合作共赢发展

职场在线

某电视台的女主编负责黄金时段《焦点调查》节目，经常为了揭露不良商贩而不惜深入虎穴去偷拍那些不为人知的黑幕，她制作的新闻屡屡收视率第一，她的师兄都竞争不过她。但某次她由于处理问题不当，只考虑部门利益而忽视整个电视台的利益，给台里造成了很大损失，台里就把她调到了下午两点以后闲散时段的《生活百事通》栏目，该栏目收视率从来都是倒数第一，更不用说有什么前途。但她并未就此放弃，并不甘心此栏目只是播出给家庭主妇看看的生活琐事，于是她着手改革，依然就老百姓关注的生活用品安全等问题进行探访，结果改革后第一期收视率就翻了四倍，受到了台里的肯定。

第二期，她又找到了一个很好的题材，于是再次不顾自身安危深入虎穴，曝光了一批假冒的保健产品。在和下属的共同努力下，节目制作完成，也得到了领导的称赞。这时领导却提出这个题材适合《焦点调查》栏目，就是让她把辛辛苦苦努力的成果拱手让给师兄。女主编此时气急败坏。她现在有两个选择：第一，跟台里据理力争，在自己的栏目播出。结果是，和师兄闹僵，跟领导搞坏关系，从此自己在台里的前途更加渺茫。而且由于时间段的原因，《生活百事通》的观众较少，无法让节目发挥最好的效果。第二，听从领导安排，把节目拱手让人，这样非常打击自己团队的士气，会降低他们的积极性，很可能把自己的团队变成一盘散沙。

女主编经过据理力争，拿回了自己的节目。不过从大局考虑，她又找到自己的师兄，说可以考虑把她的节目内容放在《生活百事通》和《焦点调查》两个栏目同时播出。

这就是合作共赢。总的来说，最大的受益者，还是女主编自己。这样做的好处有五个：第一，保住了自己和下属的劳动成果，增强了团队凝聚力；第二，对于《生活百事通》栏目来说，收视率急速上升；第三，可以搞好和师兄的关系；第四，因两个栏目播出同一期内容，所以受众面更广，更多的人可以从中受益；第五，收视率上去了，节目好评如潮，整个电视台也跟着受益，和领导的关系也能处好，何乐而不为呢？

一、能力目标 Competency Goal

促进团队成员之间合作共赢发展，提高团队凝聚力，离不开领导的作用，一个优秀的领导可以提高整个团队的活力。一旦团队目标得以确立，领导最重要的工作就是要创造一个可以畅所欲言的组织氛围，并激励成员实现目标。

（一）促进合作的四大基础

建立信任：

一个有凝聚力的、高效的团队成员必须学会迅速地、心平气和地承认自己的错误乃至失败。他们还要乐于认可别人的长处，即使这些长处超过了自己。

良性冲突：

团队合作一个最大的阻碍，就是对于冲突的畏惧。引导和鼓励适当的、建设性的冲突虽然麻烦，但不能避免的。否则，一个团队建立真正的承诺就是不可能完成的任务。

行动坚定：

要成为一个具有凝聚力的团队，领导必须学会在没有完善的信息、没有统一的意见时作出决策，并坚决执行。

彼此负责：

卓越的团队不需要领导提醒团队成员竭尽全力工作，因为他们很清楚需要做什么，会相互提醒注意行动和活动，并会为彼此负担责任。

（二）提升团队凝聚力

团队凝聚力是团队对每个成员的吸引力和向心力，是维系团队存在的必备条件，是衡量一个团队是否具有战斗力的重要标志。那么如何提高团队凝聚力呢？

1. 塑造团队文化，确立团队使命与愿景

GE 前总裁杰克·韦尔奇说过，作为一名领导者，第一要务就是为团队设立愿景与使命，并激发团队竭尽全力去实现它。团队愿景是解决团队是什么，要成为什么的基本问题，团队使命则是团队为实现团队愿景制定的战略定位与业务方向，回答的是团队应该做什么的问题。华为团队的狼文化、李云龙"嗷嗷叫"的独立团就是很好的案例。

2. 发挥团队领导在团队凝聚力中的维系作用

领导是维系团队凝聚力与战斗力的关键人物，塑造团队的凝聚力，作为团队领导需要遵循如下法则：

（1）主动与团队成员保持良好的沟通。积极主动地与团队成员沟通，了解团队成员工作状态和生活状况，了解成员的合理需求并尽力满足他们，创造一个良好和谐的沟通氛围。

（2）尊重团队成员，充分信任。作为领导对团队成员要给予充分的信任，缺乏信任关系是做不好工作的。

（3）不断给予团队成员鼓励，不与成员争利，不与成员争权，给予充分授权。

（4）让团队成员感受到成长的快乐。在团队中，我们要让团队成员真正能体验到自身得到了成长，在成长的过程中体会到成就的快感，方能塑就团队成员的向心力与归属感。

塑造一支高凝聚力的团队，非一朝一夕之功，对每一个团队领导来说，摸索总结，实践检验，建立起合适的团队文化，和团队成员保持良好的互动是塑造团队凝聚力的基本功课。

（三）团队激励

调动一个团队或个人的积极性离不开适当的激励。激励能使每个成员士气高昂，使整个团队充满活力。激励要讲究方法，灵活运用，才能达到预期的效果。常见的激励方式有以下几种。

1. 目标激励

目标激励，是指设置适当的目标，激发人的动机，达到调动人的积极性的目的一种激励方法。一般来讲，个体对目标看得越重要，实现的概率越大。因此，目标要合理可行，与个体的切身利益要密切相关；要设置总目标与阶段性目标，总目标可使人感到工作有方向，阶段性目标可使人感到阶段性工作的可行性和合理性。

2. 奖罚激励

奖罚激励是奖励激励和惩罚激励的合称，奖励是对人的某种行为给予肯定或表扬，使人保持这种行为，奖励得当，能进一步调动人的积极性；惩罚是对人的某种行为予以否定或批评，使人消除这种行为，惩罚得当，不仅能消除人的不良行为，而且能化消极因素为积极因素。

3. 考评激励

考评是指各级组织对所属成员的工作及各方面的表现进行考核和评定。通过考核和评比，及时指出员工的成绩不足及下一阶段努力的方向，从而激发员工的积极性、主动性和创造性。为了让考评激励发挥最大的作用，在考评过程中必须注意制定科学的考评标准，设置正确的考评方法，提高主考者的个体素质等。

4. 竞赛与评比的激励

竞赛与评比对调动人的积极性有重大意义。它对动机有激发作用，使动机处于活跃状态；能增强组织成员的心理内聚力，明确组织与个人的目标，激发人的积极性，提高工作效率；能增强人的智力效应，促使人的感知觉敏锐准确，注意力集中，记忆状态良好，想象丰富，思维敏捷，操作能力提高；能调动人的非智力因素，并能促进集体成员劳动积极性的提高；团体间的竞赛评比，能缓和团体内的矛盾，增强集体荣誉感。

5. 领导行为激励

领导行为激励，指领导者通过榜样作用、暗示作用、模仿作用等心理机制激发下属的动机，以调动工作和学习积极性。领导的良好行为模范作用——以身作则就是一种无声的命令，能够有力地激发下属的积极性。

6. 尊重和关怀激励

领导对下属的尊重和关怀是一种有力的激励手段，从尊重人的劳动成果到尊重人的人格，从关怀下属的政治进步到帮助解决工作与生活上的实际困难，能产生一种积极的心理效应。

二、案例分析 Case Study

案例一：顽强的地衣

在植物世界中，地衣的生命力几乎是首屈一指的。据实验，地衣在零下273摄氏度的低温下能生长，在真空条件下放置6年仍保持活力，在比沸水温度高一倍的温度下也能生存。因此无论沙漠、南极、北极，甚至大海龟的背上我们都能看到地衣的身影。

地衣为什么有如此顽强的生命力？人们经过长期研究，终于揭开了"谜底"。原来地衣不是一种单纯的植物，它是由两类植物"合伙"组成，一类是真菌，另一类是藻类。真菌吸收水分和无机物的本领很大，藻类具有叶绿素，它以真菌吸收的水分、无机物和空气中的二氧化碳做原料，利用阳光进行光合作用，制成养料，与真菌共同享受。这种紧密的合作，就是地衣有如此顽强的生命力的秘密。

合作共赢，众所周知，合作不仅是一种积极向上的心态，更是一种智慧。一个人，纵使才华横溢、能力超群，如果不能较好地融入社会，不善于跟周围的人沟通、协作，他就不会在成功的路上走很远，更无法实现自己的理想与目标。相反，只有照顾和维护别人，别人才会感恩并回报一份善意。别人因我们而温暖，我们也会因别人而享受阳光。

案例二：鱼和鱼竿

从前，有两个饥饿的人得到了上帝的恩赐——一根鱼竿和一篓鲜活的鱼。其中一个人要了一篓鱼，另外一个人则要了一根鱼竿。带着得到的赐品，他们分开了。

得到鱼的人走了没几步，使用干树枝点起篝火，煮了鱼。他狼吞虎咽，没有好好品尝鱼的香味，就连鱼带汤一扫而光。没过几天，他再也得不到新的食物，终于饿死在空鱼篓旁边。

选择鱼竿的人只能继续选择忍饥挨饿，他一步步地向海边走去，准备钓鱼充饥。可是，当他看见不远处那蔚蓝的海水时，他最后的一点力气也使完了，他也只能带着无尽的遗憾撒手人寰。

上帝摇了摇头，决心再发一次慈悲。于是，又有两个饥饿的人得到了上帝恩赐的一根鱼竿和一篓鲜活的鱼。这次，这两个人并没有各奔东西，而是商定相互协作，一起去寻找有鱼的大海。

一路上，他们饿了的时候，每次只煮一条鱼充饥。终于，经过艰苦的跋涉，在吃完了最后一条鱼的时候，他们终于到达了海边。从此，两个人开始了以捕鱼为生的日子，他们有了各自的家庭、子女，有了自己建造的渔船，过上了幸福安康的生活。

前面两个人因为不知道合作，所以两个人都失败了；而后来两个人懂得合作，最终双双取得了成功。

要学会与他人合作，取长补短，相携共进，才能实现双赢。毕竟，团队的力量要远远大于个人的力量。

三、过程训练 Process Training

活动一：解手链

（一）活动过程

1. 将全班学生分成若干个小组，每组 8 人，让每组成员手拉手围站成一个圆圈，记住自己左右手各相握的人。

2. 在节奏感较强的背景音乐声中，大家放开手，随意走动，音乐一停，脚步即停。找到原来左右手相握的人分别握住。

3. 小组中所有参与者的手都彼此相握，形成了一个错综复杂的"手链"。节奏舒展的背景音乐中，主持人要求大家在手不松开的情况下，无论用什么方法，将交错的"手链"解成一个大圆圈。

友情提示：解"手链"过程中，可以采用各种方法，如跨、钻、套、转等，就是不能放开手。（可再次增加人数继续游戏）

（二）问题与讨论

1. 在开始时，你们是否觉得思路混乱？
2. 当揭开一点后，你们的想法是否改变？
3. 最后问题的解决，你们是不是很开心？
4. 在这个过程中你们学到了什么？

（三）总结

1. 在活动过程中，当面对一个复杂的问题时大家会感到无从下手，从而往往站在原地不动，但实际上只要有所行动就会有所变化。

2. 如果你的尝试获得了一些效果，你就会变得积极起来，所以试着去尝试一些新的办法。

3. 问题难以解决，往往是因为很多人都只是从个人的角度去思考怎样解套，实际上应该从整体的角度来解决问题，才能有进展。

活动二：设计激励方案

（一）情景描述

假如你现在负责一个部门，并有三个下属：陈明、李东和张君。保证这个部门成功发展的关键在于使这些员工尽可能地保持着积极进取的状态。下面是对每一位下属的简要介绍。

陈明是那种令人难以理解的雇员。他的缺勤记录比平均水平要高许多。他非常关心他的家庭（他有一个妻子和三个小孩），而且认为他的家庭应该是他生活的中心，公司能够提供的东西对他的激励非常小。他认为，工作仅仅是为他的家庭的基本需要提供财务支持的一种手段而已，除此之外，很少有什么别的意义。总的来说，陈明对本职工作尽职尽责，但所有试图让他多干活儿的尝试都失败了。陈明是一个友好而可爱的人，但对公司而言，他仅是个够格的员工。只要他的工作一达到业绩要求的最低标准，他就希望能去"干他自己的事"。

李东与陈明一样，也是一个讨人喜欢的家伙，但与陈明不同的是，李东对公司的规章制度和报酬制度都积极响应并执行，而且对公司有很高的个人忠诚度。李东的毛病在于他做事的独立性不是特别强。他对那些指派给他的任务完成得非常好，但他的创新精神不足，在自己干活儿时依赖性比较强。他还是一个相当内向的人，在与同部门外的人士打交道时显得信心不足。这在某种程度上会对他的业绩带来一些伤害，因为他不能够在短时间里把自己或本部门推销给别的部门或公司的高层管理机构。

张君是一个非常自信的人。他为金钱而工作，而且会为了更多的钱而更换工作。他的确为公司努力工作，但也期望公司能回报他。在他目前的岗位上，他觉得对一周 60 个小时的工作没有什么不满，如果薪水是这样的话。尽管他也有一个家，并且在供养他的母亲，但如果他已经多次要求，而他的雇主还不给他提薪的话，他会毫不犹豫地辞职而去。他确实是自己的驾驶员。张君的前任直接上司杨力指出，尽管张君确实为公司干得很出色，但他的个性实在太强了，对于他的离去他们还是感到欣慰。张君的前任老板说，张君似乎总在不断地要求。如果不是为了更多的钱，那么就是为了更好的福利待遇，似乎他从来也不会满足。

（二）问题与讨论

1. 如何激励陈明？
2. 如何激励李东？
3. 如何激励张君？
4. 本案例对企业负责人如何做好激励工作有哪些启示？
5. 由各小组设计出针对这三人的激励方案。

四、效果评估 Performance Evaluation

评估：团队合作能力评估

（一）情景描述

以下每一项都陈述了一种团队行为，根据自己表现这种行为的频率打分：总是这样（5 分），经常这样（4 分），有时这样（3 分），很少这样（2 分），从不这样（1 分）。

1. 我提供事实和表达自己的观点、意见、感受和信息以帮助小组讨论。（提供信息和观点者）

2. 我从其他小组成员那里征求事实、信息、观点、意见和感受以帮助小组讨论。（寻求信息和观点者）

3. 我提出小组后面的工作计划，并提醒大家注意需完成的任务，以此把握小组的方向。我向不同的小组成员分配不同的责任。（方向和角色定义者）

4. 我集中小组成员所作的相关观点或建议，并总结、复述小组所讨论的主要论点。（总结者）

5. 我带给小组活力，鼓励小组成员努力工作以完成我们的目标。（鼓舞者）

6. 我要求他人对小组的讨论内容进行总结，以确保他们理解小组决策，并了解小组正在讨论的材料。（理解情况检查者）

7. 我热情鼓励所有小组成员参与，愿意听取他们的观点，让他们知道我珍视他们对群体的贡献。（参与鼓励者）

8. 我利用良好的沟通技巧帮助小组成员交流，以保证每个小组成员明白他人的发言。（促进交流者）

9. 我会讲笑话，并会建议以有趣的方式工作，借以减轻小组中的紧张感，并增加大家一同工作的乐趣。（释放压力者）

10. 我观察小组的工作方式，利用我的观察去帮助大家讨论小组如何更好地工作。（进程观察者）

11. 我促成有分歧的小组成员进行公开讨论，以协调思想，增强小组凝聚力。当成员们似乎不能直接解决冲突时，我会进行调停。（人际问题解决者）

12. 我向其他成员表达支持、接受和喜爱，当其他成员在小组中表现出建设性行为时，我给予适当的赞扬。（支持者与表扬者）

（二）评估标准与结果分析

以上 1~6 题为一组，7~12 题为一组，将两组的得分相加对照下列解释：

（6，6）只为完成工作付出了最小的努力，总体上与其他小组成员十分疏远，在小组中不活跃，对其他人几乎没有任何影响。

（6，30）你十分强调与小组保持良好关系，为其他成员着想，帮助创造舒适、友好的工作气氛，但很少关注如何完成任务。

（30，6）你着重于完成工作，却忽略了维护关系。

（18，18）你努力协调团队的任务与维护要求，终于达到了平衡。你应继续努力，创造性地结合任务与维护行为，以促成最优生产力。

（30，30）祝贺你，你是一位优秀的团队合作者，并有能力领导一个小组。

当然，一个团队的顺利运行除了以上两种行为以外，还需要许多别的技巧，但这两种是最基本的技巧，且较易掌握。如果你得分比较低，也不要气馁，只要参照上面做法，就会有所提高。

任务三　冲突危机处理

职场在线

亚通网络公司是一家专门从事通信产品生产和电脑网络服务的中日合资企业。公司自

1991 年 7 月成立以来发展迅速，销售额每年增长 50％以上。与此同时，公司内部存在着不少冲突，影响着公司绩效的继续提高。因为是合资企业，尽管日方管理人员带来了许多先进的管理方法。但是日本式冲突管理的管理模式未必完全适合中国员工。例如，在日本，加班加点不但司空见惯，而且没有报酬。亚通公司经常让中国员工长时间加班，引起了大家的不满，一些优秀员工还因此离开了亚通公司。亚通公司的组织结构由于是直线职能制，部门之间的协调非常困难。例如，销售部经常抱怨研发部开发的产品偏离顾客的需求，生产部的效率太低，使自己错过了销售时机；生产部则抱怨研发部开发的产品不符合生产标准，销售部门的订单无法达到成本要求。研发部胡经理虽然技术水平首屈一指，但是心胸狭窄，总怕他人超越自己。因此，常常压制其他工程师。这使得工程部人心涣散，士气低落。

在团队的交流和沟通过程中，由于成员与成员之间，成员与组织之间的目标、认识或情感有差异，甚至是相互排斥，同时每个人对问题理解的差异，看问题的角度不同以及其他原因，都会造成相互之间的矛盾，从而形成团队冲突。这种冲突如不能正确处理，会对成员相互之间的关系和整个团队的稳定性造成很大的破坏。

一、能力目标 Competency Goal

在团队合作过程中，冲突是不可避免的。但并不是所有的冲突都是不良的、消极的，具有破坏性的，有些冲突对团队的建设和发展也能起到积极的作用，因此，作为团队或组织的领导者要能区别出不同的冲突，并进行化解，以达到改进团队合作的目标。

（一）团队冲突危机的内涵及类型

团队冲突危机指的是两个或两个以上的团队或成员在目标、利益、认识等方面互不相容或互相排斥，从而产生心理或行为上的矛盾，导致抵触、争执或攻击事件。美国学者刘易斯·科赛在《社会冲突的职能》中指出，没有任何团体是能够完全和谐的，否则它就无过程和结构。在团队或成员之间的冲突在一定程度上总是存在的，因为人与人之间存在各种差异，差异必然会导致分歧，分歧发展到一定程度就会导致冲突。因此冲突是客观存在的，是无法逃避的。

从冲突的类型来看，团队或成员之间的冲突可以分为两类：

第一类：建设性冲突。冲突双方对实现共同的目标都十分关心；彼此乐意了解对方的观点、意见；大家以争论问题为中心；互相交换情况不断增加。

第二类：破坏性冲突。双方对赢得自己观点的胜利十分关心；不愿听取对方的观点、意见；由问题的争论转为人身攻击；互相交换情况不断减少，以致完全停止。

破坏性冲突本身不利于团队或成员的成长，对达成团队目标起阻碍作用，但如果处理得好，则是一个契机，有可能转化为建设性冲突。所以，冲突是一种形式的沟通，冲突是发泄长久积压的情绪，冲突之后雨后天晴，双方才能重新起跑；冲突是一项教育性的经验，双方可能对对方的职责及其困扰，有更深入的了解与认识。冲突的高效解决可开启新的且可能是长久性的沟通渠道。

（二）团队冲突危机产生的原因

导致团队或成员冲突的原因很多，只有对症下药，才能改善和优化团队或成员之间的关系，提高团队或组织的整体竞争力。团队冲突危机产生的原因主要有以下几种。

种类	原因
资源竞争	每个团队或成员的工作性质、岗位职责、地位以及目标等因素不同，在分配资金、人力、设备、时间等资源时不会绝对公平，会在有限的预算、空间、人力资源、辅助服务等资源展开竞争，产生冲突
目标冲突	每一个团队都有自己的目标，每个团队都需要其他团队的协作，不同团队的目标是不同的，如在一个公司中，营销部门、生产部门、行政部门、人力资源部门等都有自己的考核内容，不可避免地会出现不一致的情况，冲突就随之而来
相互依赖	相互依赖性包括团队或成员之间在前后相继、上下相连的环节上，一方的工作不当会造成另一方工作的不便、延滞，或者一方的工作质量影响另一方的工作质量和绩效。相互依赖的团队或成员之间在目标、优先性、人力资源方面越是多样化，越容易产生冲突
责任模糊	组织或团队内有时会由于职责不明造成职责出现缺位，出现谁也不负责的管理"真空"，造成团队或成员之间的互相推诿甚至敌视，发生"有好处，抢；没好处，躲"的情况
地位斗争	组织内团队之间或团队内成员之间对地位的不公平感也是产生冲突的原因。当一个团队或成员努力提高自己在组织或团队中的地位，而另一个团队或成员认为对自己地位的产生威胁时，冲突就会产生
沟通不畅	团队或成员之间的目标、观念、时间和资源利用等方面的差异是客观存在的，如果沟通不够，或沟通不成功，就会加剧团队之间的隔阂和误解，加深团队之间的对立和矛盾

（三）团队冲突危机处理的方法

托马斯·基尔曼冲突模型为团队冲突处理提供了最优的解决方案和选择方法。如下图所示：

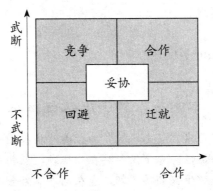

其中，武断或不武断是指对自己的观点或行为是否放弃，合作或不合作是指是否对冲突方采取宽容、合作的态度。按照武断程度和合作程度的不同，形成五种冲突处理策略。

竞争：高度武断且不合作。

合作：高度武断且高度合作。

回避：不武断也不合作。

迁就：不武断且保持合作。

妥协：中等程度的武断和合作。

具体的团队冲突危机处理方法有以下几种。

1. 交涉与谈判。交涉与谈判是解决问题的较好方法，这是因为通过交涉，双方都能了解、体谅对方的问题，交涉也是宣泄各自情感的良好渠道。具体来讲，要将冲突双方召集到一起，让他们把分歧讲出来，辨明是非，找出分歧的原因，提出办法，最终选择一个双方都能接受的解决方案。

2. 第三者仲裁。当团队或成员之间通过交涉与谈判仍无法解决问题时，可以邀请局外的第三者或者较高阶层的主管进行调停处理，也可以建立联络小组促进冲突双方的交流。

3. 吸收合并。当冲突双方规模、实力、地位相差悬殊时，实力较强的团队可以接受实力较弱团队的要求，并使其失去继续存在的理由，进而与实力较强的团队完全融为一体。

4. 强制。即借助或利用组织的力量，或是利用领导地位的权力，或是利用来自联合阵线的力量，强制解决冲突。这种解决冲突的方法往往只需要花费很少的时间就可以解决长期积累的矛盾。

5. 回避。当团队之间的冲突对组织目标的实现影响不大而又难以解决时，组织管理者不妨采取回避的方法。

6. 激发冲突。在设计绩效考评和激励制度时，强调团队的利益和团队之间的利益比较；运用沟通的方式，通过模棱两可或具有威胁性的信息来提高冲突水平；引进一些在背景、价值观、态度和管理风格方面均与当前团队成员不同的外人；调整组织结构，提高团队之间的相互依赖性；故意引入与组织中大多数人的观点不一致的"批评家"。

7. 预防冲突。加强组织内的信息公开和共享；加强团队之间正式和非正式的沟通；正确选拔团队成员；增强组织资源；建立合理的评价体系，防止本位主义，强调整体观念；进行工作轮换，加强换位思考；明确团队的责任和权利；加强教育，建立崇尚合作的组织文化；设立共同的竞争对象；拟定一个能满足各团队目标的超级目标；避免形成团队之间、成员之间争胜负的情况。

二、案例分析 Case Study

案例一：郭子仪以德报怨

唐朝大将军郭子仪，在平定"安史之乱"和抵御外族入侵中屡立奇功，却遭到了皇帝身边的红人、太监鱼朝恩的嫉恨。郭子仪率兵在外征战，鱼朝恩竟暗地里派人挖毁了郭子仪父亲的墓穴，抛骨扬灰。郭子仪领兵还朝，众人无不以为会掀起一场血雨腥风，不料当代宗皇帝忐忑不安地提及此事时，郭子仪伏地大哭，说："臣将兵日久，不能禁阻军士们残人之墓，今日他人挖先父之墓，这是天谴，不是人患。"家仇的烈焰竟被他宽容的泪水熄灭。

郭子仪手握兵权，在朝中日益得到皇帝的信任，鱼朝恩担心早晚会被郭子仪收拾，便想来个先下手为强，在家中摆下"鸿门宴"，然后请郭子仪赴宴。鱼朝恩的险恶用心连郭子仪的下属都看得一清二楚，他们极力劝阻郭子仪不要去。郭子仪淡淡一笑，不以为然，只便装轻从，带上几个家仆从容赴宴。鱼朝恩见了惊讶不已，在得知实情后，阴毒无比的一代奸臣竟被感动得号啕大哭，从此以后再不以郭子仪为敌，反而处处维护他。

这是一个极端典型的对破坏性冲突的成功处理案例。郭子仪以宽容消灭了一个敌人，为自己增加了一个支持者。冲突的一方采取了迁就、妥协等方法，最后达到了化敌为友、合作双赢的境界。

案例二：良性冲突救钢厂

这是美国一家面临倒闭的钢铁厂，在频繁更换几任总经理，花费了巨大的财力、人力、物力后，对于走向破产的钢铁厂大家已经黔驴技穷、一筹莫展，员工们也都士气涣散，唯一能做的事情就是等着工厂宣布破产清算。新到任的总经理似乎也拿不出什么好的办法来，但他却在几次员工会议上发现了一个现象，公司的每次决策制度公布时，大家似乎都不愿意提出反对意见，管理者说什么就是什么，以前怎么做的就怎么做，会议总是死气沉沉。因此这位总经理果断做出了一个决定，以后会议，不分层级，每个人都有平等发言的权利，如果发现问题，谁提出解决方案并且没有人能够驳倒他，他就是这个方案项目的负责人，公司给予相应的权限和奖励。新制度出台后，以往静悄悄的会议逐渐出现了热烈的场面，大家踊跃发言，争相对别人的提案进行反驳，有时候为争论某个不同意见，争论者面红耳赤，甚至大打出手，但在走出会议室之前，都会达成一个解决问题的共识，不管是同意还是反对，都要按照达成的共识去做。过了一段时间后，奇迹出现了，这家钢铁厂竟然逐步走出了困境，起死回生，甚至在几年后进入了美国最优秀的四大钢铁厂之列。

良性冲突对于团队的成长和发展是不可或缺的。只有团队内部实现互相竞争、你追我赶的良性循环，团队才能持续发展。

三、过程训练 Process Training

活动一：作用力与反作用力

（一）活动过程

1. 将学员分成两人一组，让他们面对面地站着，分别举起双手，将每个人的手掌与他的搭档的手掌对在一起。

2. 培训者喊开始，然后大家就必须用力地推对方的手掌，让两个人都尽可能地用力推对方，可以在一旁为他们加油，比如说"加油""就剩下一点了""马上就胜利了"。

3. 在推得正兴起的时候，悄悄地让占劣势的一方松劲儿，看看会出现什么后果。

4. 进行角色互换，最后衷心地感谢每一个人，你会发现他们大多会给你一个相当疑惑的笑容，不用理会他，对他们笑笑就可以了。

（二）问题与讨论

1. 当你用力地推你的同伴的时候，你的同伴会有什么反应？

2. 当其中一个人撤回自己力气的时候，剩下的那一个人会发生什么情况？会不会使他生气？

3. 从这个活动中，你有没有体会到什么道理？在日常工作中，当别人与你的意见不一致时，最好的做法是什么？一定要据理力争吗？

（三）总结

1. 一个人当你跟他硬碰硬时，他就会变得越发强硬，但是当你对他好言相劝时，他往往能听进去你的意见。

2. 在团队沟通中产生争执是难免的，不要害怕这些争执。但要注意策略，要在陈述自己想法的同时倾听他人的意见，如果别人说得对就应加以采用，但是如果自己的较好，就要采用一些迂回曲折的办法让你的对手保持沉着和冷静，并最终乐于听从你的意见。

活动二：不要激怒我

语言和态度是人与人沟通时的两个主要方面。面对对抗的时候，有的人说出话来是火上浇油，有的人说出来就是灭火器，效果完全不同。下面的活动目的就是要教会大家避免使用那些隐藏有负面意思的甚至敌意的词语。

（一）活动过程

1. 将学员分成 3 人一组，但要保证是偶数组，每两组进行一场游戏。告诉他们：他们正处于一场商务场景当中，比如商务谈判，比如老板对员工进行行业绩评估。

2. 给每个小组一张白纸，让他们在 3 分钟时间内用头脑风暴的办法列举出尽可能多的会激怒别人的话语，例如：不行、这是不可能的等等，每一个小组要注意不使另外一组事先了解他们会使用的话语。

3. 让每一个小组写出一个一分钟的剧本，当中要尽可能多地出现那些容易激怒别人的词语，时间为 10 分钟。

4. 告诉大家评分标准：每个激怒性的词语给一分；每个激怒性词语的激怒程度给 1～3 分不等；如果表演者能使用这些会激怒对方的词语表现出真诚、合作的态度，另外加 5 分。

5. 让一个小组先开始表演，另一个小组的学员在纸上写下他们所听到的激怒性词汇。

6. 表演结束后，让表演的小组确认他们所说的那些激怒性的词汇，必要时要对其做出解释，然后两个小组调过来，重复上述的过程。

7. 第二个小组的表演结束之后，大家一起分别给每一个小组打分，给分数最高的那一组颁发"火上浇油奖"。

（二）问题与讨论

1. 什么是激怒性的词汇？我们倾向于在什么时候使用这些词汇？

2. 如果你无意间说的话被人认为是激怒行动的，你会如何反应？你认为哪个更重要，是你自己的看法重要，还是别人对你的看法重要？

3. 当你无意间说了一些激怒别人的话，你认为该如何挽回？是马上道歉吗？

（三）总结

1. 很多时候人们往往会在不经意之间说出很多伤人的话，即便他们的本意是好的，也往往因为这些话被人误解而达不到应有的目的。

2. 我们在说每一句话之前都应该好好想想这句话听到别人耳朵里面会是什么意思，会带来什么后果，这样就可以避免我们无意识地说出激怒性的话语。

3. 实际上，在我们得意洋洋的时候往往是我们最容易伤害别人的时候，保持谦虚谨慎的态度，不要像骄傲的孔雀一样，这样往往会使我们的人际关系为之改善，使人与人之间的交流更容易一些。

四、效果评估 Performance Evaluation

评估：冲突危机处理能力测评

工作中的分歧和冲突在所难免，关键在于如何处理冲突。良好的冲突处理方式可以使化解你与上级或同事的矛盾，获得对方的理解和支持，否则可能导致关系紧张，产生隔膜或纠纷。每个人都有自己应付冲突的方式和风格，个体处理冲突的方式大体上有三种倾向：非抗争型、解决问题型和控制型。

（一）情景描述

阅读下面的题目，每道题目请根据自己的第一印象，选择你的符合程度：从不如此、偶尔如此、总是如此。

1. 我不敢和上司提出会引起争议的问题。

2. 当我和上司的意见不一致时，我会把双方的意见结合起来，设法想出另一个全新的点子来解决问题。

3. 当我不同意上司的看法时，我会把自己的意见讲出来。

4. 为了避免争议，我会保持沉默。

5. 我所提出的办法，都能融合各种不同的意见。

6. 当我想让上司接受我的看法时，我会提高我的音量。

7. 我会婉转地把争议的激烈程度减弱下来。

8. 我和上司意见出现分歧时，我会以折中的方式解决。

9. 我会据理力争，直到上司了解我的立场。

10. 我会设法使双方的分歧显得并没有那么重要。

11. 我认为应该坐下来好好谈谈才能解决彼此的意见。

12. 当我和上司争执时，我会坚定表明我的意见。

（二）评估标准与结果分析

如果你的选择都是"偶尔如此"，那么，你的冲突处理风格是解决型。

如果你的选择都是"从不如此",那么,你的冲突处理风格是1控、2非、3非、4控、5控、6非、7控、8控、9非、10控、11控、12非。(控:代表控制型倾向,非:代表非抗争性倾向。)

如果的选择都是"总是如此",那么,刚好相反。

控制型的人喜欢强权,存着过度集权的危险;解决型的人喜欢解决问题,不善于授权,不适合管理多个团队;非抗争性的人不喜欢拿意见,不适合做领导,适合做部门经理。

思考与练习

1. 结合所学知识,分析《西游记》中的团队角色认知。
2. 团队精神的内涵有哪些?联系自身实际,谈谈如何融入一个新的团队?
3. 举例说明建设性冲突和破坏性冲突的主要特点?
4. 如何提高团队凝聚力,发挥成员工作积极性,最终实现合作共赢发展?

作业

(一)作业描述

根据本项目的学习内容从下面三个任务中任选一个,从不同侧面阐述个人与团队如何完成团队任务,实现合作共赢。

任务1:个人自画像。联系贝尔宾团队成员角色理论,进行个人角色认知,阐明个人应具有的团队精神和团队责任。

任务2:看到"冲突处理"一词,请每个学员写出5个以上与"冲突处理"相关联的正面意义的词和5个以上负面意义的词。(5分钟)

任务3:讲演一个关于合作共赢的寓言故事,分享给其他成员,并加以分析点评。

(二)作业要求

1. 可2~3人组成一个小组分工合作。
2. 完整记录任务完成的过程。

项目四　职场上的有效沟通

无论你是刚刚走出校门的毕业生，还是进入职场的新人，甚至经验丰富的职业人，与人沟通对你的职业发展来说是必不可少的。有效的职业沟通已成为人们生存与发展所必需的基本能力，拥有了沟通能力就等于掌握了成功的钥匙。

在当今的人才市场中，最有价值的技能是沟通技能，权威机构的调查表明，企业中70％以上的问题来自沟通不畅。给企业造成最大损失的，不是技术不精良、人手不够多，也不是资金不到位、理念不先进，而是企业与企业之间或企业内部部门与部门之间、人与人之间的沟通不通畅。

有效的沟通不仅能让你的工作一帆风顺，更是建立职场和谐人际关系的法宝。因此，有效沟通的技巧就成为职场人士最需要掌握的职业素养之一。

项目知识要点：

- 电话沟通
- 书面沟通
- 面对面沟通
- 倾听
- 反馈
- 说服
- 拒绝
- 赞美
- 工作沟通
- 演讲

任务一　电话与书面沟通

👁职场在线

研发部梁经理才进公司不到一年，工作表现颇受主管赞赏，在他的缜密规划之下，研发部一些延宕已久的项目，都在积极推进当中。

部门主管李副总发现，梁经理到研发部以来，几乎每天加班。他经常第二天来看到梁经理电子邮件的发送时间是前一天晚上10点多，接着甚至又看到当天早上7点多发送的另一封邮件。平常也难得见到梁经理和他的部属或是同级主管进行沟通。

李副总对梁经理怎么和其他同事沟通觉得好奇，开始观察他的沟通方式。原来，梁经理都是以电子邮件交代工作，很少当面报告或讨论。电子邮件似乎被梁经理当作和同事合作的最佳沟通工具。

但是，最近大家似乎开始对梁经理这样的沟通方式反应不佳。李副总发觉，梁经理所属的部门逐渐没有了向心力，除了不配合加班，还只执行交办的工作，不太主动提出企划或问题。

这天，李副总刚好经过梁经理门口，听到他打电话，讨论内容似乎和陈经理业务范围有关。他到陈经理那里，刚好陈经理也在说电话。李副总听谈话内容，确定是两位经理在谈话。之后，他找到陈经理，问他怎么一回事。明明两个主管的办公房间就在隔邻，为什么不直接走过去说说就好了，竟然是用电话谈。

陈经理笑答，这个电话是梁经理打来的，梁经理似乎比较希望用电话讨论工作，而不是当面沟通。陈经理曾试着要在梁经理房间谈，梁经理不是最短的时间结束谈话，就是眼睛还一直盯着计算机屏幕，让他不得不赶紧离开。陈经理说，几次以后，他也宁愿用电话的方式沟通，免得让别人觉得自己过于热情。

了解这些情形后，李副总找了梁经理聊天。梁经理觉得，效率应该是最需要追求的目标。所以他希望用最节省时间的方式，达到工作要求。李副总以过来人的经验告诉梁经理，工作效率重要，但良好的沟通绝对会让工作进行顺畅许多。

随着科技的发展，电话、电子邮件越来越成为我们最常用的沟通方式，这种沟通方式效率高，但是有些情况下却达不到预期的效果。只有选择恰当的沟通方式才能真正达到沟通的目的。

一、能力目标 Competency Goal

在信息时代，人与人之间的沟通方式越来越多，电话、视频会议等突破了空间限制的沟通方式，越来越为大家所青睐。而书面沟通作为传统的沟通方式也被赋予了新的内容，不仅包括职业文书的往来，短信、电子邮件，甚至微博、微信等也成为书面沟通的重要载体。

（一）电话沟通

电话沟通因其方便、经济、快捷，而逐渐成为人们在工作及生活中主要的交流方式之一。在许多大型机构中，电话礼仪和技巧往往是新员工上岗培训的必备内容。

1. 打电话的注意事项

（1）表现你的真诚和友善。微笑着开始说话，让对方能够感受到你的微笑。

（2）以职业化的问候开始。问候之后确认一下接电话的是谁，是不是你要找的人，接下来主动说明自己的身份。

（3）简要说明通话目的。要求说话简洁、清晰、明了。

（4）算好时间。打长途电话或给国外打电话要选择双方都方便的时间，以免打扰对方休息。

（5）写好通话提纲。如果内容多、时间长，应写好通话提纲，在电话结束前确认一下主要观点，要做的事，请人转告。如果你要找的人不在，可以请接电话的人转告，可以留言或者询问何时再打过来能找到本人，最后要道谢。

（6）拨错号。如果拨错了电话，要说声对不起，以表示歉意。

2. 接电话的注意事项

（1）及时接听。不要让铃声响太久，要迅速接听，最好在响过第二声铃声立即接听。

（2）自报家门。拿起电话先问好，接着介绍自己，报出组织和自己的名字，然后确认对方的单位、姓名及来电话的意图。

（3）适当回应。如对方讲话比较长，不能沉默，要有响应，否则对方不知你是否在听。

（4）做好记录。接电话前准备好纸和笔，认真做好来电记录，并随时牢记5W1H技巧：When（何时）、Who（何人）、Where（何地）、What（何事）、Why（为什么）、How（如何进行）。

（5）中断处理。有时在接打电话中需中断一下，处理别的电话或事情，要向对方解释清楚，处理后尽快返回并说："很抱歉，让您久等了。"

（6）替人传达。如果对方要找的人不在，此时需询问对方可否转达，可否请别的人代接。

（7）接到误拨电话。如果接到打错的电话，记住：对方不是有意的，礼貌地告诉他："您打错了。"

（二）书面沟通

书面沟通是职业人最重要的沟通方式，掌握书面沟通是一个职业人基本的素养。对于短信、微博、微信、电子邮件等方式中书面沟通的要点，不多做阐述，可谨记礼貌、简洁、完整、及时八字方针。下面主要讲述职业文书的相关要点。

1. 职业文书的种类

按照书面沟通所要达到的目的分类，职业文书大致可以分为六类。

介绍型文书	如求职信、简历、履历表、产品介绍书、项目介绍书等
通知型文书	包括通知、通告、通报、简报以及各类报告等
说服型文书	包括项目提案、申请、请示、建议书、商务广告等
指导型文书	包括规划、方案、安排等计划类文书、领导讲话稿等
记录型文书	包括工作总结、个人总结、会议记录、备忘录等
协议型文书	包括合同、协议、合作意向书、标书、条约等

2. 职业文书的一般格式

SCRAP 这种格式适用于一切书面文件，可以称为万能格式，SCRAP 格式能够使你的文字简洁、明了，但又不会漏掉任何基本信息，这种办法可以帮助你避免成为不受欢迎的人。

事态描述 Situation	陈述事件当前的发展状况，让收到信息的人能够知道你要说的事情，而且能够理解事件的前因后果。
复杂程度 Complication	写信描述事件复杂程度的具体情况，并解释出现复杂状况的真正原因或可能原因。
解决方案 Resolution	情况比较复杂就需要找到合理的解决方案，你需解释你将准备如何来解决整个问题。
行动 Action	你的关于事件本身的行动计划和步骤，不要忘记告诉别人你希望他们做什么，以及什么时候做。
礼貌用语 Politeness	你要保证礼貌地进行书面沟通。你需多说几句"非常感谢""致以最美好的祝愿"，等等。这比仅仅签上你的名字友好得多。

3. 职业文书的撰写过程

书面沟通要花费准备、修改的时间，要求有较好的写作能力，在写作过程中一般具有以下的几个阶段：

（1）构思文章。分析可能的读者；分析书面沟通的必要性；明确书面沟通的目标是说明、论证还是有其他目的。

（2）收集资料。资料来源包括信件、文档、文章、书籍、电话采访、亲自拜访、互联网、头脑风暴、个人笔记等，可以是一手资料，也可以是二手资料。

（3）组织观点。通过分组、筛选材料，分析资料，归纳标题，提炼主题。

（4）撰写提纲。提纲是把要点用逻辑顺序列出，反映了写作材料的组织形式。

（5）起草文章。不要试图完美，不要在乎写作顺序，不要边写边改。

（6）修改文稿。宏观上的修改包括观点的重新提炼和结构的重组，微观上的修改主要对文稿的字词句段进行完善。

4. 职业文书的基本准则

职业文书沟通，很多人推崇国际流行的"7C"准则，即完整（Complete）、准确（Correctness）、清晰（Clearness）、简洁（Conciseness）、具体（Concreteness）、礼貌

（Courtesy）、体谅（Consideration），具体要求如下。

完整	完整表达内容和意思，何人、何时、何地、何事、何种原因、何种方式等
准确	文稿中的信息表达准确无误，从标点、语法、词序到句子结构均无错误
清晰	所有词句都应非常清晰明确地表现真实意图，避免双重意义的表示或者模棱两可
简洁	用最少的语言表达想法，去掉不必要的词，把最重要的内容呈现给读者
具体	内容要具体而且明确，尤其是要求对方答复或者对之后的交往产生影响的函电
礼貌	文字表达应表现出一个人的职业修养，客气而且得体，最重要的礼貌是及时回复
体谅	在起草文书时，应以对方的观点来看问题，根据对方的思维方式来表达自己的意思

在书面沟通中，除了要掌握写作的技巧，更要掌握阅读的技巧。阅读之于书面沟通犹如倾听之于面对面沟通。只有通过阅读才能获取信息，理解沟通的内容。

可根据材料的篇幅和重要性分别采用浏览、略读、精读三种不同的阅读方法。此外，还要掌握图表阅读的技巧。

二、案例分析 Case Study

案例一： 一流的推销员

日本有一个非常有名气的推销员叫夏木至郎，在他身上曾经发生过这样的一件事情。

有一次，在一天晚上很晚了，夏木和太太都睡下了，突然他把棉被掀开，把睡衣换下，穿上衬衫、西服，打好领带，然后梳头发，梳完头发之后喷香水，然后穿好皮鞋，打好鞋油，一切准备停当，老婆看着这一切，还以为他有什么重要的事情要出门。这时候，只见夏木拿出电话来打电话给顾客，跟顾客说："先生抱歉，这么晚打电话给你，因为我跟你说好今天晚上要跟你确定明天见面的时间地点，我们现在可以确定一下吗？"确定好了，谈话3分钟以后他挂了电话，回到卧房，脱掉鞋子、领带、西服，换上睡衣上床睡觉。

他老婆骂他："你有神经病啊你，你打个电话给顾客用得着大费周章吗？顾客又看不见你。"夏木说："太太，你不懂，我是一流的推销员，顾客看不见我，可是我看得见我自己，如果我穿睡衣跟客户通电话，我感觉那不是我，我感觉那不是一流的推销员的做法，我感觉我对顾客不尊敬。顾客在电话中会感觉得到我的态度，我穿上西装打领带，我就尊重我的顾客，电话里面的语气都会不一样。"

夏木至郎提供给顾客的服务，好到顾客看不见他，他都要把自己打扮得非常正式地去打电话，这叫发自内心地给顾客世界上最完美的服务。

在打电话的时候，无论是表情，还是语气都要到位，即便是对方看不到你。

案例二： 一封致歉函

假如你是一位手机销售部经理，某老客户想购进700部BMC型手机，希望一周后交货，而这款手机因为销量好暂时脱销。你现在不能满足他的需求，为了表示歉意，也为了和该客户长期合作，你需要给他写一封致歉信函，你该怎么做呢？下面是一封参考致歉函。

刘经理：

您好！

我很遗憾地告诉您，BMC 型手机目前缺货，所以昨天下午您说要 700 部手机的要求，我们不能够满足您。

这款手机目前在整个西南地区脱销了，本地一位客户提前一个月预定 500 部，才勉强满足了他的要求。

您是我们的老客户，以前我们合作一直很愉快。现在我向您推荐另一款 CMC 型手机，这款手机虽然不如当前的 BMC 型手机时尚，但也不算过时，而且实用性强、质量过硬，且价格要比 BMC 型手机低 260 元。见附件中我传给您的关于 CMC 型手机的详细说明。

如果您对这款手机感兴趣，希望您在这个周三下班前发邮件给我。届时，我们再考虑合作事宜。

再次感谢您对我们的支持！

×××手机专营连锁店王鹏

2014 年 11 月 15 日

致歉信开头给人以周到、礼貌、简洁明了的感觉，中间从有利于读者的角度提出解决问题的建议方案，结尾简明扼要地从 5W1H 原则出发，阐明撰写者希望读者采取的行动。由于行动陈述是商务信函的整个理由，要采取行动的要求出现在信函结尾处以加深印象，信函最后表示了真诚的赞扬并以友善的口吻结束。

三、过程训练 Process Training

活动一："三分钟恋爱"

（一）活动过程

1. 学员分为两组，排成内外两圈面对面站立，每人准备一支笔和一个笔记本。

2. 对面两位学员互相询问，尽可能多地了解对方的相关信息，如姓名、家乡、爱好、特长、恋爱要求等。限时三分钟。

3. 三分钟后，内圈学员不动，外圈学员顺时针移动一人，再次互相交谈，循环进行，直至所有学员都互相交流。如学员人数较多，可分为两队或三队。

4. 随机选取几名学员，让其他学员比较所获得的信息有何异同。看哪位学员获得的信息最全面、最深入。

（二）问题与讨论

1. 怎样才能尽快得到更多的有效信息？

2. 在交谈过程中，询问者的态度对信息的获得有影响么？为什么？

活动二：文书写作

（一）情景描述

1. 请根据以下内容，为世纪职业学校学生会写一则通知。

世纪职业学校学生会准备通知各班文艺委员后天（201×年×月×日）下午五点到校学生会会议室 203 开会，研究学校第十届"五月之花"文艺会演有关事宜，并要求各班文艺委员带上本班节目的名称和演出人员名单。

2. 温馨花卉超市拟招两名女导购员，请按以下基本条件为该超市写一则招聘启事。

条件：中专或高中以上文化程度，身高 1.65 米以上，年龄 18～23 岁之间，有本地户口。

3. 某企业举办"铸爱国之魂，立民族之根"的演讲比赛，请你为这次比赛写一份主持人的开场白和结束语。

（二）评价标准

1. 应用文书写作 SCRAP。
2. 格式正确。
3. 语言准确、简练，符合题目要求。

四、效果评估 Performance Evaluation

评估：小组成员互动评估

阅读下面的简历：

姓名	张森林	性别	男	民族	汉	出生年月	1993. 1. 1
身高	180	体重	75kg	政治面貌	团员	籍贯	四川
学制	四年	学历	本科	毕业时间	2014. 7	培养方式	非定向
专业	计算机科学与技术	毕业学校	××大学			就业范围	全　国
技能、求职意向							
外语等级	四级		计算机等级	三级		其他技能	无
专业技能	1. 有扎实的计算机基础，能熟练运用汇编语言、C 语言、C＋＋语言进行编程。 2. 熟悉软件测试流程，掌握相关的测试方法，测试工具。 3. 具有一定的计算机网络知识，有网站制作和维护相关工作经验。 4. 熟悉计算机操作系统，如 win×P/Vista，Linux Ubuntu。 5. 有较强的英语读写、听说能力，能够熟练阅读计算机相关专业的英语资料						

姓名	张森林	性别	男	民族	汉	出生年月	1993. 1. 1

求职意向	软硬件测试、软件开发、系统维护、网站开发维护等与计算机相关的工作

学习及工作经历

2004.9～2008.7　××大学信息工程学院计算机科学与技术专业。

2008.12～2009.8　某数字电视设备公司系统部实习，对数字电视前端设备和 STB 设计测试用例，根据用例进行测试对 VOD 系统和前端设备进行技术维护。

2008.5～2008.11　太平洋财产保险股份有限公司×××营销部网络设备和电脑维护

联系方式

通讯地址	××省××市××区××街道××号		邮编	××××××
E—mail	123@123. com	联系电话	138××××××××	

自我评价

本人勤奋努力、虚心好学、积极上进，具备较强的自学能力和刻苦钻研精神，工作热情积极，勤恳踏实，认真负责，具有较强的敬业精神。性格爽朗、率直、坦诚，吃苦耐劳，具有团队协作精神、奉献精神和较强的工作能力和社会适应性

1. 按"7C"准则，分析这则简历的优缺点。
2. 以上面的简历为模板写一份简历，并由小组成员评估，是否符合"7C"准则。

任务二　倾听、说服与赞美

职场在线

　　李辉是一家知名软件公司的销售总监。他的顶头上司王总乃是搞技术出身，由于工作重点长期在研究和开发领域，因而对销售一知半解，但王总经常呼东喝西地插手销售部的事，碍着面子的李辉哪怕王总指挥错了，也顺从地去做。销售部的体系被折腾得乱七八糟，销售业绩也一跌再跌。一时间，高层批评，客户也埋怨，让曾经赫赫有名的销售大王李辉很郁闷，有苦诉不出。

　　经过慎重的思考，李辉觉得不能再让王总"瞎指挥"，而应该按照自己原有的思路做，问题是如何与领导进行沟通呢？

　　李辉决定与王总做一次深入的沟通。一个周五的下午，李辉走进王总的办公室，首先说明了自己的来意，王总听到李辉的想法后有些生气，大谈销售技巧，李辉并没有急于反驳，而是认真倾听并不时回应、颔首，当王总喋喋不休地说完之后，李辉对王总对于销售

的认识表示了肯定，并说即使是他这样拥有多年销售经验的老手都受益良多，又检讨了自己最近销售业绩下滑的原因，如过于懒散、不够努力等，然后提出挽救和解决的途径，为了得到王总支持，他还特意列举了现在的市场背景及同行业公司的成功案例，谈到下一步的工作计划，以及实施方案，他把事情的处理及处理事情的几种方式、路径，每一种方式和路径的利弊等都详细列出后再去虚心地请教王总。王总再不懂销售，也知道采用成本最少、赚钱最多的那套销售方案。王总也被李辉的想法深深吸引，两人一直谈到深夜，大有相见恨晚之感。

就这样，李辉利用自己独有的沟通方式解决了一直以来的苦恼，达到了自己的目的，在销售方面因为业绩的持续攀升，也得到了更高层领导的认可与赞赏。见此情景，王总也渐渐退居幕后，把更多的时间用在自己的专业及人事、财务的管理上，李辉的工作也开始顺风顺水，渐入佳境。

在职场中，面对面沟通并非易事。倾听是拉近沟通双方的最佳良药，适当的赞美能够在沟通中发挥意想不到的作用。李辉沟通之道的巧妙就在于，没有直接去和自己的顶头上司进行语言理论、争吵，反而是去承认错误，同时通过摆事实，让领导自己领会到错误所在，从而达到沟通的目的。

一、能力目标 Competency Goal

在职场中，面对面沟通是最常用、最有效的沟通方式，在沟通的过程中，我们不仅要会说，更要会听，有效的倾听才能理解对方的意思，避免产生误会，同时对听到的内容也需要及时反馈给对方。此外，还要掌握说服与拒绝的技巧，沟通的目的归根结底就是说服或拒绝，但是不同的方式将产生不同的效果。而赞美在沟通的过程中也是必不可少的佐料，缺少赞美的沟通会使沟通双方感觉索然无味，缺乏继续沟通的兴趣。掌握倾听、反馈、说服、拒绝、赞美这些技巧必将使你的面对面沟通能力大大提升。

（一）面对面沟通

面对面沟通是指运用口头表达方式来进行信息的传递和交流，也就是我们常说的面谈，它不仅可以让你从语言上得到信息，而且可以从对方声音和身体语言上获得信息，使得信息、思想和情感得到充分交流。面对面沟通还可以实现双方即时交流，迅速得到对方的反馈信息，以便作进一步的、深层次的交流。此外，面对面沟通时，听话人可以即时提问，以澄清含混的情况，减少误解，实现快速有效的沟通。但面谈沟通也有缺点，如需要反应敏捷，且不利于信息的保留和储存。

1. 面对面沟通的目的
（1）为传递信息，如通告、传达等；
（2）为寻求观念和行为改变，如劝告、训导、销售等；
（3）为做出决策，如招聘面试等；
（4）为解决问题，如绩效评估、纠正等；
（5）为探求新信息，如民意测验、调查研究、咨询等。
2. 面对面沟通的过程

面对面沟通的过程包括沟通准备、营造氛围、阐明目的、交流信息、结束面谈，如下图所示。

| 沟通准备 | 营造氛围 | 阐明目的 | 交流信息 | 结束面谈 |

面对面沟通过程

3. 面对面沟通的技巧

面对面沟通需要掌握"听""问""说""答"4种技巧。

听：听是第一步，只有通过倾听才能准确领会对方的意图，进而才可以做到"知己知彼"。

问：问的关键在于要准确把握时机，数量少而精，内容要紧扣谈话内容、切中要害。

说：要动之以情，要有赞美、尊重、宽容或关怀的话语，表述要"顺"，感情要"真"。

答：回答前要考虑成熟，要整理对方的思路，找出其中关键点，针对性地提出自己的意见。

（二）倾听与反馈

1. 学会倾听、受益无穷

（1）倾听是信息的重要来源。缺乏经验的人可以通过倾听来弥补自己的不足，富有经验的人可以通过倾听使工作更出色，善于倾听各方意见有利于做出正确的决策。

（2）倾听有利于知己知彼。通往别人内心世界的第一步就是认真倾听。你只有认真倾听，才能真正了解对方的想法，在陈述自己的观点之前先让对方畅所欲言，才可以有的放矢，找到说服对方的关键。

（3）倾听有利于获得友谊和信任。在与人交谈时，认真聆听，对对方的话题表示出浓厚的兴趣，实际上是对对方最大的尊重。

（4）倾听是最好的推销手段。在销售中倾听技巧的运用也是很重要的。若是在与顾客沟通时，对方出现了一会儿沉默，你千万不要以为自己有义务去说些什么。相反，你要留给顾客足够的时间去思考和作决定。千万不要自作主张，打断他们的思路，否则，你会后悔。

2. 有效倾听

从倾听的效果上，可以将倾听分为四种：听而不闻，这种倾听是心不在焉，别人讲别人的，自己想自己的；选择倾听，这种倾听只对自己感兴趣的部分予以倾听，其他部分则不理不睬；专注倾听，这种倾听是对所有的信息都认真倾听；有效倾听，这种倾听是真正主动参与沟通，它聚焦讲话内容，把注意力从自己转移至讲话者，不带偏见，不作预先判断，积极反馈，使讲话者从你的参与中受到鼓励。

有效倾听不仅能捕捉完整的信息，注意对方肢体语言和语调这些隐含信息，还能真实全面地理解讲话者的意见和需要，觉察出讲话者所要表达的情感。有效倾听包含四个层次的内容。

（1）排除干扰。在倾听时，要排除干扰，不要让噪音、认知和情绪影响倾听的效果，不仅要听到对方所说的内容，还要听清楚对方所讲的中心思想，关注内容，捕捉要点。

（2）身体参与。对对方的讲话要给予积极地回应，如赞许地点头、关注的目光、对谈话感兴趣的表情、微笑等。

（3）语言参与。在对方讲话的过程中要适当地表示理解，如对、是这样、有道理等，对于有疑问或没有听清的地方要及时提问，如"你刚才说的是……""你的意思是……""有一点我不清楚，您能再解释一下么？""您能举个例子么？""后来怎么样？"等。

（4）思想参与。思想参与也叫同理心倾听，是有效倾听的最高层次。要做到同理心倾听，就要站在对方的角度，专心听对方说话，让对方觉得被尊重，能正确辨识对方情绪、能正确解读对方说话的含义。要做到同理心倾听，要求掌握以下技巧。

第一，全神贯注地听，不可随便打断对方。

第二，控制自己情绪，等别人说完再下结论。

第三，充分理解对方之后，判断出对方的需要。

第四，找出问题的关键，尽量从对方的立场和感受出发，提出解决方案。

3. 反馈

一个完整的沟通过程既包括信息发出者的"表达"和信息接收者的倾听，同时也包括信息接收者的反馈。因此，反馈是倾听的后果，也是沟通过程中的非常重要一环。积极的反馈不但能体现出你善于倾听别人的意见，而且也能显示出你对他人的想法给予了足够的关注，进而更容易获得对方的好感和信任。反馈的具体要求如下。

具体明确	反馈应该语义具体、真实、正面，理解对方目的，设身处地为对方着想
主动有效	在沟通过程中，应该主动反馈，并使反馈达到应有的效果
针对需求	反馈要站在对方的立场和角度上给予反馈
针对事实	反馈应针对事实本身提出，不能针对个人，更不能进行人身攻击

（三）说服与拒绝

在工作和生活中，为了让对方接受自己的观点、想法或思路，我们常常需要说服别人，同时，也常常需要拒绝别人的不合理要求。

1. 说服与拒绝的原则

（1）用真诚、可靠、权威、魅力来建立信赖感。在说服或拒绝的过程中，建立信赖感是基础。没有这个基础，任何说服或拒绝都不会取得理想的效果。

（2）打造信息内容，利用真理的力量，晓之以理。说服或拒绝别人，必须有理有据，必须利用逻辑的力量，以理服人。

（3）关注说服或拒绝方式，依靠情感的力量，动之以情。用诚挚而令人感动的语气和情感说出来，往往更能打动人。

（4）了解说服或拒绝对象，感同身受，运用同理心。当你要说服或拒绝别人时，必须先了解他人，充分站在对方的角度，感同身受，体会了解，产生并运用同理心。

2. 说服的技巧

（1）提问——苏格拉底说服术。说服的方式有许多种，但可以肯定的是，说服的最高境界是通过提问让被说服者自己去说服自己。问问题需要技巧，如先从简单的问题开始问起，要问让对方回答"是"的问题，要问二选一的问题。

（2）换位思考。要说服对方，必须换位思考，先承认对方的认识、态度存在的合理性，先避开矛盾分歧，从对方的认识基点出发，先赞同或部分赞同，寻找共同点，抵消对方的抵触情绪，逐步瓦解对方的心理防线，扩大说服的范围，最终迫近要害和问题的关键。

（3）模仿对方，寻找相似点。在说服的过程中，有意识地去模仿对方，模仿他的动作、他的表情，模仿他说话的语气，甚至模仿他呼吸的频率，会达到意想不到的效果。

（4）名言支持法。人们相信名人和权威，在说服中，引用名人的语录或权威的理论来支持自己结论，能增加说服力。因为名人的话往往有一定的号召力，借助名人的话，可以达到事半功倍的效果。

（5）暗示说服法。暗示说服法就是通过委婉的语言形式，把自己的思想观点巧妙地传递给对方。暗示的方式有以下几种：借此言彼，利用事物之间的相似之处，互相比较；旁敲侧击，说话时避开正面，而从侧面曲折表达；鼓动等。

（6）对比说服法。冷热水效应可以用来劝说他人，如果你想让对方接受"一盆温水"，为了不使他拒绝，不妨先让他试试"冷水"的滋味，再将"温水"端上，如此，他就会欣然接受了。

3. 拒绝的技巧

说"不"需要勇气，但要认识到"拒绝不等于伤害"。拒绝不仅需要勇气，更需要技巧。

直接分析法	巧妙转移法	微笑打断法	拖而不办法	李代桃僵法
遇到明显无理或过分的要求，可以直接拒绝。把拒绝的理由阐述清楚，并让对方体会到你的难处，让他也产生同感。拒绝时要清楚地表达，要自信、直截了当，拒绝时语气要肯定，不要吞吞吐吐	先对对方的要求表示理解和赞许，在交谈中慢慢与你的困难靠近，让对方与你在情感上产生共鸣，对你的困难表示出同情和支持，再提出你的看法，留待以后条件成熟再给对方解决	人们都喜欢被倾听，而不是被打断。但遇到别人提出一个你已经预感到有困难的问题时，可运用这个方法。在对方谈问题或在作铺垫时，就用微笑的语言打断谈话，把话题引导到其他方面	当对方的要求并没有很过分，但你却由于各种原因无法完成的情况下，可以采用拖的办法，可以说自己需要时间考虑，过些时间答复或者要求对方提供更多的信息资料或作进一步的说明	当对方提出一个很棘手的问题，或者你目前无法解决的时候，可以退而求其次，找到一个你们都能接受的替代办法。暂时性的和替代性的解决办法，往往是处理矛盾和预防危机的有效手段

拒绝最核心的原则是既能让对方理解你的苦衷，又不影响你们之间的感情。在此过程中，你最好认真倾听并对对方的处境表示理解，最重要的是要表现出你的热情、真诚，多多安慰对方，以舒缓对方压抑的心情。

（四）赞美

要建立良好的人际关系，恰当地赞美他人是必不可少的。莎士比亚说："赞美是照在人心灵上的阳光。没有阳光，我们就不能生长。"赞美不仅能使他人满足自我的需求，每一次赞美别人时，你也会获得满足。

赞美的方式可以有很多，如积极美好的语言、眼神、点头、拥抱、跷拇指、击掌、微笑等。

赞美别人的前提是善于发现别人的长处。每个人都有自己的长处。生活中其实不缺少美，缺少的是发现美的眼睛。在赞美别人时，态度要真诚，内容要具体，时机要恰当，更要因人而异。此外，还要掌握适当的赞美技巧。

1. 寻找赞美点

赞美的前提是寻找赞美点。只有找到对方所具有的闪光的赞美点，才能使赞美显得真诚，而不虚伪。赞美点如下。

赞美点	举例	别称
外在的、具体的	穿着打扮（服装、领带、手表、眼镜、鞋子等）、头发、身体、皮肤、眼睛、眉毛等	硬件
内在的、抽象的	品格、作风、气质、学历、经验、心胸、兴趣爱好、特长、处理问题的能力等	软件
间接的、关联的	籍贯、工作单位、邻居、朋友、职业、用的物品、养的宠物、下级员工等	附件

2. 间接赞美法

背后赞美别人，效果更好。运用第三者赞美对方更容易接受。此外，要把赞美的焦点放在别人所做的事情上，而不是他们本身，他们就会更容易接受你的称赞，而不会引起尴尬。

3. 称呼名字法

人们认为，自从柏拉图和苏格拉底以来多数人都觉得自己的名字是世界上最动听的声音，会对包含其名字的话语给予更多的注意。此外，称呼对方的名字也可以让对方觉得你的赞扬是专门针对他的。

4. 先抑后扬法

赞美别人之前，不妨先指出对方一个小小的不足，然后再赞美，会取得意想不到的效果。因为人通常会谨记别人说的最后一句话，作为所有话的一个总结。而且经过被人否定后再经肯定，心情会更加雀跃，当然批评对方的时候要留有余地。

5. 希望赞美法

赞美你所希望对方做的一切。一般领导对下属常常运用这种方法。如果你希望对方很有耐心，就赞美对方是个富有耐心的人，对方也真的变得很有耐心了。

在生活中，我们要循序渐进地实践"赞美"，可以通过模拟想象、文字演练、模拟练习等，熟练赞美的技巧，培养赞美的习惯。

要记住：赞美他人时，请你高声表达！指责他人时，请你咬住舌头！

二、案例分析 Case Study

案例一：一个汽车推销员的故事

他是世界上最伟大的推销员，连续12年荣登世界吉尼斯纪录大全世界销售第一宝座，他所保持的世界汽车销售纪录：连续12年平均每天销售6辆车，至今无人能破。他也是全球最受欢迎的演讲大师，曾为众多世界500强企业精英传授宝贵经验，来自世界各地数以百万的人们被他的演讲所感动，被他的事迹所激励。他就是美国雪佛兰汽车推销员乔·吉拉德。他入职初始，曾经有过这样一次经历：

有一次，乔花了近一个小时才让他的顾客下定决心买车，然后，他所要做的仅仅是让顾客走进自己的办公室，然后把合约签好。

当他们向乔·吉拉德的办公室走去时，那位顾客开始向乔提起了他的儿子。"乔，"顾客十分自豪地说，"我儿子考进了普林斯顿大学，我儿子要当医生了。""那真是太棒了。"乔回答。两人继续向前走，乔却看着其他顾客。

"乔，我的孩子很聪明吧，他还是婴儿时，我就发现他非常聪明。"

"成绩肯定很不错吧？"乔应付着，眼睛在四处看着。

"是的，在他们班，他是最棒的。"

"那他高中毕业后打算做什么呢？"乔心不在焉。

"乔，我刚才告诉过你的呀，他要到大学去学医，将来做一名医生。"

"噢，那太好了。"乔说。

那位顾客看了看乔，感觉到乔太不重视自己所说的话了，于是，他说了一句"我该走了"，便走出了车行。乔·吉拉德呆呆地站在那里。

下班后，乔回到家回想今天一整天的工作，分析自己做成的交易和失去的交易，并开始分析失去客户的原因。

次日上午，乔一到办公室，就给昨天那位顾客打了一个电话，诚恳地询问道："我是乔·吉拉德，我希望您能来一趟，我想我有一辆好车可以推荐给您。"

"哦，世界上最伟大的推销员先生，"顾客说，"我想让你知道的是，我已经从别人那里买到了车啦。"

"是吗？"

"是的，我从那个欣赏我的推销员那里买到的。乔，当我提到我对我儿子是多么的骄傲时，他是多么认真地听。"顾客沉默了一会儿，接着说，"你知道吗？乔，你并没有听我说话，对你来说我儿子当不当得成医生并不重要。你真是个笨蛋！当别人跟你讲他的喜恶时，你应该听着，而且必须聚精会神地听。"

听完这个故事，相信你对倾听的重要性已有所解了吧。乔·吉拉德对这一点感触颇深，因为他从自己的顾客那里学到了这个道理，而且是从教训中得来的。

案例二：说服罗斯福

第二次世界大战期间，美国的一批科学家要试制原子弹，他们把这项工程定名为"曼哈顿工程"。核物理学家西拉德草拟了一封信，由爱因斯坦签署后，交美国经济学家、罗斯福总统的私人顾问亚历山大·萨克斯面呈总统罗斯福，信的内容是敦促美国政府要抢在希特勒德国前面研制原子弹。1939年10月11日，萨克斯同罗斯福进行了一次具有历史意义的谈话。

萨克斯先向罗斯福面呈了爱因斯坦的长信，继而又朗读了科学家们关于核裂变发现的备忘录。可是罗斯福听不懂那深奥的科学论述，因而反应十分冷淡。

罗斯福对萨克斯说："这些都很有趣，不过政府若在现阶段干预此事，看来还为时过早。"鉴于事态和责任的重大，未能说服罗斯福总统的萨克斯整夜在公园里踟蹰，苦苦思索着说服总统的良策。

第二天早晨7时，萨克斯与罗斯福共进早餐。萨克斯尚未开口，罗斯福就先发制人地说："今天不许谈爱因斯坦的信，一句也不许谈，明白吗？"

"我想谈一点历史，"萨克斯望着总统含笑的面容，"英法战争期间，在欧洲陆地上不可一世的拿破仑在海上却屡战屡败。这时，一位年轻的美国发明家罗伯特·富尔顿来到这位法国皇帝面前，建议把法国战舰上的桅杆砍掉，撤去风帆，装上蒸汽机，把木板换成钢板。但是拿破仑却认为，船若没有风帆就不能航行，木板换成钢板船就会沉没。他嘲笑富尔顿说：'军舰不用帆？靠你发明的蒸汽机？哈哈，这简直是想入非非，不可思议！'结果富尔顿被轰了出去。历史学家们在评论这段历史时认为：如果当初拿破仑采纳了富尔顿的建议，19世纪的历史就得重写。"萨克斯讲完后，目光深沉地注视着罗斯福总统。

罗斯福沉思了几分钟，然后取出一瓶拿破仑时代的法国白兰地，斟满了酒，他把酒递给了萨克斯，说道："你胜利了！"

这就是说服的力量。萨克斯说服了罗斯福总统，可以说是推进了人类历史的进程。说服随处可见，在职业场景中更是如此，领导说服下属，下级说服上级，推销员说服客户等，它在我们的职场中占有重要的地位。

案例三：改变人一生的赞美

戴尔·卡耐基小时候是一个公认的坏孩子，甚至被认为无可救药。在他9岁的时候，父亲把继母娶进家门。当时他们还是居住在乡下的贫苦人家，而继母则来自富有的家庭。

当父亲第一次向继母介绍卡耐基时，他说："亲爱的，希望你注意这个全郡最坏的男孩，他已经让我无可奈何。说不定明天早晨以前，他就会拿石头扔向你，或者做出你完全想不到的坏事。"

当时卡耐基就十分伤心，更想表现得坏一些来气气父亲。但出乎意料的是，继母没有露出厌恶的表情，反而微笑着走到他面前，托起他的头，认真地看着他。接着她回头对丈夫说："你错了，他不是全郡最坏的男孩，而是全郡最聪明、最有创造力的男孩。只不过，他还没有找到发泄热情的地方。"

继母的话说得卡耐基心里热乎乎的，眼泪几乎滚落下来。在继母到来之前，没有一个人称赞过他聪明。他的父亲和邻居认定，他就是坏孩子。但继母只说了一句话，便改变了他一生的命运。就是凭着这一句话，他和继母开始建立友谊。也就是这一句话，成为激励他一生的动力，使他日后创造了成功的28项黄金法则，帮助千千万万的普通人走上成功和致富的道路。

卡耐基 14 岁时，继母给他买了一部二手打字机，并且对他说，相信你会成为一名作家。卡耐基接受了继母的礼物和期望，并开始向当地的一家报纸投稿。

他了解继母的热忱，也很欣赏她的那股热忱，他亲眼看到她用自己的热忱，如何改变了他们的家庭。所以，他不愿意辜负她。最终，在这样的信念下，凭着继母当时一句赞美的言语，他成为我们众所周知的成功学大师。

赞美的力量是无穷的，它能改变一个人的自我评价，令人重拾信心和希望，产生进取的力量，乃至改变人的一生。赞美是一种激励，可以使人信心十足，表现得比以前更好。不要吝啬你的赞美，每个人身上都有闪光点，去发现并赞美别人的同时，你会发现你也变得快乐，你的生活也在改变。

三、过程训练 Process Training

活动一： 悄悄传话

（一）活动过程

1. 将学员分成若干组，人数不限，每组人数相同。
2. 每组学员从前向后纵向排列。
3. 培训师将不同的、50 字左右、稍微有些拗口的一句话分配给每一组，以前面第一个成员开始，一对一用说悄悄话（说话时，不能让其他成员听到）的方式依次向后面传话。
4. 每组最后一个学员将自己听到的那句话在全体学员面前复述。
结果证明，组员人数越多，误差越大。

（二）问题与讨论

1. 误差从何而来？
2. 为什么会产生误差？

活动二： 扑克牌游戏

通过这个游戏，可以体会在说服、提问过程中，一直让对方说"是"的技巧。

（一）活动过程

1. 游戏道具：一副去掉大小王的普通扑克牌。
2. 游戏参与人数：一对一。
3. 游戏过程：让甲和乙面对面，其中甲拿着扑克，请乙随意抽取一张让甲看一下牌面花色，乙把牌握在手中（注意：甲提问结束之前乙不可看牌）。然后甲通过提问，让乙去回答，一步一步到最后，让在乙不看牌的情况下说出抽取出的牌的花色和点数。

提问的次序是：先是牌的数目的提问（简单问题入手），然后颜色的选择、花色的选择、人物牌和数字牌的选择、偶数和奇数的选择、大偶数（奇数）和小偶数（奇数）的选择，最后，得出具体的答案。通过一个具体案例，请认真体会：

例如，乙抽取的是方块10，甲看到以后开始如下提问：

甲：你有没有曾经玩过扑克牌，至少1～2次？

乙：有。

甲：扑克牌当中，有54张牌，去掉两张王牌，是不是还有52张牌？

乙：对。

甲：52张牌当中，有红色花样，还有黑色花样，是不是？

乙：对。

甲：你选择红色？还是黑色？

乙：红色。

甲：好，红色当中有方块，还有红桃，选择方块？还是红桃？

乙：方块。

甲：方块，很好。方块当中有人物牌，像J、Q、K，叫作人物牌，还有数字牌，你选择数字牌，还是人物牌？

乙：人物牌。

甲：人物牌，很好。那么，剩下来的是不是数字牌？

乙：对。

甲：数字卡当中，有奇数还有偶数，你喜欢奇数还是偶数？

乙：偶数。

甲：偶数当中有大偶数，如8和10，还有小偶数2、4、6，你会选择哪一个？

乙：小偶数。

甲：好的，那么剩下来的是大偶数了。

乙：对。

甲：那么大偶数中，你会选择哪一个？8还是10？

乙：10。

甲：好的，你选择的是红颜色的，方块10，看一看你手中的牌是不是方块10。

乙：（打开牌）啊，是的。

（二）活动说明

整个游戏，看似神奇，其实简单。无论乙抽取到什么样的牌，在乙不看牌的情况下，甲都可以引导到乙在最后说出牌面的花色和点数。其关键点在于甲提问的方式，在上面的案例中，如果一开始甲提问你会选择红颜色还是黑颜色，乙没有按照实际的牌面，选择了黑色，甲同样要说好，只不过需要另加一句："那么剩下来的是黑色了？"（二择一法，乙只能说是）同理，只要是乙说的答案和牌面不一致，那么甲都要说："好，那么剩下来的是……"直到最后引导到真实牌面情况。

在提问时，甲也可以使用语气来进行暗示："你会选择是红色（升调）呢，还是黑色（降调）？"其中把红色在前面也是一种暗示。如果对方喜欢唱反调，选择黑色，那么，下次要强调那个相反的。

（三）提问的技巧

1. 先从简单的问题开始问起。
2. 要问让对方回答"是"的问题。
3. 要问二选一的问题。

活动三：戴高帽

通过活动可以学习发现别人的优点并加以欣赏，促进相互肯定与接纳，可以增加个人自信心。

（一）活动准备

1. 必须说优点。
2. 夸别人的优点时态度要真诚，不能毫无根据地吹捧，这样反而会伤害别人。
3. 参加者要注意体验被人称赞时的感受；怎样用心去发现别人的长处；怎样做一个乐于欣赏他人的人。

（二）活动过程

1. 围圈坐。
2. 请一位成员坐或站在团体中央，向大家介绍自己的姓名、个性、爱好等。
3. 其他人轮流根据自己对他（她）的了解及观察说出他（她）的优点及欣赏之处（如性格、相貌、待人接物的方式……）然后被欣赏的成员说出哪些优点是自己以前察觉到的，哪些是没察觉到的。
4. 请学员们谈谈受到赞美后的感受。

提示：赞美别人的角度

1. 从小事赞美对方，如"你这衣服的纽扣真好看""错了一点点，你就重新抄一遍，真是认真"。
2. 以第三者口吻赞美对方，如"他们都说你人很好""听你们班主任说，你的口才很好""同学们都说喜欢上您的英语课"。
3. 有意将对方优点公之于众，如"大家看！他又有一个新创意""告诉大家一个好消息，××又获奖了"。
4. 注意赞美对方隐藏的优点：如"你不但有耐心，而且还很细心""没想到你的字也写得这么好"。
5. 注意赞美对方新近的变化，如"最近你的皮肤变白了""最近你的数学进步很大"。
6. 注意非语言方式，如用眼神、点头、竖大拇指等赞美对方。
7. 赞美对方心理上的优点，如赞美他人品好、能力强、有才华、有气质、性格好、聪明、有耐心、细心、有同情心、很善良、善解人意、有智慧、有风度等。
8. 赞美对方生理上的优点，如赞美他人漂亮、帅气、苗条、高大、秀美、白皙、健康等。
9. 赞美与对方相关的人或事，如赞美他人服饰的样式、颜色，有关对方妻子、丈夫、孩子等家人，以及与对方有关的活动、观点、建议等。

四、效果评估 Performance Evaluation

评估一：倾听习惯自测

（一）情景描述（用"是"或"否"回答）

1. 我常常试图同时听几个人的交谈。
2. 我喜欢别人只提供事实，让我自己做出解释。
3. 我有时假装自己在认真听别人说话。
4. 我认为自己是非言语沟通方面的好手。
5. 我常常在别人说话之前就知道他要说什么。
6. 如果我对交谈不感兴趣，常常通过注意力不集中的方式结束谈话。
7. 我常常用点头、皱眉等方式让说话人了解我对他所说内容的感受。
8. 常常别人刚说完，我就紧接着谈自己的看法。
9. 别人说话的同时，我评价他的内容。
10. 别人说话的同时，我也常常在思考接下来我要说的内容。
11. 说话人的谈话风格常常影响我对内容的倾听。
12. 为了弄清对方所说的内容，我常常采取提问方法，而不是进行猜测。
13. 为了了解对方的观点，我总会很下功夫。
14. 我常常听到自己希望听到的内容，而不是别人表达的内容。
15. 当我和别人意见不一致时，大多数人认为我理解了他们的观点和想法。

（二）评估标准

根据倾听理论得出：1. 否；2. 否；3. 否；4. 是；5. 否；6. 否；7. 是；8. 否；9. 否；10. 否；11. 否；12. 是；13. 是；14. 否；15. 是。为了确定你的得分，把错误答案的个数加起来，乘以7，再用105减去它，就是你的最后得分。

（三）结果分析

得分在91～105分之间，表明你有良好的倾听习惯；
得分在77～90分之间，表明你还有很大程度可以提高；
得分低于76分，表明你是一个差劲的倾听者，在此技巧上就需要多下功夫了。

评估二：沟通中的赞美能力

（一）情景描述

1. 不管有事没事，你喜欢微笑吗？   （　　）
A. 不喜欢   B. 一般   C. 常常微笑

2. 如果有人夸奖你，你会有什么反应？ （　　）

A. 对方肯定有求于我

B. 对方夸得过了，不好意思

C. 表示感谢

3. 如果一个人给你看了他小孩的相片，你会： （　　）

A. 你无声地放回去

B. 一带而过，借机谈自己的孩子

C. 要夸他的小孩

4. 如果你的朋友升职了，第二天你见到他，你会： （　　）

A. 和以前一样打声招呼

B. 表示祝贺

C. 一定要用新的职务去称呼他

5. 如果对方给你送上他的名片，你会： （　　）

A. 直接装到兜里

B. 看一看，然后装到兜里

C. 读出名片上的文字，有不了解的请教对方并适时夸奖

6. 你碰到邻居买了一辆新车，你如何反应？ （　　）

A. 视而不见

B. 看看然后说我也要买车了

C. 你看着他眼睛，真诚地说："我真喜欢你的新车的颜色。"

7. 如果被邀请去参观朋友的住宅、办公室或公司，你会： （　　）

A. 没反应

B. 告诉他，我哥哥的房子比这还要好

C. 告诉他，真不敢相信你竟有这么豪华的房子

8. 如果你是老师，学生回答问题时信口开河或驴唇不对马嘴，你会： （　　）

A. 批评他，让他下次注意思考成熟后再开口

B. 请他坐下，对其他同学说，让我们听听正确的答案

C. 表扬他的勇气，鼓励他再想想

9. 你的好朋友买了一件首饰，她让你作评价，你会说： （　　）

A. 没什么，我早就买了

B. 嗯，挺好看的，多少钱啊

C. 非常漂亮，它太符合你的脸型了

10. 你的女朋友烫了发，她问你的看法，你会说 （　　）

A. 好看，很有女人味，不过太成熟不适合你

B. 挺好看的，挺适合你

C. 太成熟了不适合你，不过很有女人味

（二）评估标准与结果分析

以上题目选 A 得 0 分，B 得 1 分，C 得 3 分。

如果得分是 25 分以上，说明你是一个懂得赞美并且有技巧的人，你很有人缘，大家

很愿意和你在一起。

如果得分是 15 分以上，说明你可能知道在人际交往中需要赞美，但是赞美的技巧需要加强。

如果得分是 15 分以下，你是一个自我意识超强的人，可能不怎么在乎别人的感受，要注意改善自己。

任务三 工作沟通与演讲

职场在线

陈晓峰大学毕业后，在一家较大的 IT 企业做研发人员。他刚到单位的时候，关系比较好的几个同事，都是和他一起新来的，由于大家被分配的办公室不同，平时也不容易看到。陈晓峰开始感到有点不适应，到了办公室都不知道和谁说话。感觉别人是一群人聚集在一起，讨论他们彼此熟悉的人和事，而自己作为新人，一下子感觉不合群。

但是，陈晓峰下定决心要打破这种被动的局面。一天，一个同事的行为启发了他，那是早上，一个同事见他进办公室就说了一句："晓峰，早啊！"正是这句温暖的话语让他觉得无比亲切。

他受到了启发：作为一名新人，很多同事在路上见到自己都和自己打招呼，但是他却叫不出其他同事的名字，甚至连他们的姓或者他们做什么工作，都不知道，这样很不礼貌，更不利于同事之间的交往。办公室里有一张名单，上面有每个同事的名字、所在部门，于是陈晓峰按照名单开始用心记住他们的名字和部门。每当他看到一个不认识的同事，他就问已认识的同事，知道他们的名字后，就了解他们的相关信息。

每当认识了一个新的同事，陈晓峰就在纸上做记号。过了大约一个星期，他终于把这一间大办公室的五六十人都能对上号了，路上碰到这些同事他也能自如地打招呼了。

很多同事都佩服他，短短时间，好像全公司的人都认识了。因为陈晓峰知道，在路上碰到一个同事，单单说一句"你好"和问候一句"某某，你好"是有本质不同的。

作为职场新人，与人沟通特别是与上级、同事和客户的沟通是工作得以顺利开展的前提。掌握与上级、同事和客户沟通的原则与技巧是改善工作氛围和关系的基础。

一、能力目标 Competency Goal

在工作中，无论与领导、同事，还是客户的沟通，真诚、友好都是必不可少的，同时，与领导沟通时要有胆、有心；与同事沟通时要平等、谦和；与客户沟通时要有信、有礼；只有这样才能构建和谐的工作关系，促进自己的职业发展。

（一）与上级沟通

不可能每个人都成为领导，但几乎每个人都会成为下属。和自己的顶头上司打交道，是多数人日常工作的重点，沟通的效果既体现你的沟通能力，又影响你的职业发展，因此要高度重视如何与上司沟通。

1. 与上级沟通的原则

（1）尊重上级，是你和上级沟通的前提。尊重领导，是心理成熟的标志。当你满足了领导对于尊重的需要时，你同样会得到很好的回报。

（2）踏实搞好本职工作，是与领导沟通的基础。无论你从事什么工作，兢兢业业、踏踏实实地做好本职工作是良好沟通上下级关系的基础。

（3）摆正位置，领悟意图是与领导沟通的根本。和上级打交道，要能够领悟上级的意图，领导要你做什么？要你怎样做？应该有默契，有时一个手势、一个眼神，就要心领神会。

2. 与上级沟通的技巧

（1）了解上级。要了解上级的个性与工作作风；了解上级的需求决定你的目标；了解上级的好恶，可以在工作中避免不必要的麻烦。

（2）树立与上司主动沟通的意识：多请示、勤汇报。作为领导判断下属对他是否尊重的重要因素就是是否经常请示和汇报工作，经常与上级领导沟通有助于建立起你与上级领导的融洽关系。汇报工作要把握分寸，选择时机，不要选择在领导很忙，以及领导心情不好的时候。

3. 如何向上级提建议

（1）不要否定和批驳上司的意见，不擅权越位。响应是维护领导权威的最好方式，下级对领导的命令应当服从，即便有意见或不同想法，也应执行。如果你认为领导的错误明显，和你想法严重相左，确有提出的必要，最好寻找一个能使领导意识到而不让其他人发现的方式纠正，让人感觉是领导自己发现了错误而不是下属指出的，如一个眼神、一个手势或一声咳嗽都可能解决问题。

（2）灵活变通，让自己的想法被上级接受。即使你的意见是正确的，也最好采取引导、试探、征询的方式说出来，这样更容易被上级采纳。

（3）必要时也要说"不"。当上级安排的工作超出了自己的能力，无论如何努力都完成不了的时候；当上级做出错误的决定，可能会严重损害个人或者团队利益的事情的时候；当上级要求你违背自己的原则和良心的事的时候——面对这些问题，必须对上级说"不"，不要勉强答应，以免陷入更大的困境。

当然，对上级说"不"，不仅需要讲求方式和方法，更需要讲求一定的技巧，一般来说，如是第一种情况，可以先答应或部分答应，然后再提出困难点，请上级体谅。如果是第二或三种情况，尽量站在上级的立场，协助上级做出正确的决定，不要当众指出上级的问题，不要迫使上级当场表态，尽量促成与上级单独沟通的机会，在拒绝上级的意见时候一定要给上级一个台阶或者一个备选方案，让上级有选择或者台阶下。

总之，与上级经常进行富有艺术性的沟通，可以帮你建立一个融洽和谐的工作环境，这也是事业取得成功的必要条件。

（二）与同事沟通

在职场中，经常会听到有人抱怨同事关系不好，其实和同事相处是一门学问，需要我们用心经营。

1. 与同事沟通的原则

（1）要以诚相待，平等对待同事。真诚是人与人相处的根本，沟通的有效性在于真诚。在办公室里无论是什么样的同事，你都应当平等对待、互学互助，建立起和谐的工作关系。

（2）要学会尊重同事。有效的沟通必须做到尊重和理解，不是所有的沟通都能使彼此同意对方、达成共识，意见分歧、观点对立是常有的事，重要的是尊重和理解。

（3）对同事要宽容。宽容就是尊重个性，不能强求一律。要学会积极主动地适应别人的性格特点；容忍别人有和你不同的见解和感受，体谅别人的处境；在心理上接纳别人，学会欣赏别人。只有你欣赏别人，别人也才会欣赏你。

2. 与同事沟通的技巧

（1）灵活表达观点。和同事意见相左，或看到同事有明显错误或缺点，如果无伤大雅，不关原则，大可忽视，不必斤斤计较。即便是确有必要指出，也要考虑时间、地点、对象的接受能力，委婉指出。

（2）赞美常挂嘴边。同事的进步，要适时关注，适当赞美，同事的微小变化也要注意发现。要时常面带微笑，对他人微笑本身就是一种赞美。

（3）务必要少争多让。不要和同事争什么荣誉，这是最伤害人的。你帮助同事获得荣誉，他会感激你的功绩和大度，更重要的是增添了你的人格魅力。

（4）同事勤联络。空闲的时候给同事打个电话、写封信、发个电子邮件，哪怕只是只言片语，同事也会心存感激，一个电话、一声问候，就拉近了同事之间的距离。

3. 与同事沟通的忌讳

（1）切忌背后打小报告。尊重别人的隐私是保护自己的最好方法。绝不能把同事的秘密当作取悦别人或排挤对方的手段。

（2）切忌将所有责任背上身。最好专注去做一些较重要和较紧急的工作，这比每件工作都弄不好要理想很多。

（3）和同事交朋友一定要慎重。和同事过于亲密，就容易让彼此有过高的期望值，很容易惹麻烦，也容易被误解。

（三）与客户沟通

只有有效的沟通，才能发现客户需求，为客户提供优质高效的服务，更好地推销产品。随着竞争越来越激烈，每一个员工都要努力提升与客户沟通的水平。与客户沟通要把握好三个环节：了解客户、触动客户、维系客户。

1. 了解客户，是沟通的前提

（1）通过倾听来了解。学会倾听，不仅仅是听客户说话的内容，更重要的是在和客户的沟通中，体会客户说话的原因（目的），是如何表达的（语音语调），听上去的感觉（词语的选择），说话的时机（与接收者的心理活动相关），以及在话被说出来的时候看上去的感觉等。

（2）通过提问来了解。提问是一门非常有趣的学问，首先，要善于提问；其次，要问题提得好，提到点子上。只有将提问一步一步地深入客户的内心，你才能了解客户的真正需求。常用的提问技巧有主动式提问、选择式提问、建议式提问、诱导式提问、重复式提问。

2. 触动客户，是沟通的良剂

想让客户认同你的公司、产品，包括你个人，你就要学会触动客户。

（1）赞美认同与关怀感恩。赞美顾客一定要诚恳，在与顾客的沟通中要自始至终表现出热忱的欢迎和诚挚的感谢，要树立"为顾客服务不是给予，而是报答"的思想。

（2）描绘美好未来与唤起眼前危机。和客户沟通的过程中你要强调假如买了以后可以带来的好处和利益，以及假如不买所带来的坏处和损失。尽可能描绘得具体详细，让客户有种身临其境的感觉。

（3）苦练内功，提升自身。有人说，三流的推销员推销产品，二流的推销员推销公司，一流的推销员不仅推销产品，推销公司，更重要的是推销自己。

（4）对症下药，因人而异。要根据不同的客户的特点、个性采取不同的沟通方法。仁义者动情；明智者说理；好炫耀者夸奖；好言者倾听；好强者激将；好面子者提示；贪婪者送礼；无主见者给借口。

3. 维系客户

企业都有这样的感觉，开发一个新客户的成本要远远地高于维系一个老客户的成本。维系客户的方法如下：

（1）搜集客户信息，建立客户档案。从第一次和客户接触时，就要有意识地搜集客户的基本资料，然后不断地完善。

（2）采用多种方式，与客户联系。有的时候，一张小小的卡片，一个祝福的电话，一个联络的邮件，赠送客户一个小礼物，都可帮助你维系你的顾客关系，使你的顾客成为你永续的资源。

（四）公众演讲

职场中，几乎每个人都会面临各式各样的在公众场合讲话的机会，演讲能力已成为职场人士不可缺少的技能之一。

1. 演讲的准备

在演讲前不仅要作准备，而且要作最好的准备。戴尔·卡耐基在自传中写道："不论是大还是小的演讲，我都会作精心的、长时间的准备，以确保演讲的成功。"在演讲之前，首先要弄清楚：谁在说？对谁说？在哪里说？说什么？如何说？

谁在说	对谁说	在哪里说	说什么	如何说
建立可信度是你演讲成功的关键。无论是讲述一个故事，还是说明产品或倡议说服听众，都需要听众对你的信任 克服紧张心理。紧张是最正常的事情。将自己融于题材中，给自己积极的心理暗示，登台之前调整情绪，使自己尽快进入演讲的状态	要了解听众的基本信息，如知识、经历背景、个性、爱好、兴趣点、地位等 要了解听众的需求和态度。可以通过调查问卷或其他方式来了解听众的需求。听众的态度也很重要。你对观众的需求和态度越是了解，你的演讲才能越对他们的口味	首先要调查一下演讲所处的地理环境，包括房子的布局结构，你是否需要讲台或者麦克风？准备一些你需要的东西，如麦克风、扩音器、投影仪，甚至是一杯水 你还要注意你演讲的场合，在不同的场合说不同的话，讲不同的事情	能否实现演讲的目标，是衡量演讲成功与否的唯一标准。一般来说，演讲的目标有三种：告知、说明、说服。根据你的目标，尽可能从多种渠道搜集与演讲内容有关的不同材料，搜集不同的观点、故事、引例，甚至是笑话来丰富你的演讲内容	使用有效的方式进行演讲是相当重要的，光说是不够的，你还要知道如何把话说出来。演讲，演在讲前面演讲的表达方式包括，使用语言、仪表举止、嗓音、语音的停顿、面部表情及你所使用的演讲辅助工具等

总之，你要练习，练习，再练习。所有这一切都需要你事先准备，然后开始尝试练习演讲。让你的朋友来听你的演讲，他们的建议会让你发挥得更好。

2. 演讲的内容

对演讲内容的把握是演讲成功的必要条件。演讲对内容的具体要求包括：目的明确、主题突出、内容丰富、层次清晰。

（1）演讲的目的一般有三种，分别是告知、说明和说服。根据演讲者所要达到的目的，演讲的内容可以分为以告知或说明为目的的信息型演讲和以说服为目的的说服型演讲。

（2）演讲要突出主题，强化观点。演讲应有正确、鲜明的主题，演讲的主题能体现演讲的思想价值和审美品位，使演讲具有深刻感人的艺术魅力。要想突出主题，就要在选取材料上下功夫。材料要能体现演讲的主题，不能滥竽充数。要选取典型意义的材料，要选取真实可信的材料，还要根据不同的听众来选取材料，同时演讲者所选择的材料，也必须与听众的切身需求相一致，与听众感情一致。

（3）演讲的开头，要求抓住听众，引人入胜。第一印象是很重要的。你可以在完成你的演讲主体以后，再去考虑开场白。开场白能够建立起你的可信度和信誉，唤起听众的注意力，引发他们的兴趣。

（4）演讲的展开部分，要求是环环相扣、层层深入。演讲可以按时间、空间、因果、主题等顺序展开。

（5）演讲的结尾要简洁有力，余音绕梁。结尾发出信号，提示结束；再次增强与听众的情感交流，强化听众对演讲中心思想的理解和共鸣；告知型演讲应强调演讲主题，总结主要论点；说服型演讲应提出建议或要求，促动听众的反应。

3. 演讲的控制

知道说什么很重要，但是如何把话说出来同样重要。你要把热情传达给听众，过程的把握和控制是演讲成功的关键。我们可以通过声音、身体、辅助手段控制演讲的进程，达到最好的演讲效果。

声音控制	你的声音要足够响亮、清晰；你的音调要具有弹性，避免单一不变的音调；适当的停顿、适当的调整变化语速，免得显得单调，避免太快或太慢。避免过度使用"嗯""啊"等填充词，要学会用停顿来代替。通过合适的重音来表达你要强调的内容
身体语言	要身体放松，自然直立，双脚应与肩同宽。要自然地移动，身体前倾，避免随机的紧张移动。面部表情要放松，看上去显得生动，能在适当的时候微笑，并能随着主题与情景的变化而变化。要与听众有目光交流
辅助手段	恰当使用辅助手段能帮助你保持听众的注意力，能够让你的演讲更加生动，在某种意义上还可以让你增加控制演讲过程的自信。演讲的辅助手段有：多媒体、黑板、实物、模型、图解、挂图、表格、图示及散发的材料等

4. 即兴演讲

在很多场合中，你可能被叫起来即兴发言，在这种情况下通常会出现三种情况，第一是站起来以后发懵，不知从何谈起，结果造成冷场；第二是由于来不及思考，说出来的话欠妥当，甚至跑题；第三是没有思路、语无伦次、丢三落四，让听众云遮雾罩。

为解决这些问题，你可以运用"四个 W 法则"的讲话思路。四个 W，即 Where、Who、When、What，具体如下：

站起来先想，这是什么场合（Where）？联系场合说几句感谢或是点题的话。

再问自己，现场都有什么样的人（Who）？在你的发言中提到现场的听众，会让大家感觉亲近。

接着感觉一下，发言多长时间合适（When）？说一些和"时间"有关的概念，来让你最终想到发言的主题。

最后问自己：现场的观众喜欢听什么（What）？这才是进入到了真正的主题，说一些既符合自己的身份，又适合场合的话。

这个技巧的思路在于：当我们在毫无准备，乍一站起来无话可说时，围绕前三个"W"说一些贴近现场的话，既显得从容不迫，又让我们能够争取到理清思路的时间，最终解决最后一个"W"的难题。

二、案例分析 Case Study

案例一：老练的秘书

有一家公司，新近招聘来几位员工，在全员会上，老板亲自介绍这几位新员工，老板说："当我叫到谁的名字，就请他站起来和大家认识一下。"当念到第三个名字时"周华"，没有人站起来，"周华来了没有?"老板又问了一声，这时一位新员工怯生生站了起来。"您是不是在叫我，我叫周烨，是中华的华加一个火字旁。"人们发出一阵阵低低的笑声。老板脸上有些不自然。"报告总经理"，这时秘书小王站起来说，"是我工作粗心大意，打字时把烨字的火字旁丢了，打成了周华。""太马虎了，以后可要仔细点。"老板挥挥手，接着往下念，尴尬局面就此化解。没过多久小王得到了升迁。

领导错误不明显，其他人也没发现，不妨"装聋作哑"。新来的员工显然没做到。必要时要学会给领导提供台阶，秘书小王得到升迁不足为奇。

案例二：35 次紧急电话

在日本东京奥达克余百货公司的一天下午，彬彬有礼的售货员接待了一位来买唱机的美国女顾客，为她挑了一台未启封的索尼牌唱机。事后发现，原来是错将一个空心唱机货样卖给了那位顾客。于是，立即向公司做了报告。经理接到报告后，觉得事关利益和公司信誉，马上召集有关人员研究。当时只知道那位女顾客叫基泰丝，是一位美国记者，还有她留下的一张"美国快递公司"的名片。据此仅有的线索，奥达克余公司公关部连夜开始了一连串接近于大海捞针的寻找。先是打电话向东京各大旅馆查询，毫无结果。后来又打电话，后来又打国际长途，向纽约的美国快递公司总部查询，深夜接到回话，得知基泰丝父母在美国的电话号码。接着，又给美国挂国际长途，找到了基泰丝的父母，进而打听到基泰丝在东京的住址和电话号码。几个人忙了一夜，总共打了 35 个紧急电话。

第二天一早，奥达克余公司给基泰丝打了道歉电话。几十分钟后，奥达克余公司的副经理和提着大皮箱的公关人员，乘着一辆小轿车赶到基泰丝的住处。两人进了客厅，见到基泰丝就深深鞠躬，表示歉意。除了送来一台新的合格的索尼唱机外，又加送唱片一张、蛋糕一盒和毛巾一套。接着副经理打开记事簿，宣读了怎样通宵达旦查询基泰丝住址及电话号码，及时纠正这一失误的全部记录。

基泰丝说她打开商品时火冒三丈，觉得自己上当受骗了，立即写了一篇题为《笑脸背后的真面目》的批评稿，并准备第二天一早就到奥达克余公司兴师问罪。没想到，奥达克余公司纠正失误如同救火，为了一台唱机，花费了这么多的精力，这些做法，使基泰丝深为敬佩，她撕掉了批评稿，重写了一篇题为《35 次紧急电话》的特写稿。

若没有这 35 次紧急电话，错售空心唱机货样的事，势必会给公司的利益带来损害，更不会有如此漂亮的结局。《35 次紧急电话》稿件见报后，反响强烈，奥达克余公司因一心为顾客着想而声名鹊起，使顾客对公司充满好感，门庭若市。后来，这个故事被美国公共关系协会推荐为世界性公共关系的典范案例。这种危机时与客户沟通运用得当所取得的效果比平时宣传要好得多。

案例三：丘吉尔演讲——"永不放弃"

丘吉尔在第二次世界大战后，应邀在剑桥大学一次毕业典礼上的演说，当时整个会场有上万个学生和其他听众，正迫不及待地要听这位伟大首相那美妙而幽默的励志演说，感受伟人的风采。

丘吉尔在他的随从陪同下准时走进了会场，慢慢地迈着自信的步伐登上讲台。他穿着厚重的外套，戴着黑色的礼帽。在听众的欢呼声中，他脱下外套交给随从，又慢慢地摘下帽子从容地放在讲台上。他看上去很苍老、疲惫，但很自豪、笔直地站在听众面前。

听众渐渐安静下来，他们知道这可能是老首相的最后一次演讲了。无数张兴奋、期待的面孔正注视着这位曾经英勇地领导英国人民从纳粹黑暗走向光明的老人，这位未上过大学，却知识渊博、多才多艺的举世闻名的政治家、外交家和诺贝尔文学奖获得者。作为政治家、诗人、艺术家、作家、战地记者、丈夫、父亲，丘吉尔走过了充实而丰富的人生之路，他被英国人称为"快乐的首相"。无论在公开场合，还是与家人在一起，他的谈话总是充满幽默感。甚至在生命垂危之时，他也没有忘记幽默。他曾说过"你能看到多远的过去，就能看到多远的未来"这句名言。那么，今天丘吉尔将如何将毕生的成功经验浓缩在这一次演讲中？究竟会对即将走向社会参加工作的大学生们提出什么宝贵的忠告呢？

听众热切地期盼着，掌声雷动。

丘吉尔默默地注视着所有的听众。过了一分钟，他打着"V"型手势向听众致意，会场顿时安静下来。

又过了一分钟，他幽默地语重心长地说了四个字："Never, never, never, never give up!（永不放弃）"

一分钟后，掌声再次响起。

丘吉尔低头看了看台下的听众。良久，他挥动着手臂，又打着"V"型手势向听众致意，会场又安静了。他铿锵有力说出了四个字：

"永不放弃！"

这次他呼喊着，声音响彻整个会堂。

人们惊讶着，等待着他接下来的演说。

会场又安静下来了。

但大多数听众意识到了其实不需要更多的话语，丘吉尔已经道出了他一生的感悟和成功的秘诀，已经道出了他对学生的忠告。

听众知道，在丘吉尔一生所遭遇的危难中，他永远没有放弃他所要做的事情，世界因为他的出现而改变了。

丘吉尔说完，慢慢地穿上外套，戴上帽子，大家意识到演讲已经结束。

他转过身准备走下讲台，这时整个会场鸦雀无声，人们注视着他，期待着他继续演说。

又停顿了一分钟。丘吉尔转过身来，依然默默地看着听众。此时，他看上去红光满面，炯炯有神。接着，他又开口了，这次声音更加洪亮：

"永不放弃！"

丘吉尔再一次停顿下来，他那刚毅的眼中饱含着泪水。

听众想起了纳粹飞机在伦敦上空肆虐，炸弹落在校园、住宅和教堂上；想起了那个左手紧握着雪茄，右手挥舞着胜利的手势，带领大家从噩梦中冲出来的丘吉尔；想起了曾几次竞选首相失败的丘吉尔，但他毫不气馁，仍然像"一头雄狮"那样去战斗，最后终于取得了成功。他说过："我想干什么，就一定干成功。"他不但意志坚强，而且待人十分宽厚，能够谅解他人的过失，包括那些曾强烈反对过他的人。他的虚怀若谷，使他摆脱许多烦恼。在长时间的沉默和回想中，听众都感动地流下了眼泪。

丘吉尔又打着"V"型手势向听众致意，转身走下讲台，离开会场。

会场又爆起了热烈的经久不息的掌声。

这是丘吉尔一生中最精彩的一次演讲，也是世界上最简短最震撼的一次演讲。

这次演讲的全过程大概持续了20分钟，但是在这20分钟内，年迈的丘吉尔只讲了三句相同的话——"永不放弃！"却成了中外演讲史上的经典之作。

三、过程训练 Process Training

活动一：游戏——走出地雷阵

此游戏主要体会与同事进行积极沟通的重要性，并练习与同事进行沟通所需要的技巧。训练人数为 20～30 人，以 8～10 人为一组。

训练道具：每组一块蒙眼布；两根 10 米长的绳子；一些报纸。

（一）活动过程

1. 选择一块宽阔平整的游戏场地。

2. 每组同学 2 人一对作为搭档，其中一个做监护员，一个闯地雷阵。（人数多时，是一个有利因素，场地会变得喧闹，增加游戏难度。）

3. 给每对搭档发一块蒙眼布，闯地雷阵的人蒙好眼睛。由监护员领到游戏场地。

4. 眼睛蒙好之后就开始过雷阵了。两条绳子平行放置地上，绳距 10～15 米，标志着地雷阵的起点和终点。

5. 在两绳子之间，尽量多放些报纸作为地雷。

6. 被蒙上眼的同学在同伴的带领下，来到起点，同伴则只能站在地雷阵外面指挥他闯过地雷阵，一旦踩到报纸，则宣告"阵亡"。

7. 几组可同时进行，到达对面，另两名同组队员接力，看看哪一组率先完成任务，且"阵亡"人数最少。

（二）问题与讨论

1. 游戏过程遇到哪些问题？

2. 在沟通时会遇到哪些障碍？

3. 指挥者能够清晰指挥吗？

4. 良好的沟通是保证任务完成的先决条件。

活动二：故事接龙

先由一个学员开始讲故事，讲师随时打断，再由其他人继续接下去。

举例来说，第一个人可能这么开始："有天，我正驾着直升机。忽然发现一群飞碟逐渐向我开来。我开始下降，但离我最近的一个飞碟里有个体格瘦小的人开始向我开火。我……"

这时，讲师喊停，表示讲话的人到此为止，接下去由第二个学员继续把故事讲下去。等到每个学员都接上自己的部分，故事的结局往往是事前谁也预料不到的。

学员最后评出最符合逻辑奖、最生动离奇奖、最开心好笑奖等。（可发挥想象，自由设置奖项。）

提示：刚开始时，大家讲得不怎么好，但毕竟都站起来开口讲了。不要放弃，你会发现自己比想象中要好得多。

四、效果评估 Performance Evaluation

评估一：与同事的沟通能力

（一）情景描述

1. 面对同事的缺点和错误时，你会：　　　　　　　　　　　　　　（　　）

A. 委婉沟通，引导发现

B. 直言相告

C. 和自己毫无关系

D. 当面不说，事后和别人谈起

2. 发现同事的优点或同事取得了成绩，你会：　　　　　　　　　　（　　）

A. 及时赞美和祝福

B. 非常关心，想要向他学习

C. 羡慕

D. 嫉妒

3. 当你听到同事在你面前说其他人的坏话时，你会：　　　　　　　（　　）

A. 不传话，只是静静地听

B. 当面制止

C. 当面制止，并指出对方的缺点

D. 当面不说，事后悄悄告诉受诋毁的那个人

4. 请求关系很好的同事帮忙时，你如何去表达？　　　　　　　　　（　　）

A. 礼貌、委婉

B. 有外人在时礼貌，单独在一起时直接

C. 都很直接

D. 命令的口吻

5. 参加老同学的婚礼后，朋友对婚礼很感兴趣，你会：　　　　　　（　　）

A. 详细叙说从你进门到离开时所看到和感觉到的相关细节

B. 说些自己认为重要的

C. 朋友问什么就答什么

D. 感觉很累了，没什么好说的

6. 由于公司需要，派你乘长途汽车去另一个地方，时间是 10 个小时，与你同行的是一个不爱多讲话的同事，你会：　　　　　　　　　　　　　　　　　（　　）

A. 试图了解他，找出他感兴趣的话题

B. 主动沟通，找出共同话题

C. 和他交谈，谈谈自己的感受

D. 看书、睡觉或吃东西

7. 你刚就任一家公司的副总编辑，上班不久，你了解到本来公司中有几个同事想就任你的职位，对这几位同事你会：　　　　　　　　　　　　　　　　　（　　）

A. 主动认识他们，了解他们的长处，争取成为朋友

B. 不理会这个问题，努力做好自己的工作

C. 暗中打听他们，了解他们是否具有与你进行竞争的实力

D. 暗中打听他们，并找机会为难他们

8. 与不同身份的人讲话，你会：　　　　　　　　　　　　（　　）

A. 不管是什么场合，你都是一样的态度与之讲话

B. 在不同的场合，你会用不同的态度与之讲话

C. 对身份高的人说话，你总是有点紧张

D. 对身份低的人说话，你总是漫不经心

9. 听别人讲话时，你总是会：　　　　　　　　　　　　　（　　）

A. 对别人的讲话表示兴趣，记住所讲的要点

B. 请对方说出问题的重点

C. 对方老是讲些没必要的话时，你会立即打断他

D. 对方不知所云时，你就很烦躁，就去想或做别的事

10. 当你在发表自己的看法时，别人却不想听你说，你会：　（　　）

A. 仔细分析对方不听和自己的原因，找机会换一个方式去说

B. 等等看还有没有说的机会

C. 于是你也就不说完了，但你可能会很生气

D. 马上气愤地走开

11. 当你和同事出现误会时，你会：　　　　　　　　　　（　　）

A. 主动及时找对方沟通，消除误会

B. 通过第三方协调，消除误会

C. 等候对方找自己消除误会

D. 怀恨在心，找机会给对方点颜色看看

12. 当你进入一家新公司时，你会如何认识新同事？　　　（　　）

A. 找机会主动介绍自己，认识每一个人

B. 积极认识本部门的人

C. 在工作中慢慢熟悉

D. 等待别人来认识你

（二）评价标准与结果分析

以上各题选 A 得 3 分，选 B 得 2 分，选 C 得 1 分，选 D 不得分。

28 分以上：你与同事的沟通能力很好，请保持。

18～28 分：你与同事的沟通能力一般，请努力提升。

18 分以下：你与同事的沟通能力很差，亟须提升。

评估二：与客户沟通能力

（一）情景描述

1. 对于公司新开发的客户，你通过何种沟通方式进行了解？　　（　　）

A. 经常邀请客户参与公司活动

B. 登门拜访

C. 定期电话沟通

D. 通过邮件保持沟通

2. 在进行产品演示的时候，你如何同客户沟通？　　　　　　　　（　　）

A. 让客户亲自体验

B. 引导客户发表自己的看法

C. 以产品展示为主

D. 以口头表达为主

3. 当客户对你的介绍不感兴趣时，你如何激发其兴趣？　　　　（　　）

A. 从客户的需求中寻找突破

B. 宣讲自己产品给客户带来的好处

C. 更换客户

D. 质疑客户的眼光

4. 面对客户的无理抱怨，你如何做？　　　　　　　　　　　　（　　）

A. 认真倾听

B. 认真倾听，并对客户进行解释

C. 以理服人，指出客户的问题

D. 不理客户，冷处理

5. 针对客户的误解，你怎么处理？　　　　　　　　　　　　　（　　）

A. 认真倾听，耐心解释

B. 认真倾听，委婉劝服

C. 直接指出客户的问题所在

D. 驳斥客户

6. 针对客户的无理要求，你如何处理？　　　　　　　　　　　（　　）

A. 表示理解，但无能为力

B. 解释不能满足他要求的原因

C. 直接拒绝

D. 先答应，后拒绝

7. 面对客户的无理投诉，你如何处理？　　　　　　　　　　　（　　）

A. 记录投诉，安慰客户

B. 向客户解释

C. 直接反驳

D. 指出客户不合理的地方，以打消客户的念头

8. 如何增加客户购买后的满意度？　　　　　　　　　　　　　（　　）

A. 定期邀请客户参与公司活动

B. 定期电话回访

C. 及时处理客户出现的问题

D. 不闻不问，等待客户自己上门要求服务

9. 在向不同的客户推销产品时，你如何运用你的表达能力？　　（　　）

A. 因人而异，发现需求

B. 展示产品，引导参与

C. 注意语气，赞美客户

D. 滔滔不绝，详细介绍

10. 你如何让客户再次向你公司购买产品？　　　　　　　　　　　　（　　）

A. 在与客户的交往中体现出自己的真诚，找到客户的需求，切实地关心客户

B. 在与客户的交往中展现出公司的实力

C. 在与客户的交往中充分展示产品的优势

D. 在与客户的交往中打压别家公司的产品，抬高自己公司产品

（二）评估标准与结果分析

选 A 得 3 分，选 B 得 2 分，选 C 得 1 分，选 D 不得分。

24 分以上：能在工作中很好地和客户沟通。

15～24 分：你已经掌握了一些沟通技巧，但是还需要你不断努力。

15 分以下：你需要学习一些和客户沟通的技巧。

思考与练习

1. 倾听的障碍有哪些？怎样做才能排除倾听的障碍，做到有效倾听？

2. 动之以情、晓之以理，这句传统的说服技巧与我们学到的说服技巧有哪些异同？

3. 在电话、电子邮件、微信、微博充斥的今天，面对面沟通还需要么？为什么？

4. 在什么情况下必须使用书面沟通？书面沟通需要注意哪些方面？

5. 在与上级和同事沟通中，有哪些方面的技巧是共通的？还有哪些方面是不一样的？你是怎么做的？

6. 怎样准备一个演讲？要想做一场成功的演讲除了精心准备还需要注意哪些？

作业

（一）作业描述

1. 从下面的题目中任选一个作为你的演讲主题，在小组中进行演讲。

（1）谈谈你的职业规划。

（2）说说互联网的利与弊。

（3）你怎样看待失败？

（4）现在我国学校教育最大的弊端是什么？

（5）刚入职场的你，最大的感受是什么？

2. 请你和你的同伴进行角色扮演，练习面谈。

（1）你的老板突然对你变得很冷淡，却又没有任何解释，你想问问发生了什么事。

（2）你最近参加了几次面试，但你发现自己的面试总是很被动，面试的人似乎因你不

会推销自己而很失望，你向好朋友求助。

（3）你用了很长时间完成的一份特别报告却被领导贬得一无是处，你想当面解释。

（二）作业要求

1. 可 2～3 人组成一个小组分工合作。
2. 完整记录任务完成的过程。

项目五 职场上的礼仪教养

西方哲学家赫伯特说过："一个人如果二十岁时不美丽、三十岁时不健壮、四十岁时不富有、五十岁时不聪明，就永远失去这些了。"想要成功，首先就要超越自己。一个人脸蛋的漂亮是天生的，但是每一个人都有无数种方法使自己的形象、气质、风度变得更加潇洒与优雅，更彰显出个人的魅力。每个人都渴望拥有魅力与成功的人生，而礼仪教养是让一个美好形象在第一时间展现出来的关键部分，它是一种素养、一种修为，它不仅会使你自己得到快乐，更会使他人得到快乐，使我们的工作、生活变得更加顺利和美好。当然，想要成为一个知礼仪、有教养的人，拥有魅力的形象，是一个漫长的修炼和积累的过程，但是只要不断地学习和充实自己，灵活地运用礼仪的一些规范，相信我们每一个人都会优雅、自信地行走在职业之路上，开启一个崭新的人生。

项目知识要点：

- 仪容仪表礼仪
- 体态与举止礼仪
- 见面礼仪
- 介绍礼仪
- 名片礼仪
- 电话与邮件礼仪
- 求职与面试礼仪
- 职场办公礼仪

任务一　个人形象设计

职场在线

张伟是一家大型国有企业的总经理。有一次，他获悉有一家著名的德国企业的董事长正在本市进行访问，并有寻求合作伙伴的意向。于是他想尽办法，请有关部门为双方牵线搭桥。

让张总经理欣喜若狂的是，对方也有兴趣同他的企业进行合作，而且希望尽快与他见面。到了双方会面的那一天，张总经理对自己的形象刻意地进行一番修饰。他根据自己对时尚的理解，上穿夹克衫，下穿牛仔裤，头戴棒球帽，脚蹬旅游鞋。无疑，他希望自己能给对方留下精明强干、时尚新潮的印象。

然而事与愿违，张总经理自我感觉良好的这一身时髦的"行头"，却偏偏坏了他的大事。

原来，在交往中，每个人都必须时时刻刻注意维护自己形象，特别是要注意自己正式场合留给别人的第一形象。张总经理与德方同行的第一次见面属国际交往中的正式场合，应穿西服或传统中山服，以示对德方的尊重。但他没有这样做，正如他的德方同行所认为的：此人着装随意，个人形象不合常规，给人的感觉是过于前卫，尚欠沉稳，与之合作之事再作他议。

由此，我们可以看出个人形象的塑造是多么的重要。虽然我们并不主张大家以貌取人，但是形象直接影响他人对我们的态度，这确实是一条铁的定律。一个不修边幅的人常常让我们想到没有地位、缺乏修养、没有受过良好的教育。一个小细节可能让你多年的经营而搁浅，这怎么能不让我们灰心失望呢？可以说礼仪就是你的修养，修养就是你的魅力，而魅力才是你除智力外获得赏识的根本因素。所以，作为职场人士，务必要找准适合自己的形象，并且让人感觉你的形象是有分量的、值得信赖的。那么在日常的工作和生活中我们应该如何去打造个人形象呢？

一、能力目标 Competency Goal

无论你来自哪个领域，拥有什么样的学历，要想在职场上大显身手，充实的内在能力固然非常重要，然而你更需要一个明确而专业的个人形象助你一臂之力，因为成功的个人形象设计会让你在成千上万个条件相当的竞争者中脱颖而出，使你的职业生涯有一个更大的上升空间！

（一）仪容仪表礼仪

良好的仪表犹如一支美丽的乐曲，它不仅能给自身带来自信，也能给别人带来审美的愉悦，既符合自己的心意，又能左右他人的感觉，使你办起事来信心十足，要打造好的仪表需要我们从"头"做起。

1. 面部清洁与妆容设计

我们所说的仪容在很大程度上指的就是面容，人们观察别人往往是从脸部开始的，因此，保持面部的清洁卫生并进行适当的修饰是非常重要的。清洁面部，首先要洗脸，确保没有污垢、汗渍、泪痕等，不要忽视耳朵与脖子的清洁。认真检查眼睛、耳朵、鼻子、口腔以及脖子是否有不雅之处，及时清理。

男士一般在面部清洁之后注意日常的护肤程序就可以了，而女士最好要学习一些基本的化妆知识。适当的妆容设计可以增加人的面部轮廓美感、提升自信心，也可以显示出对他人的尊重和对生活的热爱。

我们每个人的面容都有自己的特点，因此，化妆的技法和风格也不尽相同，但是基本步骤大体相同，化妆的基本步骤如下。

（1）清洁面部。这是一项十分重要的工作，化妆必须在洁肤护肤之后进行。

（2）基础底色。使用底色的目的是遮盖皮肤的瑕疵，统一皮肤色调。最好是选用两种颜色的底色，在脸部的正面用接近天然肤色的颜色均匀地、薄薄地涂抹，在脸部的侧面，可用较深的底色。

（3）定妆。上完底色后用粉定妆，目的是柔和妆面，固定底色，还可吸收皮肤分泌物，保护皮肤免受阳光、风、灰尘等外部刺激。脸上涂粉不宜过多，粉一定要涂得薄而均匀。

（4）描画眉毛，修饰眼睛。眉毛的生长规律是两头淡，中间深，上面淡，下面深。标准的眉形是在眉毛的2/3处有转折。修饰眼睛时先涂上适合的眼影，之后开始勾勒眼线，最后要用睫毛膏来卷翘睫毛，使睫毛向上翘立，放大眼睛，使眼睛更加有神。

（5）涂刷面红。面红的中心在颧骨部位，涂面红时从颧骨处向四周扫匀，越来越淡，直到与底色自然相接。涂面红可以用来矫正脸型。

（6）涂抹唇膏。嘴唇是人身上最富有表情的部位，比较理想的唇形为：唇线清楚，下唇略厚于上唇，大小与脸型相宜；嘴角微翘，富于立体感。

2. 头发清洁与发型设计

头发是人的第二张面孔，良好的发型会使人容光焕发，而不当的发型会带给人萎靡不振的感觉。头发的整洁、大方是个人形象礼仪的最基本要求。

发型要与性别相符	商务男士应尽可能避免留长发或某些时髦新潮的奇特发型，最好也不要留光头。女士的发型虽然并不拘泥于短发和直发，但也应注意不能过分张扬和花哨。
发型要与年龄相符	年长者要求端庄、稳重，因此，比较适宜大花型的短发或盘发，而年轻人则要注重整洁健康、美丽大方，比较适宜盘发、扎辫子、短发、长发等。
发型要与气质相符	开朗、活泼的人应选新颖、俏丽的发型，轮廓线不要太刻板、生硬，应具有一种流畅感、运动感；文静、内向的性格应选秀丽、淡雅、柔美风格的发型。
发型要与职业相符	时尚白领的发型要求干练、知性、简洁。戴工作帽职业者的发型既要简洁，又要美观，一般以中短发和短发为宜，服务人员应表现整洁、美观和健康。

3. 着装与配饰礼仪

着装也是一种无声的语言，它显示着一个人的个性、身份、角色、涵养、阅历及其心理状态等多种信息。在人际交往中，着装，直接影响别人对你的第一印象，关系到对你个人形象的评价，同时也关系到一个企业的形象。

（1）正式场合男士着装的礼仪。在庄重的仪式以及正式宴请等场合，男士一般以西装为正装。一套完整的西装包括上衣、西裤、衬衫、领带、腰带、袜子和皮鞋。

上衣	衣长刚好到臀部下缘的位置，袖长到手掌虎口处，衣服与腹部之间可以容下一个拳头大小为宜
西裤	裤线清晰笔直，裤脚前面盖住鞋面中央，后至鞋跟中央
衬衫	长袖衬衫是搭配西装的最佳选择，颜色以白色或淡蓝色为宜。衬衫下摆要塞在裤腰内，系好领扣和袖口，衬衫里面的内衣领口和袖口不能外露
领带	领带图案以几何图案或纯色为宜，领带长度以大箭头垂到皮带扣处为准
腰带	材质以牛皮为宜，皮带扣应大小适中，样式和图案不宜太夸张
袜子	袜子应选择深色的，切忌黑皮鞋配白袜子。袜口应适当高些，应以坐下跷起腿后不露出皮肤为准
皮鞋	搭配造型简单规整、鞋面光滑亮泽的式样。如果是深蓝色或黑色的西装，可以配黑色皮鞋，如果是咖啡色系西装，可以穿棕色皮鞋

（2）正式场合女士着装的礼仪。在重要会议和会谈、庄重的仪式以及正式宴请等场合，女士着装应端庄得体。

上衣	上衣讲究平整、挺括，较少使用饰物和花边进行点缀，纽扣应全部系上
裙子	以窄裙为主，年轻女性的裙子下摆可在膝盖以上但不可太短，中老年女性的裙子应在膝盖以下，真皮或仿皮的西装套裙不宜在正式场合穿着
衬衫	以单色为最佳之选。衬衫的下摆应掖入裙腰之内而不是悬垂于外，也不要在腰间打结，穿着西装套裙时，不要脱下上衣而直接外穿衬衫
鞋袜	鞋子应是走起路来舒服又好看，还要注意可配搭性。中性色如黑色、咖啡色、土黄色、灰色、米色等，可以与大多数颜色的服装互相搭配。袜子应是高筒袜或连裤袜。鞋袜款式应以简单为主，颜色应与西装套裙相搭配

（3）在非正式场合，着装也要合乎礼仪。要干净、大方，符合场合内容和要求。

4. 配饰礼仪

为了使个人形象更加完美，良好的配饰可以起到画龙点睛的作用。女士常用的配饰有戒指、手提包等，男士的常用配饰是手表与笔。

（1）戒指。戒指的戴法最为讲究，戴在不同手指上，将给对方不同的信息。

（2）手提包。手提包是女性日常出席正式场合活动的重要饰物，要求小巧、新颖、别致、协调，给人以赏心悦目的感觉，手提包的颜色要与季节、服装、场合、气氛相协调。

（3）手表与笔。手表、金笔和打火机在西方被称作男士三大配饰，被认为是身份的象征。男士在公务活动或社交活动中应该携带一支钢笔和一支铅笔。笔可以放在公文包内或西装上衣内侧的口袋内，不要插在西装上衣左胸外侧的口袋内或作为装饰。

（二）体态与举止礼仪

体态泛指身体所呈现出来的各种姿势。体态可以分为举止动作、神态表情及相对静止的体姿。体态语言是人体及姿态发出的无声信息。心理学家认为，无声语言所显示的意义要比有声语言深刻得多。

1. 挺拔的站姿

站立是人们在交际场所最基本的一种姿势，是其他姿势的基础。站立是一种静态美，是培养优雅仪态的起点。正确的站姿从整体上给人以笔直挺拔、舒展俊美、精力充沛、充满自信、积极进取的良好印象。

站姿的基本要求：两眼平视前方，嘴微闭，下颌微收，脖颈挺直，表情自然，面带微笑；两肩微微放松，稍向后下沉；两肩平整，两臂自然下垂，中指对准裤缝；挺胸收腹，臀部向内向上收紧。

2. 优雅的坐姿

坐姿是一种静态造型，是日常仪态的主要内容之一。符合礼仪规范的坐姿传达出自信练达、积极热情、尊重他人的信息，给人以稳重、文静、自然大方的美感，让人觉得安详、舒适、端正和舒展大方。

（1）男士坐姿。在正式或非正式的场合下男士的标准坐姿要求：上身挺直，双肩正平，两手自然放在两腿或扶手上，双膝并拢，小腿垂直落于地面，两脚自然分开成45度。

在非正式的场合男士还可以采用前伸式、前交叉式、屈直式坐姿。

前伸式坐姿是指在标准式坐姿的基础上，两小腿前伸一脚的长度，左脚向前半脚，脚尖不要跷起。

前交叉式坐姿是指在标准式坐姿的基础上，小腿前伸，两脚踝部交叉。

屈直式坐姿是指在标准式坐姿的基础上，左小腿回屈，前脚掌着地，右脚前伸，双膝并拢。

（2）女士坐姿。女士标准坐姿的基本要求是上身挺直，双肩正平，两臂自然弯曲，两手交叉叠放在两腿中部，并靠近小腹，两膝并拢，小腿垂直于地面，两脚尖朝正前方。

在正式场合女士还可以采用侧点式和侧挂式坐姿。

侧点式坐姿要求：两小腿向左斜出，两膝并拢，右脚跟靠拢左脚内侧，右脚掌着地，左脚尖着地，头和身躯向左斜。注意大腿小腿要成90度的直角，小腿要充分伸直，尽量显示小腿长度。

侧挂式坐姿要求在侧点式坐姿的基础上，左小腿后屈，脚绷直，脚掌内侧着地，右脚提起，用脚面贴住左踝，膝和小腿并拢，上身右转。

3. 风度的走姿

行如风，是指走路时步伐矫健、轻松敏捷、富有弹性，令人精神振奋，表现一种朝气蓬勃、积极向上的精神状态和轻快自然的美。走路的步态与速度反映了一个人的个性和行为作风。正确的行走姿势要从容、轻盈、稳重。

走姿基本要求：上身要直，昂首挺胸。行走时，要面朝前方，双眼平视，头部端正，胸部挺起，背部、腰部、膝部尤其要避免弯曲，使全身看上去形成一条直线。起步时身体要前倾，重心前移。步态要协调、稳健。双肩平稳，两臂自然摆动。摆动幅度以 30 度左右为宜。全身协调，匀速前进。行走时两脚内侧踏在一条直线上，脚尖向前。

（三）微笑礼仪

微笑是自信和礼貌的表现，也是一个人心理健康的标志，在社交场合中，微笑是最令人愉悦、最富吸引力，也最有价值的面部表情，它不但表现了人际交往中的友善、和谐、诚信等美好的感情因素，而且也反映出交往人的自信，能给人以美的享受。温和而有涵养的微笑不但是应对社交的手段，而且体现了一个人的价值观，在各种场合恰当地运用微笑可以起到传递情感和沟通心灵的作用。

微笑有许多种类，自信的微笑，充满了信心和力量当遇到困难和危险时，若能微笑以待，定能激发巨大的动力，调动各种积极因素，攻克难关；真诚的微笑，体现了对他人的友善、尊重、理解和同情，能在最短的时间内沟通情感，缩短心理距离，广结善缘和广交朋友；把微笑慷慨地赠予他人，恰似春风化雨，滋润人的心田，定能赢得好感和尊重。

1. 微笑礼仪的要求

（1）真诚。要发自内心、自然大方、亲切，是内心情感的自然流露。

（2）适度。笑得得体、适度，才能充分表达友善、诚信、和蔼、融洽等美好的情感。

2. 微笑礼仪的训练方法

（1）对镜练习法：对着镜子微笑，练习时，双颊肌肉有力上抬，可以默念"茄子""一"，或英文单词"cheese"等，强化面部肌肉的控制。

（2）情绪记忆法：发挥自己的想象力，回忆美好的过去、愉快的经历，或者展望美好的未来，找到自己最满意的笑容，坚持训练。

二、案例分析 Case Study

案例一：面试着装要适宜

小眉到一家外企去应聘秘书。去面试之前，她对自己进行了精心修饰：身着时下最流行的牛仔套裙，脚蹬一双白色羊皮短靴，橘色的挎包。为和这身打扮配套，小眉还化了彩妆，并对自己的打扮相当满意。

来到公司，小眉发现自己在众多应征者中显得是那么的与众不同，她甚至感到一点得意。正在这个时候，小眉碰见了恰好来此处办事的好朋友丽然。"你也来找人吗？"丽然问道，"我是来应聘的。""应聘？你的这身打扮更像约人去喝下午茶。"快人快语的丽然说道。"是吗？"小眉疑惑起来，她扫描了一下四周，果然其他人都穿素色的职业套装。小眉的心里一下子变得不稳定起来，开始的自信也被动摇了。在后来的面试中，小眉完全乱了阵脚，结果也就不言而喻了。

不同的场合需要与之相适宜的着装。你第一次面试时的着装是什么样的？通过学习之后有没有发现不妥之处，与同学讨论面试着装应注意的要点。

案例二：　空姐的十二次微笑

飞机起飞前，一位乘客请求空姐给他倒一杯水吃药。空姐很有礼貌地说："先生，为了您的安全，请稍等片刻，等飞机进入平稳飞行后，我会立刻把水给您送过来，好吗？"

15分钟后，飞机早已进入了平稳飞行状态。突然，乘客服务铃急促地响了起来，空姐猛然意识到：糟了，由于太忙，她忘记给那位乘客倒水了！当空姐来到客舱，看见按响服务铃的果然是刚才那位乘客。她小心翼翼地把水送到那位乘客跟前，面带微笑地说："先生，实在对不起，由于我的疏忽，延误了您吃药的时间，我感到非常抱歉。"这位乘客抬起左手，指着手表说道："怎么回事，有你这样服务的吗，你看看，都过了多久了？"

接下来的飞行途中，为了补偿自己的过失，每次去客舱给乘客服务时，空姐都会特意走到那位乘客跟前，面带微笑地询问他是否需要水，或者别的什么帮助。然而，那位乘客余怒未消，摆出一副不合作的样子，并不理会空姐。临到目的地时，那位乘客要求空姐把留言本给他送过去，很显然，他要投诉这名空姐。此时空姐心里虽然很委屈，但是仍然不失职业道德，显得非常有礼貌，而且面带微笑地说道："先生，请允许我再次向您表示真诚的歉意，无论您提出什么意见，我都将欣然接受您的批评！"那位乘客脸色一紧，嘴巴准备说什么，可是却没有开口，他接过留言本，开始在本子上写了起来。

等到飞机安全降落，所有的乘客陆续离开后，空姐本以为这下完了。没想到，等她打开留言本，却惊奇地发现，那位乘客在本子上写下的并不是投诉信，相反，是一封给她的热情洋溢的表扬信。

在信中，空姐读到这样一句话："在整个过程中，你表现出的真诚的歉意，特别是你的十二次微笑，深深地打动了我，使我最终决定将投诉信写成表扬信。你的服务质量很高，下次如果有机会，我还将乘坐你们的这趟航班！"

微笑是一个人最基本的礼仪，它是一种无声的语言，能弥补裂痕。真正的微笑应发自内心，渗透着自己的情感，表里如一，毫无包装或矫饰的微笑非常有感染力，所以它被视作"参与社交的通行证"。

三、过程训练 Process Training

活动一：　体态礼仪训练

（一）活动过程

1. 两名同学一组，在规定的时间内进行体态礼仪的训练，相互纠正动作。

2. 每班分成若干小组，以 5～6 人为一组，进行形体姿态的组合创编。

3. 设计步骤要求：学习和掌握体态礼仪中的站姿、坐姿、行姿和蹲姿，给定音乐（大约 4 分钟），大家分组讨论并创编形体姿态组合，至少要五个队形变化和两个造型设计。

小组创编测试考核表

序号	测查内容	是	否
1	小组同学的仪容仪表是否合格		
2	形体姿态的动作是否整齐、标准		
3	小组同学是否有自信的面部表情		
4	出场造型是否有创新		
5	是否面带笑容，给人以友好的感觉		
6	编排队形是否符合要求的数量		
7	动作是否和音乐配合融洽		
8	结束造型是否有创意		

（二）活动分析

7～8 个"是"——"A"，你们很优秀；

5～6 个"是"——"B"，你还可以更好；

3～4 个"是"——"C"，你仍需要努力；

3 个"是"以下——"D"，你还要多加练习才行。

活动二：女士化妆大赛

（一）活动目的

1. 熟练掌握化妆步骤。

2. 能根据实际情况选择适合自己妆容风格。

3. 通过比赛让学员共同学习和分享彼此的化妆经验和心得。

（二）活动过程

1. 女士学员根据本任务所学相关内容挑选适合自己的妆容。

2. 在化妆过程中如遇问题可以咨询培训师。

3. 女士学员在规定时间内化妆。

4. 培训师选出比较有代表性的、优秀的女士学员。

5. 选出的女士学员上台讲述其化妆技巧及对化妆认识。

6. 培训师和学员代表一起担任评委对选手进行评分。

（三）分析与讨论

1. 由培训师对每位女士学员化妆过程及效果等进行点评、评分。

2. 参赛选手，通过颁发不同等级的奖状予以鼓励。

四、效果评估 Performance Evaluation

评估一：你的个人形象怎么样

请回答下面的 24 个问题，经过评分后就可判断你的个人形象怎么样，仔细阅读每一个问题，凭第一感觉，选择一项符合你实际情况回答。其中：A＝非常符合我的情况，B＝比较符合我的情况，C＝不一定，D＝不怎么符合我的情况，E＝根本不符合我的情况。

（一）情景描述

1. 你可以把自己的想法用语言完整地表达出来。　　　　　　　（　　）
2. 别人都说你有风度。　　　　　　　　　　　　　　　　　（　　）
3. 你觉得自己的表情表现，有时有点过分。　　　　　　　　（　　）
4. 因为有特殊性原因，没有尽到自己的责任，是可以原谅的。（　　）
5. 你有自己的处世哲学，而且随时间不断成长。　　　　　　（　　）
6. 你对外来文化很反感，不愿意接受。　　　　　　　　　　（　　）
7. 别人都说你知道的东西很多。　　　　　　　　　　　　　（　　）
8. 在你紧张或高兴的时候，就会有点不知所措。　　　　　　（　　）
9. 你认为，化浓妆可以充分体现自己的优点。　　　　　　　（　　）
10. 经常有人向你请教一些专业性比较强的问题。　　　　　　（　　）
11. 遇到一点不好的事，你就有点手忙脚乱了。　　　　　　　（　　）
12. 你的性格别人难以接受。　　　　　　　　　　　　　　　（　　）
13. 你对自己的长相感到满意。　　　　　　　　　　　　　　（　　）
14. 再怎么困难的东西，你很快就能学会。　　　　　　　　　（　　）
15. 从你记事起，你就有很明确的世界观。　　　　　　　　　（　　）
16. 你特别钟情于传统文化。　　　　　　　　　　　　　　　（　　）
17. 你能很好地控制自己表情。　　　　　　　　　　　　　　（　　）
18. 你的语言表达不怎么流利。　　　　　　　　　　　　　　（　　）
19. 你认为，道德比人的生命都重要。　　　　　　　　　　　（　　）
20. 你对自己的身高感到不满意。　　　　　　　　　　　　　（　　）
21. 你的身体动作很协调。　　　　　　　　　　　　　　　　（　　）
22. 你认为，适当的化妆可以使自己更自信。　　　　　　　　（　　）
23. 你感得自己的知识比较丰富。　　　　　　　　　　　　　（　　）
24. 你经常不能控制自己容易激动的情绪。　　　　　　　　　（　　）

（二）评估标准与结果分析

3、4、6、8、9、11、12、18、20、24 题，选 A＝1 分、B＝2 分、C＝3 分、D＝4 分、E＝5 分；其余题目选 A＝5 分、B＝4 分、C＝3 分、D＝2 分、E＝1 分。

本测试的满分为 120 分，得分越高，证明你的个人形象越好。

24～60 分，证明你的个人形象欠佳，你对自己也缺乏信心；

61～75 分，证明你的个人形象一般，你对自己也不太满意；

76～100 分，证明你的个人形象较好，你只是对自己存在的一些小问题感到不太满意；

101～120 分，你不但是一个俊男或美女，你还是社交高手，拥有丰富的知识和社会经验。

评估二：令女士讨厌的举止

（一）情境描述

跟职场女性打交道要格外细致。下面列出的是最令女士们讨厌的举止，你可以对照检测自己。

情境描述	有	偶尔	没有
1. 坐下时，高跷二郎腿，摇来晃去			
2. 坐下时把裤腿卷起			
3. 随地吐痰			
4. 在公共场合对着镜子梳妆打扮			
5. 笑时用手捂住嘴			
6. 喝茶、喝酒等东西端起杯子时，把小指伸出			
7. 把手提袋之类的挂在手腕上			
8. 经常用手挖鼻孔			
9. 过于频繁地眨眼			
10. 打嗝			
11. 一边蘸着唾沫，一边数钱			
12. 用完餐后，一直用牙签在嘴里捣来捣去			
13. 抽烟时不停地将烟从鼻孔中喷出			
14. 吸烟吸到烟屁股，一副寒酸样			
15. 在电影院或火车上，把脚放在前排座位上			
16. 用手拨、摸自己的胡子			
17. 搔抓头皮			
18. 走路把手插进裤袋			
19. 打响指			
20. 抽烟时嘴里发出声音			
21. 不择地方，倒头便睡			

（二）评估标准与结果分析

选择"有"计 2 分；选择"偶尔"计 1 分；选择"没有"计 0 分。

0～8 分：你非常了解和注意自己的举止礼仪，这将使你在职场交流中赢得对方的尊敬；

9～16分：你平时是有一些不文明、不文雅的举止，应该及时改正，不然将影响你在职场上的形象。

17～42分：你非常欠缺在举止方面的礼仪，应下大力度改正，否则你的职场前途将十分黯淡。

任务二　社交礼仪规范

职场在线

张玉是一家五金工厂的办公室文员，月收入有2200元。虽然并不算多，但张玉还是挺满足的，她文化不高，才初中毕业，如果不是亲戚的介绍，凭她自己的本事是不容易找到这种相对轻松的工作的，她周围的许多朋友都是在工厂里当工人或在酒楼当服务员。但三个月刚过，张玉就失去了这份工作。

张玉到该厂后，老板考虑到她的介绍人的缘故，将她安排在办公室任文员，主要工作是负责接电话，为客户开单，购置一些办公用具等，工作并不复杂，也不累，相对于整天工作在高温机器旁及在烈日下送货、搬货的同事，张玉自己都感觉是人间天堂。尽管每天工作时间从早上8时一直到晚上8时，但张玉下班后都喜欢待在办公室，毕竟这里有空调吹，好过回到电风扇无法吹起暑气热浪的集体宿舍。因为善于交际，张玉有很多朋友，朋友们下班后也总喜欢来找张玉玩，张玉在她们的眼中已经属于了白领，且可以在张玉有空调的办公室内聊聊天、看看报纸等。张玉的老板认为，每个人都有朋友，张玉的朋友在下班时间来找她玩，在办公室聊天无可厚非，更可顺便接听一些业务电话。因此他对此事从来都没有加以限制。后来一次老板从顺德跑业务后赶回厂里拿货，回到办公室时，遇到张玉和她的两个好朋友，不知为什么，张玉并没有将老板介绍给朋友认识，而是自顾自地干自己的活，而因为张玉没有介绍，她的两个朋友也没有和老板打招呼，虽然已停止了聊天、打牌，但坐在那里却不知所措，性格偏内向的老板也没主动向她的朋友打招呼，气氛好尴尬。片刻后，两个朋友起身走时也没有向老板打招呼。事后不久，张玉就失去了这份工作。

张玉同学在上班短短的三个月后丢到了令自己满意的工作，她的经历告诉我们："你想人家怎样待你，你也要怎样待人。"这是一条做人的黄金法则，又称"为人法则"，了解和掌握基本的社交礼仪知识，对于即将踏入职场的我们来说，是尤为重要的。

一、能力目标 Competency Goal

人际交往的白金法则中表明"别人希望你怎样对待他们，你就怎样对待他们"，从研究别人的需要出发，然后调整自己行为，运用我们的智慧和才能使别人过得轻松、舒畅。

黄金法则和白金法则启示我们，在社交中和处理人际关系时，要懂得尊重他人、待人真诚、公正待人。

（一）见面礼仪

"敬人者人恒敬之，爱人者人恒爱之。"礼貌的语言、得体的举止、自然的表情、规范的礼节，都会给人留下深刻的印象，因此，见面的第一印象很重要。

1. 点头礼

点头礼是一种生活常用礼节。邻居见面、同事见面、陌生人初次见面等场合下，都可以用点头礼来表示友好。

点头礼的规范动作：上身微微前倾，眼睛注视对方，面带微笑，微微点头。男士点头时，速度稍快些，稍有力度，体现出男士的阳刚与潇洒；女士，速度稍慢些，力度适中，体现出女性的温良娴雅。

2. 握手礼

在现代商业社会，见面握手是最基本的礼仪。通过握手，可以表达出对对方的问候、祝贺、感谢或是告别等用意。它貌似简单，其实承载着丰富的交际信息，你是否明白其中的礼仪细则，能否"正确"地行握手礼呢？

握手的姿势
双腿立正，伸出右手，手自然抬高至斜下方45度位置，大拇指自然放松，其他四指并拢，上身前倾15度，眼睛平视对方，面带微笑，与对方亲切问好时握手。

握手的力度
力度的大小是传达情感强弱的信息。握手力度要适中，力度过大会给对方造成疼痛感和不适感，有气无力则会给人以冷漠无情、虚伪之感和没有诚意。

握手的顺序
以尊者、女士优先；上下级，上级先伸手，下级迎握；长辈与晚辈，长辈先伸手，晚辈迎握；主人与客人，主人先伸手，客人迎握；男士与女士，女士先伸手，男士迎握。

握手的禁忌
勿用左手；不将左手插在裤兜里，东张西望、心不在焉；人多时，不要争先恐后；不要拒绝与别人握手；握手时间应控制在3秒以内，不要滔滔不绝地聊或是握着手抖个没完。

3. 鞠躬礼

鞠躬礼起源于中国，是我国传统礼节，是一种对他人表示尊重的郑重的礼节。

（1）鞠躬的姿态。鞠躬礼因运用场合的不同，可分为三种。第一种，前倾15度的鞠躬礼：以身体的胯部为轴点，上身直立前倾15度，眼睛平视受礼者，面带微笑，它适用在社交场合、同事之间、朋友初次见面和在同一场合遇到多人无法一一问候时。第二种，前倾30度的鞠躬礼：其动作要领和第一种基本一致，只是身体前倾角度不同；它一般用于在正式场合下的礼仪接待，表示对受礼者的敬重之意。第三种，90度的鞠躬礼：主要用于一些特殊场合和特殊情况下，例如：向对方表示深深的感谢或向对方表示诚挚的歉意、在婚礼上或是在追悼会上。

（2）鞠躬礼的要求。施礼时，要保持良好的礼仪体态，面带微笑。鞠躬时，应脱帽，鞠躬速度适中，目光随身体前倾时向下看，表示一种谦恭的态度。在做礼仪服务时，无论对方是什么人，都应向对方施鞠躬礼，平等对待每一位客人。

（二）介绍礼仪

在职场社交中，经常需要与生人打交道，介绍礼仪是社交中常见而重要的环节，了解了这些礼节就能更好地进行社交活动。

1. 自我介绍

自我介绍是由自己担任介绍的角色，把自己介绍给其他人，使大家认识自己。在社交场所下，要主动进行自我介绍，可以借助名片等辅助介绍。进行自我介绍时，要组织好语言、注意掌握好时间，内容简练利落，突出自己的优点。在不同场合下，自我介绍的方式也不同。

工作式	工作时的自我介绍，简单明了即可，主要内容包括：姓名、单位、部门（职务）等，有时也可加上个人特长、性格等。
礼仪式	多用于庆典、报告、仪式等一些隆重且正规的场合，有时还需加上一些适宜的敬语，如：尊敬的各位来宾、热烈欢迎、衷心感谢等。
交流式	多用于社交、学术、培训交流等场合，希望对方了解自己，寻求进一步交流建立联系。介绍内容包括：姓名、从事的工作、学历、籍贯、爱好、性格等。

2. 为他人介绍

以自己为中介人，介绍不认识的双方互相认识，为他人做介绍有其相应的规则。

介绍的内容	为他人介绍时，要准确地介绍双方的姓名、身份等一些基本情况。如果场合允许、时间比较宽裕，还可以介绍双方的爱好、特长等，为双方提供交谈的话题
介绍的顺序	受尊敬者有先了解对方的优先权，在为两方做介绍时，要先将年轻的人介绍给年长的人；将地位较低者介绍给地位高者；将主人介绍给客人；将同事介绍给客户；将男士介绍给女士
介绍的姿态	一般都应该站立，保持好三方的距离。手型五指并拢，手心朝上，手指指向被介绍的人，头朝向被介绍人后，回过头朝向听介绍的人，面带微笑进行介绍。语气和语言必须表现出真诚，介绍时，目光平视、表情愉悦、仪态要自然大方

（三）名片礼仪

在社交场合，名片是常用的交往手段。名片虽小，但上面印有单位名称、头衔、联络电话、地址等内容，它可以使获得者认识名片的主人，与之联系，可以说，它是另一种形式的身份证。所以接受名片或递出名片时，绝对不可以随随便便。

1. 递送名片

名片的递送，要讲究礼仪。通常是在自我介绍后或被别人介绍后出示的，恰到好处地递出名片，可以显示自己的涵养和风度，可以更快地帮助自己进入角色。递送名片最重要的是慎重、诚心。

递送一般是由晚辈先递给长辈，递时应起立，上身向对方前倾以敬礼状，表示尊敬。并用双手的拇指和食指轻轻地握住名片的前端，而为了使对方容易看，名片的正面要朝向对方，递时可以同时报上你的大名，使对方能正确读你的名字。

2. 接收名片

若接名片，要用双手由名片的下方恭敬接过收到胸前，并认真拜读。此时，眼睛注视着名片，认真看对方的身份、姓名，也可轻轻读名片上的内容。接过的名片忌随手乱放或不加确认就放入包中。接受对方名片后，如没有名片可交换，应向对方表示歉意、主动说明，告知联系方式。"很抱歉，我没有名片""对不起，今天我带的名片用完了，过几天我会寄一张给您"等礼貌用语。

（四）电话礼仪

在工作中，电话语言直接影响着一个公司的声誉；在生活中，人们通过电话也能粗略判断对方的人品、性格。因而，掌握正确的、礼貌待人的接打电话方法是非常有必要的。

1. 接听电话

（1）准备记录工具。在接听电话前，要准备好记录工具，如笔和纸、手机、电脑等。

（2）停止一切不必要的动作，声音清晰。不要让对方感觉到你在处理一些与电话无关的事情，对方会感到你在分心，这也是不礼貌的表现。

（3）迅速接听并使用正确的姿势。现代工作人员业务繁忙，桌上往往会有两三部电话，听到电话铃声，应准确迅速地拿起听筒，最好在三声之内接听。

（4）认真清楚地记录：随时牢记 5WIH 技巧，即 When（何时）、Who（何人）、Where（何地）、What（何事）、Why（为什么）、How 如何进行。在工作中这些资料都是十分重要的。

2. 拨打电话

（1）要选好时间。打电话时，如非重要事情，尽量避开受话人休息、用餐的时间，而且最好别在节假日打扰对方。

（2）要掌握通话时间。打电话前，最好先想好要讲的内容，以便节约通话时间，不要现想现说，通常一次通话不应长于 3 分钟。

（3）要态度友好。通话时不要大喊大叫、震耳欲聋。

（4）要用语规范。通话之初，应先做自我介绍，不要让对方"猜一猜"。请受话人找人或代转时，应说"劳驾"或"麻烦您"。

3. 挂断电话

要结束电话交谈时，一般应当由打电话的一方提出，然后彼此客气地道别，说一声"再见"，再挂电话，不可只管自己讲完就挂断电话。

（五）电子邮件礼仪

据统计，如今互联网每天传送的电子邮件已达数百亿封，但有一半是垃圾邮件或不必要的。在商务交往中要尊重一个人，首先就要懂得替他节省时间，电子邮件礼仪的一个重要方面就是节省他人时间，只把有价值的信息提供给需要的人。作为发信人写每封 E－mail 的时候，要想到收信人会怎样看这封 E－mail，时刻站在对方立场考虑。同时勿对别人之回答过度期望，当然更不应对别人之回答不屑一顾。那么，在电子邮件的礼仪上我们应该注意些什么呢？

1. 关于主题：主题是接收者了解邮件的第一信息，因此要提纲挈领，使用有意义的主题，这样可以让收件人迅速了解邮件内容并判断其重要性。

2. 关于称呼与问候：恰当地称呼收件者。邮件的开头要称呼收件人。这既显得礼貌，也明确提醒某收件人，此邮件是面向他的，要求其给出必要的回应。

3. 一次邮件交代完整信息：最好在一次邮件中把相关信息全部说清楚，说准确。不要过两分钟之后再发一封什么"补充"或者"更正"之类的邮件，这会让人很反感。

4. 在邮件发送之前，务必自己仔细阅读一遍，检查行文是否通顺，拼写是否有错误。合理提示重要信息，不要动不动就用大写字母、颜色字体、加大字号等手段对一些信息进行提示。

5. 回复技巧：收到他人的重要电子邮件后，即刻回复对方一下，往往还是必不可少的，这是对他人的尊重，理想的回复时间是 2 小时内，特别是对一些紧急重要的邮件。

6. 转发邮件要突出信息：在你转发消息之前，首先确保收件人需要此消息。除此之外，转发敏感或者机密信息要小心谨慎，不要把内部消息转发给外部人员或者未经授权的接收人。如果有需要还应对转发邮件的内容进行修改和整理，以突出信息。

二、案例分析 Case Study

案例一：会面礼仪勘误

李超在大学读书时学习非常刻苦，成绩也非常优秀，几乎年年都拿特等奖学金，为此同学们给他起了一个绰号"超人"。大学毕业后，李超顺利地获取了在美国攻读硕士学位的机会，毕业后又顺利地进入一家美国公司工作。一晃八年过去了，李超现在已成为公司的部门经理。

今年国庆节，李超带着妻子儿女回国探亲。一天，在大剧院观看音乐剧，刚刚落座，就发现有 3 个人向他们走来。其中一个人边走边伸出手大声地叫："喂！这不是'超人'吗？你怎么回来了？"这时，李超才认出说话的人正是他高中的同学冯响。冯响大学没考上，自己跑到南方去做生意，赚了些钱，如今回到上海注册公司当起了老板。今天正好陪着两位从香港来的生意伙伴一起来看音乐剧。这对生意伙伴是他交往多年的年长的香港夫妇。

此时，李超和冯响彼此都既高兴又激动。冯响大声寒暄之后，才想起了李超身边还站着一位女士，就问李超身边的女士是谁。李超这时才想起向冯响介绍自己的妻子。待李超介绍完毕，冯响高兴地走上去，给了李超妻子一个拥抱礼。这时冯响才想起该向老同学介绍他的生意伙伴了。

问题：上述场合的见面礼仪有无不符合礼仪的地方。请指出来，并说明正确的做法是什么？

序号	不足之处	正确的做法

案例二：踩到名片，丧失合作机会

某公司新建的办公大楼需要添置一系列的办公家具，价值数百万元。公司的总经理已做了决定，向A公司购买这批办公用具。

这天，A公司的销售部负责人打电话来，要上门拜访这位总经理。总经理打算等对方来了，就在订单上盖章，定下这笔生意。

不料对方比预定的时间提前了两个小时，原来对方听说这家公司的员工宿舍也要在近期内落成，希望员工宿舍需要的家具也能向A公司购买。为了谈这件事，销售负责人还带来了一大堆的资料，摆满了台面。总经理没料到对方会提前到访，刚好手边又有事，便请秘书让对方等一会儿。这位销售员等了不到半小时，就开始不耐烦了，一边收拾起资料一边说："我还是改天再来拜访吧。"

这时，总经理发现对方在收拾资料准备离开时，将自己刚才递上的名片不小心掉在了地上，对方却并没发觉，走时还无意中从名片上踩了过去。但这个不小心的失误，却令总经理改变了初衷，A公司不仅没有机会与对方商谈员工宿舍的设备购买，连几乎到手的数百万元办公用具的生意也告吹了。

这个失误看似很小，其实是不可原谅的失误。名片在商业交际中是一个人的化身，是名片主人"自我的延伸"。弄丢了对方的名片已经是对他人的不尊重，更何况还踩上一脚，顿时让这位总经理产生反感。再加上对方没有按预约的时间到访，不曾提前通知，又没有等待的耐心和诚意，丢失了这笔生意也就不是偶然的了。

三、过程训练 Process Training

活动一：电话礼仪情景模拟

（一）活动场景

你去办公室找王老师，王老师刚好有事要出去了，请你看一下门，之后有电话打进来找王老师。

（二）活动过程

1. 电话铃一响，拿起电话机首先说明这里是王老师的办公室，然后再询问对方来电的意图等。

2. 向对方说明老师不在，问对方有什么事情，如果有必要的话可以代为转告老师，如果需要亲自跟老师沟通的话，等老师回来再给对方回电话。

3. 电话交流要认真理解对方意图，并对对方的谈话作必要的重复和附和，以示对对方的积极反馈。

4. 电话内容讲完，应等对方结束谈话再以"再见"为结束语。对方放下话筒之后，自己再轻轻放下，以示对对方的尊敬。

两名同学一组进行模拟，其他同学来评估。

序号	测查内容	是	否
1	模拟同学的接电话时间是否合格		
2	接电话时是否采用了规范的职业用语		
3	模拟同学是否有愉悦的面部表情		
4	是否提前进行了记录的准备		
5	在电话记录的时候是否将 5 个要点记好了		
6	编排队形是否符合要求的数量		
7	挂电话前是否有礼貌用语		

活动二：名片礼仪训练

以 5～6 人为一个小组，设计一个情景模拟场景，进行名片礼仪的训练。如代表本公司去其他企业做调研，向企业人员逐一介绍自己公司的成员。（注：需要准备卡片作为名片道具）

在活动过程中要注意语言的表述以及面部表情的配合。

活动三：听音乐、学礼仪

（一）活动要求

以 6～8 人为一小组，各小组选择一首歌曲，将社交礼仪中的见面礼编排成 8 个 8 拍的训练组合并进行展示，另外的小组根据表演为其评分和总结。

参考音乐：《自由》《辉煌》《青花瓷》《千里之外》等。

（二）活动过程

1. 每组 6 人，每 2 人为一组搭档，面对面站好标准站姿。

2. 第 1 个八拍，做点头礼练习，两人互相点头示意，2 拍点、2 拍回，做两次。

第 2 个八拍，做前倾 15 度的鞠躬礼，4 拍鞠躬，4 拍回。

第 3 个八拍，做前倾 30 度的鞠躬礼，4 拍鞠躬，4 拍回。

第 4 个八拍，做前倾 90 度的鞠躬礼，4 拍鞠躬，4 拍回。

第 5 个八拍，做握手礼，由一个先伸手，2 拍。再由另一个迎握，2 拍。

第 6 个八拍，由 2 人一组搭档，变化成 3 人一组搭档。

第 7 个八拍，由一人为中介人，为他人做介绍礼仪，介绍右方朋友，2 拍出手、2 拍回；再介绍另一方朋友，2 拍出手、2 拍回。

3. 全小组学员，向前做 30 度的鞠躬礼，4 拍鞠躬，4 拍回，表演展示结束。

（三）小组评分

组别	评分	动作是否标准、优美	正确的做法

四、效果评估 Performance Evaluation

评估：社交礼仪自我评估

（一）情景描述

请你结合见面礼仪、介绍礼仪、名片礼仪和电话礼仪等内容自编一个情景剧，人数不限。

（二）评估标准与结果分析

序号		测查内容	选项
见面礼仪	1.	在与人见面时会经常用点头礼仪	做得很好○ 基本做好○ 尚未做好○
	2.	鞠躬礼仪的姿态到位	
	3.	与人握手时时机和力度适中	
介绍礼仪	4.	掌握介绍礼仪的人物顺序要求	
	5.	语言组织清晰、有条理	
名片礼仪	6.	在递接名片时掌握语言技巧	做得很好○ 基本做好○ 尚未做好○
	7.	名片的制作合理且有一定个性	
电话、电子邮件礼仪	8.	接电话时面带笑容，给人友好的感觉	
	9.	要提前准备好记录，做好记录的几个要点	
	10.	电子邮件按要求发送，回复及时	

根据评估，了解自己对个人社交礼仪的掌握程度，对还未掌握好的礼仪细节要强化练习。

任务三　职场礼仪训练

职场在线

小琳是一个中职文员专业学生，相貌平平、成绩中等，各方面能力都不算出众，是一位非常普通的学生。在她快毕业时，听人说想找到好工作非常难，她十分焦急，准备了很多份简历，投了很多公司，参加了多场面试，可都石沉大海，以失败告终。后来好不容易盼来又一次机遇，一家公司公开招聘前台文员的岗位，她非常重视，下定决心一定要成功。

可是她要怎么做才能在这次求职中脱颖而出，成为一个合格的职业人呢？小琳为自己列了一份求职准备清单。

一、求职前准备

1. 根据自己的需求，确定好自己的求职岗位，做好简历。

2. 做好面试准备，准备好面试服装、物件。

二、面试准备

1. 准备、练习好自我介绍。

2. 准备面试时可能会被问的一些问题和自己想要问的一些问题。

3. 面试过程中的注意事项和礼仪规范。

小琳根据自己的清单，开始了求职前的集训。你觉得她做得够充分吗？通过接下来的学习，你是否也可以为自己做一份进入职场的清单呢？

一、能力目标 Competency Goal

在如今的职场中，已没有男人与女人的划分，只有工作业绩的好坏。作为职场新人，已经没有人再把你当成一个学生，所以无论是谁，都要适应职场上的规则，而掌握职场礼仪，做到举止得体、礼貌待人，你的职业生涯也许会更顺利，更容易获得成功。

（一）求职与面试礼仪

求职与面试中的礼仪是一个非常重要的因素，透过礼仪可以看出求职者的涵养和素质，它甚至决定着事情的成败。因此，每一个求职者都不能忽视整个求职过程中的每一个细节。

1. 简历与求职信的礼仪

对所有的求职者来说，求职的第一步就是做好自己的简历与求职信，简历就是自己的代表，这决定用人单位是否能给予你面试的机会。在书写求职信与制作简历时，除了要表述呈现出自己的优势与独特，更要注重的是礼仪的要点。

（1）确定自己的求职岗位。根据自己的应聘单位及岗位，书写求职信。求职信要使用专用的纸张，简历使用配套的纸张。确认写有你的姓名、地址、电话号码、邮箱等重要信息。

（2）使用敬称"尊敬的招聘主管"（不要使用"尊敬的先生"，招聘主管或许是位女士）。求职信中不要滥用名言，简历内容要真实得当。

（3）求职信中向用人单位介绍自己和自己的价值，提出能为用人单位做出什么贡献，不要重复与简历相同的内容。简历与求职信，内容要规范，书写要工整（如果字迹漂亮一定使用手写），字体最好用小四号或四号，语言要严谨、简洁、大方，求职信一般不超过一页。

（4）不要在求职信中谈论薪金，结束求职信时，要表示感谢。

2. 面试准备的礼仪

"不打无准备之仗，方能立于不败之地"。准备是一切工作的前提，只有充分地准备才能保证工作得以顺利完成。

（1）仪容仪表的准备。首先，应聘者的着装要与用人单位的文化、风格保持一致。不同的公司穿着各不同，为了融入公司的文化，在面试前最好先初步了解用人单位的着装风格和着装要求，结合用人单位的文化氛围和应聘岗位的职业需求，准备好自己的职业服装。男生应选择自然、大气的服装，女生选择庄重大方的服装，给人以干净利索、具有专业精神的印象。其次，女生在化妆上，要注意协调，不可太夸张，以淡妆为宜。不要在职业场合化妆，不可佩戴过多的首饰。

（2）其他物件的配备。面试前，求职者需要将面试时需要的物品备齐，如打印好求职信、简历，将其装订成册，便于翻阅；个人的身份证件、笔记本等物品也需随身携带，以备使用。

（3）面试前的练习。中国有个成语"熟能生巧"，国外有句话"Practice makes perfect"（越练越完美，也是熟能生巧之意）。在面试前，对面试过程进行模拟练习，包括口头表达、肢体语言、专业知识问答等，让充分的准备更提高面试的成功率。

3. 面试的礼仪

尊重是礼仪之本，尊重别人亦是尊重自己。求职者除了具备相应的专业技能、专业素养以外，掌握面试礼仪也是非常重要的。

（1）进入面试场所时请先敲门，进门后主动打招呼；面试结束时微笑起身、致谢、告辞。进入面试场所时，如果房门关着，应有节奏地轻敲三下；如果房门敞开，应向室内的人点头示意，道明来意。

（2）面试中不做小动作，保持良好的礼仪体态，未经允许不可入座。面试中不要有过多的小动作，如看天花板、咬嘴唇、抠手指等。过多的小动作，反映着面试者内心的紧张，给人的感觉不自信、缺乏礼仪素养，直接影响面试的成功率。

（3）说话要注意速度、声音和内容。说话一定要简洁、清晰、准确，语速适中。无论是回答问题还是提问，都要在脑海中先组织一下语言，不可立即说出口，给人不够稳重和做事不踏实的感觉。

（4）面试态度要积极，要谦虚慎言。在面试时，表现出你对用人单位的诚意，调动自己积极、热情的情绪，察言观色，观察招聘人的神情，作出相应对策。保持好平和的心态，避免一切较为激动的感情流露；要表现得友善、容易相处，保持诚恳的态度。

（5）面试结束后做好详细记录，总结得失。面试基本结束后，无论是否成功录用，求职者都要淡定对待，对用人单位表示感谢。结束后，对此次面试做一个翔实的总结，分析自己的得失与不足。

（二）职场办公礼仪

在职场中，只有尊重周围所有的人，才会赢得所有人的尊重。我们在注重个人内外兼修的同时，作为一个优秀的职业人还应该善于经营人际关系。真心去经营，注重为人处世的口碑，建立友好的同事关系、良好的人际关系，才能使自己一步步走向成功。

1. 办公室礼仪

在办公室遵守礼仪，是职场人士的基本素质，办公室的礼仪不仅是对同事的尊重和对公司文化的认同，更重要的是我们每个人为人处世、礼貌待人的最直接表现。

（1）办公室举止礼仪。出入办公室，请随手关门；进入别人的办公室，敲门后得到允许方可进入；在办公室内活动，要庄重、自然、大方，在行为举止上，做到站有站相、坐有坐相；在着装上，也要特别注意，不要穿着背心、拖鞋；不要在办公室看电影、打瞌睡、聊八卦等。

（2）办公室环境。整理好个人的办公环境，如办公桌、文件等，做到有序、整洁；对集体公用的办公环境，也要尽力维护，作为职场新人，主动帮助大家整理办公室卫生，也是为自己打好人际关系的一个影响因素，但太过于表现也会适得其反。

（3）接听电话。在接听私人电话时，最好离开办公场所，以免打扰其他同事的工作；在接听工作电话时，应尽快接听，一般应在电话响起第二声时接起，自报公司名称再了解对方，如需转达，仔细倾听对方的来电，做好记录，反馈给当事人；在公务电话中，要用精练的职业语言，用友好的语言结束电话，待对方挂断后方可挂断。

（4）办公室语言。礼貌为先，上班时和同事互相问好，下班时与同事互相道别；需要别人帮助时要表达谢意，打扰别人时，要表达歉意；做好自己的事情，不在人后议论同事，不炫耀自己；不在办公室聊过多的私人事情，与人说话态度要友善、和气。

（5）办公室用餐。办公室是职员办公场所，如果公司没有单独的食堂或是就餐地点，在办公室就餐时，要注意，不要吃气味较重的食物，用餐时间不要太长，用过的餐具和食物残羹要尽快清理，不要给别人带来烦恼。

（6）尊重隐私。尊重他人的隐私，未经允许不翻阅他人的任何物品，包括电脑、文件、抽屉等；不随便打听别人的私事，损伤他人的名誉。

2. 与同事、上司交往礼仪

同事，是在单位里与之共事、朝夕相处的人；上司，是在单位里工作关系上的领导。要处理好与同事、上司的关系，和睦相处，顺利开展工作，我们应该注重交往的礼仪细节。

真诚以待	对待同事和上司，应该以诚相待，不做作、不虚假，亲切友善、一视同仁
宽以待人	君子之交淡如水，与同事的交往应互相宽怀，互相不苛求、不强迫、不嫉妒
相互关心	学会先付出、不求回报，主动关心对方，在对方需要帮助时，鼎力相助
公平竞争	在遇到评选和竞争时，不搞个人主义，与同事公平竞争，不埋怨、不气馁
保持距离	注意分寸、适可而止，不要过分热情或是过分冷酷，避免引起对方的反感
尊重上司	尊重上司、服从上司，维护上司的威信；不跨级汇报；做事全力以赴

二、案例分析 Case Study

案例一：俞敏洪成功的背后

新东方教育科技集团校长俞敏洪，在上大学时，把宿舍扫地的活都包了，别人到水房只打一瓶水，他每回都拎四瓶，打回来给大家用。俞敏洪说，自己不怕吃亏，同学们也看在眼里。而这个习惯，是从小养成的。他小时候，每天都要把家里扫干净，才去上学，到了学校，也是非常顺手就把地给扫了。后来，俞敏洪创办新东方，缺得力的人才。他就想着，到美国去把班里的好学生都找回来，他们都回来了。他们回来的两条理由，其中有一条就是"冲着你大学四年一直为同学服务，我们就知道，你有饭吃，我们就不会没有粥喝；你有粥喝，我们就不会饿死。"果真，大家都没有失望，2006年，新东方在美国上市，同学们个个成了亿万富翁。

结合这则故事请大家思考一下，在你看来俞敏洪成功的关键因素是什么？

案例二：与同事保持最佳距离只为轻松生活

公司职员阿涛在同事眼中是个酷小伙，平日里很少参与办公室闲聊。可是阿涛自己知道，他的酷是装出来的，为了让自己生活更轻松。

阿涛工作4年了，刚参加工作时，他保留着学生时代的纯真，性格开朗的他立刻受到同事们的欢迎。当时办公室里小团体现象很严重，不少人有意无意地拉拢他，相约下班后出去吃饭、唱歌等，夹在不同"派系"之间，阿涛感觉应酬得很吃力。而且，由于每日在人际关系中周旋，他逐渐变得圆滑和世故起来，读书、听音乐等业余爱好也渐渐搁置起来。老朋友们都认为他越来越滑头、世俗，没有以前生活得认真。阿涛也意识到自己在被同化的同时，正失去一些美好的、本真的东西，一番痛苦的思索后，他开始装酷。在办公室里，他依然礼貌待人，努力工作，但很少参与同事间的闲聊；同事找他出去聚会，他往往借口"有事"推辞。他的特立独行向同事表明："我不属于任何一个团体，我就是自己。"与同事保持适当的距离，远离纷繁的人际关系之争和"办公室政治"，阿涛感觉浑身轻松，下班后看书、运动、和朋友聚会，生活变得简单而充实。

在职场中，以装酷来保持个人个性的不在少数。那么我们讨论一下，如果你是阿涛，你会如何和同事相处呢？

三、过程训练 Process Training

活动一：为自己准备一份求职清单

（一）活动内容

每班分成若干小组，以5～6人为一组。每个人为自己设计一份求职准备清单，并在小组进行讨论，取长补短。

（二）活动结果分析

一、求职前准备	讨论结果
1.	
2.	
3.	
4.	

二、面试准备	讨论结果
1.	
2.	
3.	
4.	

<h2 align="center">活动二：面试模拟</h2>

（一）活动内容

每班分成若干小组，以5～6人为一组，进行面试礼仪的模拟。1人为求职者，其他人为面试考官。请根据自身专业，结合本测试进行综合测评，考察求职者各方面综合素质。

（二）活动结果分析

序号	测查内容	是	否
1	着装是否符合行业标准		
2	头发是否干净、整洁		
3	是否化有适宜的妆容		
4	礼仪体态是否标准		
5	是否面带笑容，给人以友好的感觉		
6	说话是否能让您听清楚		
7	表述是否准确、不啰唆		
8	回答问题是否从容、有智慧		
9	是否有过多的小动作		
10	是否向您了解过企业（单位）的相关问题		
11	面试全程是否有礼貌、有修养		
12	您和他（她）的短暂交流，是否让您记住了他（她）		

12个"是"——非常优秀；

10～11个"是"——优秀，你还可以更好；

8～9个"是"——合格，你仍需要努力；

7个"是"以下——不合格，你还要多加练习才行。

<h2 align="center">活动三：情景编创表演</h2>

（一）活动内容

将班级分为若干个小组，每小组5～6人，每小组根据所学职场办公礼仪，编创一个情景剧表演《办公室里的故事》。

角色要求：1人饰演领导，其他由各组自行安排。故事内容由各小组自由编创，主题要明确、有学习和教育意义。

（二）活动结果分析

测试反馈表

组别	编创的知识要点是什么	演绎的礼仪要点是否准确	在生活工作中，你是否已经掌握了剧中的礼仪要点	观众的认可和喜爱情况如何
第一小组				
第二小组				
第三小组				
……				

四、效果评估 Performance Evaluation

评估：你的办公室人缘指数有多高

（一）情景描述

你在办公室是人见人爱的万人迷，还是人见人恼的讨人厌呢？好的办公室人缘，不仅能为职场工作带来好心情，更能建立起强大的人脉，利于职场晋升发展，下面就一起来测试，看看你的办公室人缘指数有多高吧！

1. 你是否喜欢谈起或者参与关于其他同事隐私和公司传闻的谈话中？ （　　）

A. 经常，因为办公室里很多人都说

B. 有时候会，看自己忙不忙

C. 从来不会，这种事情少说为妙

2. 你是否因为还没有记住同事或者上司的名字，而故意避开不打招呼？ （　　）

A. 经常，想不起别人的名字太尴尬

B. 有时候会，次数不多

C. 从来不会，即使记不住，微笑点头也是必需的

3. 你是否因对新公司或者老板差强人意或者因为工作压力太大而向别人抱怨？

（　　）

A. 经常，一吐为快

B. 有时候会，偶尔向要好的同事说说

C. 从来不会，除非跟家人

4. 你是否总是跟年纪较大的员工寡言少语，却和同辈人相谈甚欢？ （　　）

A. 经常　　　　　　　B. 有时候会　　　　　　C. 从来不会

5. 你是否经常说一些没有把握的话，如当面夸口能独立完成一件工作，最后又常常需要别人帮忙？ （　　）

A. 经常　　　　　　　B. 有时候会　　　　　　C. 从来不会

6. 你是否不太愿意参加公司或者同事组织的活动，即使参加了也觉得兴趣不大？

（　　）

A. 经常，我很少参加这类活动

B. 有时候会，比如碰到自己不喜欢的同事

C. 从来不会，我总是喜欢跟大家一起玩

7. 你是否曾经有过遇到难处不愿意向不太熟的同事请教，凭感觉做事导致出错连累他人的情况？　　　　　　　　　　　　　　　　　　　　　　（　　）

  A. 有　　　　　　　　B. 偶尔，不多　　　　　　　C. 从来不会

8. 中午同事们起身去吃饭时是不是经常会主动招呼你一起？　　　　（　　）

  A. 通常没有　　　　　　B. 有时候会　　　　　　　　C. 经常

9. 你在跟上司谈话时，是否会经常谈到你同事的工作表现？　　　（　　）

  A. 经常　　　　　　　　B. 有时候会　　　　　　　　C. 从来不会

10. 你常常被同事夸奖衣服漂亮或打扮得体吗？　　　　　　　　　（　　）

  A. 几乎没有　　　　　　B. 偶尔有过几次　　　　　　C. 经常

（二）评估标准与结果分析

把各题得分相加，选 A 得 1 分、选 B 得 3 分、选 C 得 5 分，接下来看一下你的人缘指数吧！

10～20 分：你的人缘不是很好噢，需要改进自己的为人处世方式了，否则即使工作能力再强怕也难得到同事的认同和领导的赏识。

21～40 分：你已经较好地适应了公司的环境，能够和同事融洽相处，但是还有一些地方需要提高，这样会让你受益匪浅。

41～50 分：恭喜你，你的人缘不错，基本上属于"万人迷"，同事们都喜欢和你相处，继续努力。

与同事建立起良好而融洽的合作关系也并非易事，需要你用心经营，懂得礼仪。请你根据自己的不足，制订一份修正计划：

序号	不足之处	如何修正
1		
2		
3		
4		

思考与练习

1. 为什么站、坐、行等都要有不同的礼仪规范和要求？

2. 在求职面试时，进门的第一步就决定了你能否被录用，你同意这种说法吗？为什么？

3. 在职场中，与领导和同事相处时，有哪些礼仪要求？

4. 在与人交往的过程中，会面、介绍、寒暄等都需要注意哪些礼仪要求？

（一）作业描述

根据本项目的学习内容从下面几个任务中任选一个，从不同侧面阐述礼仪教养的重要性，以及你对礼仪素养的掌握和理解。

任务1：个人形象设计。结合所学内容为自己设计一套不同场合的礼仪规范要求，并与小组成员讨论，看还有哪些需要改进的地方。

任务2：参加一个求职面试或模拟面试，记录参与的过程，并对自己的表现给予评价。

任务3：就大学生礼仪教养的重要性和应用在小组内发表演讲或分享相关的案例，并与小组成员讨论。

（二）作业要求

1. 可2～3人组成一个小组分工合作。
2. 完整记录任务完成的过程。

项目六　职场上的执行力

在这个瞬息万变、日新月异的社会，我们经常会听到有关"效率""速度"的字眼，而提高效率和速度的关键是高水平的执行。执行力就是按时、按质、按量地完成上级交办的工作任务。执行力包含完成任务的意愿、完成任务的能力和完成任务的程度。个人执行力的强弱取决于两个要素，个人能力和工作态度，其中能力是基础，态度是关键。

泰戈尔说："仅仅站在那儿望着大海，你是无法横渡它的。"临渊羡鱼，不如退而结网。比尔·盖茨也说过："在未来的 10 年内，我们所面临的挑战就是执行力。"要成为一名成功者，不一定需要具备多么高的智商或者高明的社交技巧，但一定要具备很强的执行力。

执行力是职业素养的重要组成部分，是每位职场人所必需的主要能力之一。执行力的高低不是天生的，它是可以在实践过程中逐步提高和培养的优良品质。如何提高执行力，做行动的巨人呢？那就需要培养规划时间的能力、锁定目标快速行动的能力、在行动中关注细节和提高效率的能力。强大的执行力，会让你在职场中得到更多的认可和欢迎，为你开启事业的成功和美好的未来。

项目知识要点：
- 目标
- 执行方案
- 时间
- 时间管理矩阵
- 80/20 法则
- 细节管理

任务一 目标管理与导向

👁 职场在线

有人曾做过这样一个实验，组织 3 组人，让他们分别向 10 千米以外的 3 个目标村庄步行。

第一组的人不知道村庄的名字，也不知道路程有多远，只告诉他们跟着向导走就是。刚走了两三千米就有人叫苦，走了一半时有人几乎愤怒了，他们抱怨为什么要走这么远，何时才能走到，有人甚至坐到路边不愿走了，越往后走他们的情绪越低。

第二组的人知道村庄的名字和路程，但路边没有里程碑，他们只能凭经验估计行程时间和距离。走到一半的时候，大多数人就想知道他们已经走了多远，比较有经验的人说："大概走了一半的路程。"于是大家又簇拥着向前走，当走到全程的 3/4 时，大家情绪低落，觉得疲惫不堪。

第三组的人不仅知道村子的名字、路程，而且公路上每 1000 米就有一块儿里程碑，人们边走边看里程碑，每缩短 1000 米大家便由衷地感到快乐，前进的劲头更足了。行程中他们用歌声和笑声来消除疲劳，情绪一直很高涨，很快就到达了目的地。

这个实验告诉我们，设定清晰、准确的目标对成功具有极其重要的意义。目标，可以调动我们强大的执行力。

那些有所作为的员工，那些有所建树的成功者，他们的成功正是源于正确的人生目标。那么，我们应该如何坚持目标导向，细化行动方案呢？如何持续锁定目标，追求卓越效果呢？

一、能力目标 Competency Goal

在行动过程中，以目标为导向，周密安排工作环节和事项，才能取得最佳的业绩。从执行之始就明确目标——"做正确的事情"，才能抓住工作的核心和关键。

（一）确定和把握目标是执行力的关键

很多人在做事时，特别注意工作方法与技巧应用，却较少思考采用这些方法或技巧把事情做完后有没有好的效果。然而，目的应当永远置于技巧和方法前面。方法与技巧只是完成任务的手段，方法与技巧再完美，若不能有效地达成目标，都是无效的执行。

1. 目标的作用

（1）目标能指引活动的方向。当你对工作感到漫无目标、空泛无味时，就如同带着"一副眼罩"去工作，这样盲目的执行，是做不好事情的。因此，树立清晰的目标方向是执行到位的第一步。

（2）目标激发个人的潜能。有了目标，人们就会将此视为当前有意义的理想，通过实现目标而获得成就感。遇到困难与挫折，也不会松懈、懒惰、退缩，而会想方设法找到解决问题的办法。

2. 正确把握目标

要正确地把握目标，首先，要了解工作任务的由来，即"为什么会有这么一项工作任务"；其次，要充分了解当前组织面临的问题，把自己的任务置于组织的整体系统中进行思考，明确执行要点；再次，要把握执行的具体要求，包括工作任务的时间期限，工作任务的结果状态及任务完成后的可能影响。

（二）坚持目标导向，细化行动方案

当你为自己设计了一个远大的目标之后，就要根据目标制订出切实可行的执行方案，并付诸行动。

1. 执行方案的 7 个要件

执行方案是根据一定的任务目标而事前对措施和步骤进行的部署。在确定执行方案时，我们要根据工作的最终目标结果，在行动之前就要充分考虑行动所涉及的目标（做什么），以及目标的路径和方法（怎么做），其内容可归纳为 5W2H：

What（做什么）	它指行动要达到的结果，即目标是什么，其中包括结果的质量标准、数量要求、时间要求等状态数据等。这一内容是执行方案的关键，也是今后行动的方向。其他内容都应当以此为中心进行分析计划
Why（为什么做）	它指行动的意义，可使执行者更明确工作的价值所在，从而更好地激发工作的积极性与主动性
When（何时做）	这应以目标为始来进行规划，确定行动所开始的时间，以及工作期限等时间要求
Where（在哪里做）	根据目标的要求，确定执行的最佳场所，它方便执行者了解工作的背景环境，从而做好相关方面的调整
Who（谁来做）	其中包括任务的执行者，以及任务的合作者等。所有这些也应以"目标"这个终点来进行确定
How（怎样做）	这是行动方案的重点，它包括执行的具体措施及步骤等，以及针对相关问题的预案等。制定过程中，应根据"目标"这个终点，分步骤、分阶段地进行计划
How much（多少花费）	根据目标要求，确立的行动所要求的经费预算。为使行动费用不超出预算，从而影响任务的执行，在方案中最好能把可能发生的每一笔开支都列出来

2. 认真评估达成目标的条件和困难

在制订行动执行方案时，我们要充分思考达到目标需要具备的条件。一是要分析与筹措执行所需要的资源，既包括任务执行者所拥有或能够控制的资源，也包括那些不能或不易为执行者所拥有或所控制的资源。另外，要使达成任务目标的各种所需资源为己所用，就必须做"人"的工作，使资源的"所有者"能配合和支持自己。

（三）持续锁定目标，追求卓越效果

"持续锁定目标，追求卓越效果"是一种高贵的品德和勇敢的态度。只有专心专注于自己锁定的目标，不断地超越平庸、追求最好，才具有高效的执行力。

1. 养成追求卓越的意识

养成追求卓越的意识，即追求完美。为自己制定一个高于他人的标准：不推脱、不敷衍、尽全力。身在职场，不仅要在工作中养成严格要求的习惯，还要力求高标准地完成工作任务，达到他人无法企及的高度，为追求组织更满意的结果，付出自己的最大努力。

2. 释放潜能，实现突破目标

面对同样一项任务，有的人无从下手，有的人却游刃有余，关键的差别就在于是否能运用创新型思维去思考和解决问题。思维敏捷的执行者能打破原有思维定式，敢于做前人没做过和自己没做过的事情，善于用新的方法实现目标突破。在职场上，能够超越目标的开展工作，能够突破、打破惯例最大限度地释放自己的潜能的人，才能创造性地创造出一个又一个新的业绩，收获一个又一个惊喜。

3. 锁定一个目标，力求取得最好的结果

一个人的精力是有限的，把精力分散在好几件事情上，不是明智的选择。在这里我们提出"一个目标原则"，即专心地做好一件事，就能有所收益和突破人生困境。这样做的好处是不至于因为一下想做太多的事，反而一件事都做不好，结果两手空空。

在激烈的职场竞争中，如果你能向一个目标集中精力，便会很快做出成绩，脱颖而出的机会将大大增加。

二、案例分析 Case Study

案例一：同样的职业，不同的人生

一个叫泰莉的空中小姐，很喜欢环游世界。另一个空中小姐宝玲也一样，但她还希望有自己的事业，最好与旅游有关。宝玲每到一个地方，就不停地记下她经历到的一切，尤其是当地的旅馆及餐厅状况，并不时把自己的经验提供给乘客。

她被调到旅游行程安排的部门，因为她就像一本活页百科全书，掌握的旅游知识非常丰富，尤其是掌握了世界各大城市的旅游动态。她在那个部门如鱼得水。几年之后，她拥有了一家自己的旅行社。

而泰莉还是一个空中小姐，尽管努力工作，但显然没有什么升迁机会，唯一能改变现状的，大概只有结婚。事实上，泰莉和宝玲一样卖力工作，但泰莉没有目标，只是随兴地到世界各地玩，不把旅游看作发展潜力的活动。没有特定目标的人，往往终身在原地打转。

《同样的职业，不同的人生》这则故事，对你有什么启示？

案例二：实干的人懂得把精力放在一个目标上

一位博士在田间漫步，看见一位老农在插秧，秧苗插得非常整齐。博士觉得老农很不简单，上前问道："老大爷，您怎么插得这样齐？"老农递过一把秧苗说："你插插试试。"博士接过秧苗、脱鞋、挽腿、下田、插秧。他插了一会儿，发现自己插得乱七八糟，于是他问老农："为什么我插不直呢？"

老农说："你应该盯住前面的一个目标去插。"对呀，我怎么没想到呢？博士就在前方寻找目标，看到了一头水牛，心里想，水牛目标大，就盯着它吧。他又插了一会儿，发现自己插得有进步但是还是不直，歪歪扭扭，他再问老农："为什么我还插不直呢？"

老农笑着说："水牛总在动，你盯着它当然要插得曲里拐弯了，你应该盯住一个确定的目标。"博士猛醒，盯着前方的一棵树去插，果然秧苗插得很直了。

在现实生活中，很多人之所以不成功，是因为精力分散得太严重。那些所谓的天才，也不过就是每次只做一件事，把精力放到唯一的目标上，所以他们才更容易获得成功。

三、过程训练 Process Training

活动一：根据目标，把握角色

（一）活动要求

人数：40 人左右
活动时间：20 分钟
地点：室内
用具：多媒体设备、白纸、笔等

（二）活动背景

四位志同道合的同学创办了一家小公司，公司上下除了他们四位老板之外，没有再请其他员工：一人负责生产，一人负责销售，一人负责财务，一人负责行政。假若你是其中的一位同学，你会怎样和其他三位同学一道把公司办好？

（三）活动过程

1. 将训练者分成人数均等的若干小组，每组 5~8 人。
2. 组织各组讨论思考下列问题：假若你是其中的某一角色，你会怎样开展你的工作？
3. 各组选派代表表述本组的观点。
4. 对各组的观点进行评价总结。

（四）活动分享

1. 为什么不能仅以自己的"职位"来开展工作？这种意识对工作的顺利完成有哪些帮助？

2. 若以前你就有"不仅做限定之事"的意识,请分享你的看法。

活动二: 如何达成你的销售目标

(一)活动要求

人数:40 人左右
活动时间:20 分钟
地点:室内
用具:电脑、投影仪、便笺、白板、笔等若干

(二)活动背景

为了使研发投入巨大的某款牙膏增加销量,公司公开征集促销方案,并允诺方案一经采纳,将给予 5 万元的奖励。假若你是该公司的员工,为了达成公司的销售目标,你会提出怎样的方案?

(三)训练过程

1. 将训练者分成人数均等的若干小组,以 5~8 人为宜;
2. 组织各组讨论上述问题,然后派代表阐述本组的观点;
3. 对各组的观点进行评述。

(三)训练分享

1. 假如有人提出将牙膏口增加一毫米并且被采纳,你会怎样看待?
2. 你还有哪些创新性的思维,能够帮助公司达成销售目标?

四、效果评估 Performance Evaluation

评估: 你是追求卓越的人吗

追求卓越,不仅做限定的事情,能使自己激发潜能,突破常规开展工作,从而提升执行能力。下面测试可帮助了解你当前的追求卓越的意识。

(一)情景描述

1. 你工作时经常看表吗? ( )
A. 不断地看 B. 不忙的时候看 C. 不看
2. 接到上司的指示后,你会: ( )
A. 回想过去的做法,看看有没有可借鉴的
B. 有时会征询同事的意见,看看该怎么做会更好
C. 很少会去想过去是怎么做的
3. 一天的工作快结束时,你感觉如何? ( )
A. 为能维持生活而感到高兴

B. 有时感到累，但通常很满足

C. 很有成就感

4. 接到工作任务后，你会怎样考虑工作结果：　　　　　　　　　（　　）

A. 按照自己的理解来执行

B. 会根据上司的角度来思考应该如何执行

C. 能结合组织当前的战略以及上司希望达到的结果来开展工作

5. 上司不在身边的情况下，你会怎样工作？　　　　　　　　　　（　　）

A. 能偷懒就偷懒

B. 有所松懈，但不会有太大的区别

C. 无论是否有人监督，工作状态都一样

6. 当工作中有竞争对手时，你经常会：　　　　　　　　　　　　（　　）

A. 我就是我，不在乎别人怎样做事

B. 密切关注竞争对手

C. 我一定要比他做得更好

7. 你用多少时间做与工作无关的事？　　　　　　　　　　　　　（　　）

A. 很多时间

B. 在个人生活遇到麻烦时用一些

C. 很少时间

8. 如果少付三分之一的工资，你还愿做这份工作吗？　　　　　　（　　）

A. 不愿意

B. 内心愿意，但若有更好的机会，我还是走吧

C. 愿意

9. 你觉得自己：　　　　　　　　　　　　　　　　　　　　　　（　　）

A. 总是没有能力　　　　B. 有时很有能力　　　　C. 总是很有能力

10. 哪种情况与你最相符：　　　　　　　　　　　　　　　　　　（　　）

A. 不想再钻研有关工作的知识

B. 开始工作时很喜欢学习

C. 愿意再学点有关工作的知识

（二）评分标准和结果分析

选择 A 得 1 分，B 得 3 分，C 得 5 分，分数相加得出测评总分。

10～20 分：说明你进取心不足，工作时有得过且过的想法，同时对工作的结果是否完美，是否能让上司或服务对象满意也不太关心。

21～40 分：说明你的工作状态大众化。心情好时，对工作充满激情，能创造性地开展工作；心情不好时，"差不多""不在乎"的心态就会涌现。

41～50 分：说明你是位对自己要求高的人，希望自己能出类拔萃，同时行动中也的确如此，能突破常规开展工作，最后达到的工作结果，常是上司或服务对象最想得到的。

任务二 时间管理与利用

职场在线

我叫王力，在一家公司担任销售业务主管。每一天都感觉非常疲劳，而且销售经理对我的绩效好像还不是很满意，所以我今天想把制订的一份计划拿出来与大家分享一下，请大家指正一下我的工作中有哪些不足。

昨天晚上，也就是星期天的晚上，我自己在家制订了一个一周的工作计划。今天上午一上班，首先先修正一下我的计划，然后再做今天一天的工作计划，下面是我的一天工作计划的一个清单。

首先我今天必须拿出 3 个小时的时间来制定一份与华金公司价格谈判的工作准备，同时还要做出跟他签约的准备；我还要拿出 2 个小时的时间做一份给中实公司的合作协议书，而且要在下午上班之前传给对方；另外我还要用将近 1 个小时的时间通过电话拜访 12 个客户；中午的时候我要和销售经理共进午餐，大概用 1.5 小时来探讨一个关于促销的活动；同时我还要阅读一下公司里的内部文件、内部刊物，这大概要 10 分钟时间；同时因为我并不是每时每刻都在办公室，我还要接听一下我的电话留言，并且做一下记录，这大概要 15 分钟；我还要把我的一些工作文件整理归档，我估计要 1 小时的时间；同时今天还有一个工作计划的改动，原定于周五的一个业务工作会议，被调整到今天下午的三点钟；同时还要处理一下我的一个大客户，他原定于本月 5 号要到的货没有到，我要处理这个事情，这两件事总计要 2 小时的时间；同时还要跟我的业务人员共同讨论一个索赔的案件，这个要占用我 1 小时的时间；而早上我刚进办公室的时候，人力资源部的经理找到我，说在明天上午前一定要我把新员工的工作表现报告写出来交给他，这最起码要占用我 1 小时的时间；另外我在写今天的工作计划时，我的经理进来了，要求我今天必须拿出近三个月的业绩报告。我没有细算，也没有仔细看具体今天要用多少时间，但我知道我今天恐怕又是一个不眠之夜了。

你在日常的工作和生活中是否遇到与王力同样的烦恼？如何避免出现"没时间""太忙""计划赶不上变化"等类似的问题，是每个人都必须面对的。这需要我们管理自己的时间，通过时间管理来决定自己该做什么事情，不该做什么事情，让时间更有效地被运用。

一、能力目标 Competency Goal

时间是人们所拥有的宝贵财富，它不受制于任何人，也不同情和讨好任何人，不管对谁，它都按照自身的逻辑流逝。时间对每个人来说都是平等的，珍惜时间的人会得到无穷无尽的财富，而浪费时间的人将一无所有。管理学大师彼得·德鲁克曾说过："不能管理时间，便什么也不能管理。时间是世界上最短缺的资源，除非严加管理，否则就会一事无成。"

（一）明确时间管理的误区

管好时间，最重要的措施之一是减少不必要的时间浪费，随时警惕"时间的窃贼"。

1. 时间的价值

人们每天有 24 小时，每小时有 60 分钟，每分钟有 60 秒，一天总计是 8.64 万秒。与其他资源相比，时间更容易被人们忽略，因此，我们要学会计算自己的时间价值，加倍珍惜生命中的一分一秒，从而让自己的时间增值。

2. 认识时间管理

（1）时间管理≠管理时间。时间管理是指通过事先规划并运用一定的技巧、方法与工具实现对时间的灵活以及有效运用，从而实现个人或组织的既定目标。

时间管理的对象不是"时间"，或者说时间管理不是在管理时间。这是由于时间总是按照一定的速率光临，并且按照同一速率消失，所以时间本身是无法管理的。

时间管理本质上是面对时间所进行的"自我管理者的管理"，就是人们必须引进新的工作方式和生活习惯，包括制定目标、周密计划、合理分配时间、权衡轻重和权力下放，加上自我约束、持之以恒，这样才能事半功倍，提高效率，在真正意义上把握时间。

（2）时间管理的关键就是事件的控制，即把每一件事情都能够控制得很好。例如，如何安排你的生活、怎样去规划你的职业生涯或者工作的步骤，关键是合理有效地利用可以支配的时间。时间管理的核心就是要分清事情的轻重缓急，排列出优先顺序。

（3）时间管理能力的高低是衡量个人执行力的重要标准。通过时间管理，能增强人们的时间观念，合理高效地安排工作，用最少的时间完成最大化的任务，从而提升职场执行能力。

3. "时间都去哪了？"

提高时间利用的效率，需要在实际工作中尽可能避免时间管理的误区。时间管理误区是指导致时间浪费的各种因素。下面是常见的时间管理误区。

工作缺乏计划	计划是对未来行动方案的一种说明，也是未来行动纲领的先期决策。如果缺乏计划，常常会盲目地工作，不仅浪费时间，而且会导致一事无成
组织工作不当	工作目的、工作任务明确之后，能否顺利完成，就在于能否进行合理的组织工作。组织工作不当主要体现在四个方面，即工作内容重复、事必躬亲、沟通不良、工作时断时续。当组织工作中出现这些问题时，势必浪费很多时间
时间控制不够	在时间控制方面人们容易陷入某些陷阱，如习惯于拖延时间、不擅处理不速之客或电话的打扰，以及被泛滥的"会议"困扰。对于这类问题，主要从培养个人紧迫意识、保持工作快节奏、克服决策犹豫等方面着手
梳理整顿不足	办公空间的杂乱无章与办公空间的大小无关，因为杂乱是人为造成的。如果需要参阅一份资料时，要将所有文件夹、资料柜逐个翻遍才能找到，那就需要尽快设计一套管理系统，包括纸面文件夹和电脑文件夹

不能拒绝请托	有的请托是职务所系责无旁贷的，有的虽然也是职务所系，但请托本身不合时宜或不合情理，有的则是无义务履行的请托。后两类请托经常会引起困扰。拒绝请托是保障自身工作、学习时间的有效手段。若勉强接纳他人请托无疑会干扰自己的工作。改变这种状况，需要改变观念，要有自己的行事原则，学会如何拒绝
进取意识不强	"人最大的敌人就是自己"。有些人让时间白白流逝，根源在于缺乏进取意识，缺乏对工作和生活的责任感和认真态度。培养进取意识一定认清自己前进的目标，克服惰性，坚持不懈地追求

（二）掌握时间管理的法则

1. 分清事情的轻重缓急——时间管理矩阵

美国科学家柯维博士提出了时间管理四象限法则，将工作按照"紧急性"和"重要性"两个维度进行划分，执行者可以对待办事项进行分类，进而形成时间管理矩阵。

时间管理矩阵

执行时间管理矩阵遵循的步骤：

（1）将有待完成的事项列成一份清单；

（2）绘制时间管理矩阵草图，根据每一个待办事项的重要程度和紧迫程度的差异，将其填入4个象限的不同位置；

（3）根据待办事项所在象限的位置，确定它们的优先顺序；

（4）根据优先顺序逐步推进各类事件的执行。

时间管理的优先矩阵中，各象限的特征比较明显，执行者可以根据事情所在象限进行轻重缓急的安排。

2. 花最少的时间、解决最大的问题——80/20 法则

19 世纪意大利经济学家帕累托（Pareto）发现：80％的财富掌握在 20％的人手中。从此这种 80/20 规则在许多情况下得到广泛应用。在时间管理中，也有一个 80/20 法则，大约 20％的重要项目能带来整个工作成果的 80％，并且在很多情况下，工作的头 20％时间会带来所有效益的 80％。

3. 抓大放小——ABCD 时间管理法

在安排计划的优先顺序时，有一种简单的"ABCD 法"非常实用。所谓"ABCD 法"，是根据自己的目标，将计划中最为主要的事情归于 A 类，如果 A 类事情没有完成，后果会非常严重；次要的事情归于 B 类，它们需要你去做，但如果没有完成，后果也不会太严重；把那些做了更好、不做也行，做不做都不会产生太大影响的事情归于 C 类；把可以交给别人去完成，或完全可以取消、做不做没有差别的事情归为 D 类。

经过这样的筛选分类之后，就免去了考虑应该先做什么事情的时间。只要看一看计划表，就能够很快得知自己该进行哪一项工作了。

成功应用"ABCD"工作分类法的关键在于必须严格遵守，每天在开展工作以前一定要将工作清单根据上述分类法加以清楚标示，接着从 A 类工作开始做起，一次只专心做一件事。当 A 类事项 100％完成后，再依序完成其他事项，尽快授权或委托他人处理 D 类事项，可以取消的就尽量取消。

（三）养成时间管理的习惯

1. 克服拖延

现代职场中，许多人有一种不良的工作作风——拖延。对每一个渴望拥有较强执行力的人来说，拖延是最致命的。拖延并不能使问题消失，也不能使解决问题变得容易起来，它只会使问题扩大，给工作造成严重的危害。

要想成为一名优秀的有执行力的工作人员，必须丢掉借口，改掉拖延的毛病，养成积极行动的好习惯。

（1）合理规划。将要做的事进行规划安排，能马上做的就马上做，不能马上做的，定下明确的时间。

（2）化整为零。将繁杂的工作，适当分解为许多小的工作，有计划、有步骤地完成任务。

（3）限时完成任务。给自己一定的激励和约束。自己限定完成时间，如果按时完成则给自己奖励，否则给自己惩罚。

2. 善用空当时间

很多人将空当时间以等待虚耗过去，其实，这部分时间也可以被纳入工作时间计划里，如能善加利用，将可最大限度地提高工作效率。

（1）善用一切空当时间。我们需要采用一切可能的方式和手段充分利用每一分钟。

并列式，即在同一时间里做两件事，如在做饭、散步，或者是上下班的路上，都可以适当地一心两用。

嵌入式，即在空白的零碎时间里加进充实的内容。

压缩式，即在必要的时候延长自己某次活动的时间，把期间的零碎时间压缩到最低限度，免去很长的过渡时间。

（2）逆势操作赚来时间。将逆势操作原则运用在时间管理上，就是别人干这件事的时候我偏不去干，等没人干的时候我再去干。

在大多数职员外出午餐时，使用打印机或复印机；在人潮涌入餐厅前或餐厅人较少时吃饭，这样会大大减少等待的时间；早上上班时，早出发半个小时，这样可能比别人提前40～50分钟到；比别人早到一个小时，或者晚走一个小时，在这一个小时里没有人打扰，可以静下心来仔细地考虑一些事情，处理信件和邮件。

（3）合零为整。日常工作中，人们总会被一些琐事牵绊，它们不是很重要，但又必须去做。这些事情虽然不需要花费很多时间，做起来也并不复杂，但它们造成了时间的分散，打断工作思路。

解决这个问题，可用一种时间游击战——合零为整的办法，也就是说，和时间打游击战，将工作中无关紧要但不得不做的事情集中起来，在特定的时间内一并完成。这有助于处理工作中的种种琐事，节约时间，提高工作效率。

3. 让每分钟更有价值

李开复说过：我一直认为"人生的时间是有限并不可变的，所以要有效率地用每一分钟，不用好就是一种浪费。"

充分利用每一分钟，让每一分钟都体现出应有的价值，提升单位时间内的价值产出，缩短取得成果所需要耗费的时间，提升行动速度，在有限的时间内尽可能做更多的事情，提高执行效率。

二、案例分析 Case Study

案例一：谁偷走了小吴的时间

小吴在公司人力资源部上班，由于刚进入公司不久，很多人事制度并不熟悉，所以他打算利用周末的时间认真学习一下。至于学习什么、怎么学他并没有明确的计划，反正只要学习人力资源管理的有关知识就可以了！

周六九点钟，他准时坐在书桌前，但看到自己的书桌非常零乱，他心想不如先整理一下，为自己创造一个干净舒适的学习环境。30分钟后书桌变得非常干净整洁了。他寻思着应该先学习一下人力资源的招聘知识，因为相关的学习资料前几天他已经整理好存放在电脑里了。于是他打开电脑，但却忘记放在哪个文档中了，搜寻了20分钟也没有找到。小吴非常烦躁，于是起身到客厅喝水，顺便拿起爸爸刚买的足球报进行翻阅，反正是边喝水边看，不会影响的。但不知不觉间，等他看完报纸时，他突然发现时间已经到了十点半钟，天哪，我还没有看一点相关资料呢！小吴内疚极了，赶紧上网重新查找相关的招聘信息，这么一查就到了十二点钟，妈妈已经在吆喝吃饭了。

吃过午饭，小吴不打算午休，但他又突然不想学习招聘的知识了，因为他在公司主要从事绩效考核的工作，还是先把绩效管理的知识学好才是最重要的。小吴于是找了一本绩效考核的书看了起来，但刚刚看了一会儿，一个好朋友打来电话和他神聊了半个小时。带着愉快的心情他挂了电话，又看到昨天来的表弟正在玩游戏，这个游戏以前他可是霸王，没有人能玩过他，于是他很自豪地为表弟演示了一下，就这样半个小时又过去了。当他开始继续学习的时候，妈妈让他帮忙把客厅清扫一遍，他并没有拒绝。这样半个小时又过去了,等到继续学习时,他的眼皮开始打架,他想反正是周末,不如好好休息下吧,等精神饱满了再学。睡梦中,他被电话吵醒,原来几个朋友约好今天下午踢球,就等他了……

小吴走进了哪些时间管理的误区?你曾经有过这样的经历吗?小吴该如何避免时间的浪费?

案例二: 张经理的难题

张经理是珠海某著名四星级酒店的客房部经理,7月某天上午8点左右,他刚踏入办公室,秘书小李就风风火火地跑进来,兴奋地说:"国家正式发布消息,非典得到全面控制,一切警戒全部解除,要将重点转到恢复正常的经济工作上去。"张经理还没好好感受这好消息,一系列的难题就来了:

上午9点有一个日本旅游团50人入住,其中45人是一家三口组成,需要15间家庭套房,但客房部今天剩余的家庭套房只有10间,12点之前肯定腾不出房。这个问题该怎么解决?

旅游局通知,今天上午9点召开全市酒店工作会议,会议议题是非典过后各酒店如何恢复生产,迎接可能到来的旅游高峰。总经理要求张经理代表酒店出席并准备发言。

总经理秘书来电话说,老总明天要出差,希望能有时间与张经理讨论客房部如何完成下半年的营运目标的问题。

公关部经理来电说,酒店准备与南方航空公司在广州、北京、上海推出"浪漫珠海新感觉,机票+酒店套餐",广告稿已经设计出来,需要他来定。

人力资源部来电说,小林昨天提出辞职,原因是另外一家酒店要挖她过去;小林可是他培养了五年的爱将,做事认真负责,对待客人真诚,酒店各项业务都精通。

老婆来电话,岳母大人上午10点到,要张经理开车去机场接一下,这是命令。

面对这么多任务和冲突,张经理该如何有效地安排今天的工作?请结合时间管理法则进行分析。

三、过程训练 Process Training

活动:合理安排任务

(一)活动要求

利用时间管理的技术和方法对任务进行排序。

时间:20分钟

用具:时间安排表

(二)活动过程

1. 指导者分发给训练者每人一份时间安排表,并介绍使用方法。

时间	星期二	星期三	星期四	星期五	星期六
8：00					
8：30					
9：00					
9：30					
10：00					
10：30					
11：00					
11：30					
依此类推……					

2. 指导者介绍任务背景。

假设现在是星期一的晚上，你要计划未来5天的日程，下面是这5天要做的事情：

（1）你从昨天早晨开始牙疼，想去看医生。

（2）星期六是一个好朋友的生日，你还没有买礼物和生日卡。

（3）你有好几个月没有回家，也没有写信或打电话。

（4）有一份夜间兼职不错，但你必须在星期二或星期三晚上去面试（19：00以前），估计要花1小时。

（5）明晚8点有个1小时长的电视节目，与你的工作有密切关系。

（6）明晚有一场演唱会。

（7）你在图书馆借的书明天到期。

（8）外地一个朋友邀请你周末去玩，你需要整理行李。

（9）你要在星期五交计划书之前把它复印一份。

（10）明天下午2点到4点有一个会议。

（11）你欠某人200元钱，他明天也将参加那个会议。

（12）你明天早上从9点到11点要听一场讲座。

（13）你的上级留下一张便条，要你尽快与他见面。

（14）你没有干净的内衣，一大堆脏衣服没有洗。

（15）你想好好洗个澡。

（16）你负责的项目小组将在明天下午6点钟开会，预计1小时。

（17）你身上只有5块钱，需要取钱。

（18）大家明天晚上聚餐。

（19）你错过了星期一的例会，要在星期六之前复印一份会议记录。

（20）这个星期有些材料没有整理完，要在星期六之前整理好，约需2小时。

（21）你收到一个朋友的信1个月了，没有回信，也没有打电话给他。

（22）星期六早上要作一次简报，预计准备简报要花费15个小时，而且只能用业余时间。

（23）你邀请恋人后天晚上来你家烛光晚餐，但家里什么吃的也没有。

3. 训练者将事件清单中的各种事件划分不同的优先级，按优先级把它们重新排序，然后根据这些事件，制订一个时间安排表。第一次做的时候不要思考，如果想得到真实的答案，请凭直觉做。

4. 在这些项目中，有些是互相冲突的，有些则富有弹性。如何制订一份合理实用的计划表呢？在制订时间表之前，请：

（1）把要做的事情全部看一遍；

（2）确定每件事情的重要等级；

（3）根据重要程度把事情重新排序。

（三）问题与讨论

1. 哪些事情被放弃不做？为什么？

2. 哪件事情有最高的优先级？为什么？

3. 你会高兴地执行这个计划吗？为什么？

四、效果评估 Performance Evaluation

评估一：时间管理能力测试

（一）情景描述

1. 你是否会对自己的时间支出做出计划？　　　　　　　　　　（　　）

A. 每天都会做　　　　　B. 通常都会做　　　　　C. 有时会做

2. 你给自己做出的时间安排完成情况如何？　　　　　　　　　（　　）

A. 通常都能完成　　　　B. 有时能够完成　　　　C. 偶尔能够完成

3. 你的文件通常如何管理？　　　　　　　　　　　　　　　　（　　）

A. 按重要性分类管理　　B. 按时间顺序管理　　　C. 按文件类别分类

4. 当你列出一天中要做的工作时，是否会考虑它们的轻重缓急？（　　）

A. 通常会考虑　　　　　B. 有时会考虑　　　　　C. 偶尔会考虑

5. 你是否清楚一天中浪费时间的状况？　　　　　　　　　　　（　　）

A. 通常都很清楚　　　　B. 有时清楚　　　　　　C. 偶尔清楚

6. 工作时，你是否会稍作休息、劳逸结合？　　　　　　　　　（　　）

A. 通常都会　　　　　　B. 只在特别累的时候　　C. 只在工作不紧张时

7. 你是否经常花时间对工作结果进行反复检查，以确保万无一失？（　　）

A. 通常会　　　　　　　B. 有时会　　　　　　　C. 偶尔会

8. 你是否经常会事先为不熟悉的工作制订计划？　　　　　　　（　　）

A. 通常会　　　　　　　B. 有时会　　　　　　　C. 偶尔会

9. 你能否接受工作中计划外的突发事情？　　　　　　　　　　（　　）

A. 不能接受　　　　　　B. 有时能接受　　　　　C. 通常能接受

10. 作为管理者，你通常如何处理手头的工作？　　　　　　　（　　）

A. 通常会对下属进行授权 B. 和下属一起完成　　　C. 尽量自己做

（二）评分标准与结果分析

选 A 得 3 分，选 B 得 2 分，选 C 得 1 分。

24 分以上，说明你的时间管理能力很强，请继续保持和提升；

15～24 分，说明你的时间管理能力一般，请努力提升；

15 分以下，说明你时间管理能力很差，亟须提升。

评估二：拖延商数测试

（一）情景描述

请据实对每一个陈述做出"非常同意""略表同意""略表不同意""极不同意"的判断：

1. 为了避免对棘手的难题采取行动，我会寻找理由和借口。
2. 为使困难的工作能被执行，对执行者施加压力是有必要的。
3. 我经常采取折中办法以避免或延缓不愉快的事是困难的工作。
4. 我遭遇了太多足以妨碍完成重大任务的干扰与危机。
5. 当被迫从事一项不愉快的决策时，我避免直截了当的答复。
6. 我对重要的行动计划的追踪工作一般不予理会。
7. 试图令他人为管理者执行不愉快的工作。
8. 我经常将重要工作安排在下午处理，或者带回家里，以便在夜晚或周末处理它。
9. 我在过分疲劳（或过分紧张，或过分泄气，或太受抑制）时，无法处理所面对的困难任务。
10. 在着手处理一件艰难的任务之前，我喜欢清除桌上的每一个物件。

（二）评分标准与结果分析

每一个"非常同意"评 4 分，"略表同意"评 3 分，"略表不同意"评 2 分，"极不同意"评 1 分。

低于 20 分，表示你不是拖延者，你也许偶尔有拖延的习惯；

21～30 分，表示你有拖延的毛病，但不太严重；

高于 30 分，表示你或许已患上严重的拖延毛病。

任务三　细节管理与监控

职场在线

有三个年轻人去一家公司面试采购主管，在经过一番面试后，三人在专业知识与经验上各有千秋，难分伯仲，随后由公司总经理亲自面试。总经理给出了这样一道题：假定公司派你去采购 4999 个信封，你需要从公司带去多少钱？

几分钟后，应试者都交了答卷，第一个应聘者的答案是 430 元。总经理问："你是怎么计算的呢?""就当采购 5000 个信封计算,可能要 400 元,其他的杂费就 30 元吧。"答者对答如流。但是总经理却未置可否。

第二个应聘者的答案是 415 元,他解释说:"假设信封 5000 个,大概 400 元,另外可能费用 15 元。"总经理对此答案也没有表态。

但是总经理看到第三个应聘者的答案是 416.42 元时,有点惊异,立即问:"你能解释一下答案吗?"第三个应聘者说:"当然可以,信封每个 8 分,4999 个信封是 399.92 元,从公司到百货公司,来回乘汽车是 10 元。午餐费 5 元。从公司到汽车站有 1.5 公里,需请一辆三轮车搬信封,需要 4.5 元。因此,最后总费用是 416.42 元。"

总经理露出了满意的微笑:"今天到此为止,明天你们等最终结果。"

哪位胜出了呢?是的,在这场面试中,唯有第三名应聘者关注到了细节,计算出准确的花费成本,得到了总经理的赏识。不仅仅是采购工作需要关注细节,对待生活和工作中的每一件小事,我们都要将责任心融入细节之中。如何成为一个关注细节的人?如何去发掘细节中的机会,做一个迅速高效、细节完美的执行高手呢?通过本任务的学习你将会有新的收获。

一、能力目标 Competency Goal

"细节到位"是指在整体工作过程中,注重细节,通过追求细节完美来提高工作的效果和质量。

(一)细节到位,执行才完美

注重细节,是提倡科学精神和认真态度的表现。"细微之处见精神",一个人的做事态度,很大程度上可以从他如何处理细节上表现出来。在激烈的市场竞争中,唯有具备细节管理意识的人,才能更好地保证工作的顺利开展。

1. 看似无关紧要

《礼记·保傅》中说,"失之毫厘,谬之千里。"意思是一点点小偏差可能会造成很大的谬误。如果不注重细节,不谨慎对待工作,很可能会因为忽视看似无关紧要的小细节,影响了任务进程及工作质量。

2. 细微之处定成败

部队士兵每天做的工作就是队列训练、战术操练、巡逻排查、擦拭枪械等小事;公司职员每天所做的事或许就是接听电话、整理文件、绘制图表之类的小事。如果能很好地完成这些"小事",将来才有可能成为部队中的将军、公司的老板。

"天下难事,必做于易;天下大事,必做于细。"工作无小事,无论集体还是个人,要想追求卓越,就必须从小事做起。

完美的细节是润物细无声的露珠,是清爽怡人的春风。珍视细节,就是珍视迎面走来的一个个成功的机遇。

3. 追求细节完美是一种可贵精神

不注重细节的人大多是因为他们缺乏敬业精神。对待工作似是而非的人,对待工作的细节也往往视而不见、敷衍了事。相反爱岗敬业的人一定是注重细节的人。天才与凡人最大的区别就在于对待细节的态度上。

细节常常能够反映事物发展的本质和趋势，机会往往蕴藏于细节之中。个人的巨大成功，都是由一次次发展机会累积而成的，而这些机会，往往就蕴藏在一个个不起眼的小细节中。

（二）做一个细节管理高手

注意细节是一种功夫，这种功夫是靠日积月累培养出来的，长期重视细节，久而久之就成为习惯，我们要在习惯中培养功夫，培养素质。

1. 不放过每一个小问题

重视并认真对待工作中的小问题，将有效提升细节管理能力。

重视工作中的"小纠结"	在职场中，我们往往会忽略一些重要环节。要想万无一失，就需要对怀疑之处检查再检查，细致再细致，考虑再考虑，以确保执行得万无一失
重视小小的"不完美"	通过自己的直觉，不断寻找和改变工作中可以美化和提高的地方，并设法加以改善，你的细节管理能力就会逐步得到提升
重视不同的"小意见"	人们对同一问题的看法往往"大同小异"。对于"小异"不要带着敌意或不在乎的看法去对待，应从分析其解决问题的角度，从中吸取有益于预防或处置问题的措施。在处理"小异"中的自我完善，将促使自己对细节越来越敏感

2. 坚持每天的"一点点"

要想比别人更优秀，只有在一件一件小事，在一点一滴之中比功夫。

（1）坚持每天一点点的改善。一个人如果能够做到每天进步百分之一，坚持下来的成果将大得惊人。每一次小改善，哪怕是细微的提高都意味着进步，细微的改进和累积，将成就自己的细节意识及创造机会的能力。

（2）坚持每天一点点的遐想。开始工作之前，应养成留出"一点点"时间先对其进行遐想的习惯。这一小小的习惯，一方面可通过头脑中的思想"演练"，为良好的工作结果更好地创造机会；另一方面也可通过预想，帮助自己找到改进及完善工作的机会。

（3）坚持每天一点点的用心习惯。用心留意身边的人与事，用心探究工作中的每一个细节并将其落到实处，用心反思工作过程的点点滴滴有助于细节管理能力的提升。

二、案例分析 Case Study

案例一：上海地铁二号线和一号线的差距

上海地铁一号线是由德国人设计的，看上去并没有什么特别的地方，直到中国设计师设计的二号线投入运营，才发现其中有那么多的细节被二号线忽略了。结果二号线运营成本远远高于一号线，至今尚未实现收支平衡。

三级台阶的作用

上海地处华东，地势平均高出海平面就那么有限的一点点，一到夏天，雨水经常会使一些建筑物受困。德国的设计师就注意到了这一细节，所以地铁一号线的每一个室外出口都设计了三级台阶，要进入地铁口，必须踏上三级台阶，然后再往下进入地铁站。就是这三级台阶，在下雨天可以阻挡雨水倒灌，从而减轻地铁的防洪压力。事实上，一号线内的那些防汛设施几乎从来没有动用过；而地铁二号就因为缺了这几级台阶，曾在大雨天被淹，造成巨大的经济损失。

对出口转弯的作用没有理解

德国设计师根据地形、地势，在每一个地铁出口处都设计了一个转弯，这样做不是增加出入口的麻烦吗？不是增加了施工成本吗？当二号线地铁投入使用后，人们才发现这一转弯的奥秘。其实道理很简单，如果你家里开着空调，同时又开着门窗，你一定会心疼你每月多付的电费。想想看，一条地铁增加点转弯出口，省下了多少电，每天又省下了多少运营成本。

一条装饰线让顾客更安全

每个坐过地铁的人都知道，当你距离轨道太近的时候，机车一来，你就会有一种危险感。在北京、广州地铁都发生过乘客掉下站台的危险事件。德国设计师们在设计上体现着"以人为本"的思想，他们把靠近站台约50厘米内铺上金属装饰，又用黑色大理石嵌了一条边，这样，当乘客走近站台边时，就会有了"警惕"，意识到离站台边的远近，而二号线的设计师们就没想到这一点。地面全部用同一色的瓷砖，乘客一不注意就靠近轨道，发生危险！地铁公司不得不安排专人来提醒乘客注意安全。

我们不缺乏聪明才智，缺的是对"精细"的执着。细节上的小差异，显示出素质上的大差异。想想我们的城市规划、城市建设中的工程留下了多少遗憾？我们的差距其实就在我们的思想里。

<h3 style="text-align:center">案例二：用心的年轻人</h3>

刘涛是一家建筑公司的年轻工程师。无论是生活还是工作上，他都十分注重细节。公司上上下下都知道，只要是刘涛经手的事情，就不会出现任何差错。

有一次，公司派刘涛考察一个项目的地形。该项目在山区里面，地形复杂，考察起来非常困难。为了把整个项目的全景拍下来，刘涛不惜徒步走二十公里，爬到一座山顶进行拍摄。同事们不明白刘涛为什么要到那么远的地方拍摄，因为工地全貌站在工地附近的一所小房子的楼顶就能看到。对于同事的疑问，刘涛平静地说，"工地附近的地形非常复杂，对工程的建设质量也非常重要，我们以后的设计将全部建立在详尽的考察数据基础上，所以，即使距离工程较远的地形地貌我们也不能放过。"

果然，图片最后的效果比以往其他人做得都要好，就连工地附近的风景都看得清清楚楚。图片效果超出了预期，刘涛对工作用心的态度也给同事们留下了良好的印象。

在职场中，无论做大事，还是做小事，只有注重每一个细节，才能获得最好的结果。那些注重细节的人，总是给同事以非常踏实的印象，让人值得信赖，因为他们总是能够将事情做得尽善尽美。所谓"成大业若烹小鲜，做大事必重细节。"唯有关注细节，凡事认真的人才能取得事业的成功，走上美好的生活之路。

三、过程训练 Process Training

活动一： 如何吸纳不同的意见

（一）活动要求

人数：20 人左右
训练时间：20 分钟
训练场地：室内
用具：多媒体教室、白纸、笔等

（二）活动背景

假设你所在的服装公司出现了某种状况（提供详细的服装图片和服装设计销售过程详情描述），导致新产品积压滞销。如产品质量出现问题，你认为应是企划部设计时出了问题，但有人却说是生产部的技术人员没有准确理解设计图纸出的问题，还有人说是销售部的销售策略太陈旧。针对此类别人与你意见不统一的状况，你会怎么处理？

（三）活动过程

1. 指导者将训练者分成两人一组；
2. 鼓励双方就某一问题，提出不同的意见；
3. 引导双方对对方的意见进行处理。

（四）问题与讨论

1. 当别人与你意见有"小不同"时，你经常会怎么处理？
2. 你认为应怎样面对这些与自己不同的"小意见"？
3. 重视并科学地处理这些"小意见"对提升细节管理能力有哪些帮助？

活动二： 如何让"品位咖啡馆"吸引更多的顾客

（一）活动要求

人数：40 人左右
活动时间：20 分钟
训练场地：室内
用具：多媒体教室、便笺、白板、笔等若干

（二）活动背景

前不久，你和朋友在大学校园里面开了一家"品位咖啡馆"，然而由于经营经验缺乏，所以在初期创业，遭遇困难。一个月下来，平均每天只有 50 元的营业额，入不敷出。怎样才能吸引更多的顾客？你会在今后的经营上注意哪些细节呢？

（三）活动过程

1. 将训练者分成人数均等的若干小组，以 5～8 人为宜；

2. 引导各组训练者讨论下列问题：

（1）你会聘请什么类型的人员作为自己的店员？如何培训店员？

（2）你会怎样改进咖啡馆经营理念？

3. 各组选派代表阐述本组的观点；

4. 对各组的观点进行评价总结。

（四）问题与讨论

1. 若处理好了上述两个小问题，你认为咖啡馆"生意"的可能情况是什么？为什么？

2. 或许你会发现，你的咖啡馆可能与周边的咖啡馆大同小异，没什么新意。针对于此，你是否想过"这样合适吗""怎样做会更好"的问题？若没想过，说明什么问题？

四、效果评估 Performance Evaluation

评估：你会利用细节创造发展机会吗

（一）情景描述

1. 大家的观点基本一致时，你会：　　　　　　　　　　　　　　　（　　）
A. 深入分析这一观点有无不妥　　　　　　　B. 介于 A 和 C 之间
C. 附和大家的观点

2. 当某事突然发生时，你经常是：　　　　　　　　　　　　　　　（　　）
A. 早有预感　　　　　B. 有过几次预感　　　　C. 经常感到意外

3. 组织给大家买了图书，看的时候你会：　　　　　　　　　　　　（　　）
A. 格外小心　　　　　B. 和看自己的书一样　　C. 随便折页、涂抹

4. 同事的服饰或发型发生变化时，你能：　　　　　　　　　　　　（　　）
A. 第一时间就能觉察　　B. 说不准　　　　　C. 大家谈论时才发现

5. 你有过为了解某一事物，而持续观察四五个小时的经历吗？　　（　　）
A. 常有此类事　　　　B. 偶尔有此事　　　　C. 鲜有此事

6. 你对"名言""格言""谚语"等的态度是：　　　　　　　　　　（　　）
A. 辩证对待　　　　　B. 有时怀疑　　　　　C. 深信不疑

7. 生活中，我对身边的变化：　　　　　　　　　　　　　　　　　（　　）
A. 很敏感　　　　　　B. 有时会比较敏感　　C. 没什么感觉

8. 当社会出现某些"热词"时，我经常：　　　　　　　　　　　　（　　）
A. 了解其"热"的社会因素　　　　　　　　B. 有时能分析出来其原因
C. 大部分是"人云亦云"

9. 我对"细节之中有机会"这一观点的态度是：　　　　　　　　　（　　）
A. 非常有道理　　　　B. 有时有道理　　　　C. 几乎没道理

 职业素养与法律

10. 对于没办好的事，我反省的地方主要有： （ ）

A. 在哪些小事上还没有做好　　　　　B. 自己的能力或运气

C. 还存在哪些缺失的现实条件

（二）评分标准和结果分析

选A得3分，B得2分，C得1分，各题分数相加即为测试总分。

大于25分：你善于把握细节，知道通过细节处理与他人的关系，这有利于你在职场把握机会，发展自己。

20～25分：你对通过细节创造机会的意识一般。工作中大家不会讨厌你，也不会非常喜欢你，有机会时可能首先想到的不一定是你。

小于20分：工作中由于你不注重细节，因此常有许多机会从身边流失，更可悲的是，你还完全不知道问题出在哪里，好好反思一下吧。

思考与练习

1. 时间管理就是用技巧、技术和工具帮助我们完成工作，实现目标。时间管理方法并不是要把所有事情做完，而是更有效地运用时间。你的看法如何？

2. 美国《成功》杂志的创办人奥里森·马登说："人人都应具有明确的目标，它就像一枚指南针，指引人们走上光明之路。"对此，你是如何理解的呢？

3. 谈一谈你对"结果是检验执行力的重要标准"这句话是如何理解的？

4. "在这里，一切追求尽善尽美。"——这是一家国际知名公司所信奉的格言，它也一直被挂在公司墙上最显眼的位置上。对此你是如何理解的呢？

5. 在我们周围，总有一些"差不多先生"，他们习惯将"还行吧""差不多"挂在嘴边，尽管从他们的日常表现上看，也是诚实的、苦干的，但往往让人感觉做事不踏实。你是这样的人吗？如果是，你打算如何改进呢？

作业

（一）作业描述

成为一名"细节管理大师"的目标离你有多远？

（二）作业要求

1. 以他人为镜，认识自我。分小组展开讨论，根据细节管理的相关内容，成员之间互相在白纸上写出："你认为对方哪些方面存在粗枝大叶的毛病"，之后交换纸张。

2. 虚心采纳意见，修正自我。通过了解"别人眼中的我"，找出自己在细节管理上存在的问题。在此基础上以"实干，就要重视小事、关注细节"为题，拟定具体的细节改进规划书。

项目七 职场上的信息处理能力

在职业生涯中，我们时时刻刻都在接收、处理和传递各种信息，绝大多数的工作归根结底都是信息处理的过程，具备良好的信息处理能力是职业素养的重要体现。随着科技的进步，我们所能获取信息的广度和深度都有着翻天覆地的变化，各种信息充斥在我们的四周，每天我们都会被海量的信息所淹没。这些信息在带给我们工作各种便利的同时也增添了许多烦恼，信息太多不知道哪些是重要的，哪些是次要的；信息太杂不知道哪些是真的，哪些是假的。如何快速、准确地找到所需的信息，对干扰信息进行筛选和甄别，以恰当的方式处理和展示信息，选择合适的途径传递信息，并使之得到利用和增值，就成为职场人士最为迫切需要掌握的能力之一。

只有善于收集、整合、处理和应用信息的人才能在现代信息社会条件下立于不败之地，成就一番事业。

项目知识要点：

- 信息任务的分析
- 信息获取的范围
- 信息获取的方法
- 信息整理与鉴别
- 信息分析的方法
- 信息展示的方式
- 信息传递的途径
- 信息应用的技巧

任务一　信息获取与处理

职场在线

　　张明是某教育培训公司市场部职员，该公司准备开展一项新的培训业务——公共营养师资格认证培训，要求张明收集相关的信息，为公司业务决策提供参考。张明根据要求制订了信息任务需求分析、收集途径和鉴别整理的计划。

　　1. 信息需求分析

　　(1) 收集的信息将服务于本公司新业务开展决策。

　　(2) 因为需要的是业务决策信息，所以信息内容越全面、准确越好，不仅要收集公共营养师资格认证的相关信息，还要收集已开展或即将开展此项培训业务的竞争对手的信息，包括竞争对手的市场占有率、竞争对手的财务状况、竞争对手的创新能力状况、竞争对手的领导人的能力状况等方面的内容。

　　(3) 根据实际情况，决定收集以下几个方面的内容：我国公共营养师行业发展现状，国外公共营养师行业发展情况，公共营养师认证考试程序和内容，公共营养师行业就业情况，已认证公共营养师的学习培训情况，国内已开展公共营养师认证培训的相关机构情况，公共营养师认证的需求人群等信息。

　　2. 确定收集途径

　　(1) 网络。主要包括人力资源和社会保障部官方网站、相关培训机构网站、论坛等。

　　(2) 图书。购买公共营养师资格认证的相关图书。

　　(3) 现场收集。包括参加其他机构的相关培训、现场会、经验讲座、业务讲座、技术讲座、交流会等。不仅可以做文字记录，还可以拍些照片和视频，以确保信息的全面准确。

　　(4) 其他途径。如复制、交换、索取等。

　　3. 鉴别和整理采集的信息

　　(1) 通过多方对比验证信息的真实可靠性。

　　(2) 对收集的信息按照文字、数据、图片、视频的类别分别进行分类整理，并对每一类别的信息内容撰写内容提要，确定其价值。

　　张明的信息获取和处理计划是否合理呢？他对信息任务的理解是否到位，信息获取的途径是否合适？还可以通过哪些渠道获取信息？完成本任务的学习你将会有新的感悟。

一、能力目标 Competency Goal

　　信息获取是指通过各种方式获取所需的信息，这是信息利用的第一步，信息获取质量的好坏直接关系到整个信息处理工作的质量。信息处理是对收集的杂乱无章的原始信息进行整理、筛选和鉴别，将收集到的信息以更加准确、整齐、清晰的形式呈现出来，为后续的信息分析和利用扫清工作障碍。

（一）信息任务分析

获取信息的目的是为了利用信息完成任务，那么，首先要明确的就是任务的目的，进一步确定信息需求，明确信息检索的范围，才能更好地完成信息的获取和收集。

1. 理解任务要求

信息的利用源于各种任务的信息需求，信息需求又是由特定信息任务驱动的。针对具体的信息任务环境，分析信息任务，认清任务的目的和要求会提高信息资源的利用效率，是顺利完成任务的保证。在获取信息的过程中，只有当信息查找者有明确的任务目标意识，有较清楚的信息查找范围，整个信息获取的过程才具有可控性。

大庆油田招标（一）

20世纪60年代，中国大庆油田还处于保密时期，但是日本三菱重工集中大量专家和人员设计出适合中国大庆油田的采油设备。当中国政府向世界市场寻求石油开采设备，三菱重工以最快的速度和最符合中国要求的设备一举中标。

原来是1964年4月20日，《人民日报》发表了社论《大庆油田大庆人》，首次披露大庆油田，综合介绍了大庆油田的精神面貌。这个新闻引起了日本的注意，他们立即下达了获取中国大庆油田状况的商业情报任务。当时，绝大多数中国人尚不知道大庆油田在哪，更不用说油田的生产状况和其他内部信息了。那么对日本情报人员来说，"获取中国大庆油田状况的商业情报任务"意味着他们应该获取有关大庆油田的哪些信息呢？在对油田一无所知的情况下，他们分析了一般油田可能带来的商机和需求，通过提出若干问题实现任务的细化和分解，如油田的具体位置在哪里？产油能力如何？工人使用什么样的工具及作业状态如何？通过对这些问题的整理，确定了本次情报任务的具体内容：

1. 大庆油田的确切位置
2. 大庆油田的大致储量和产油量
3. 大庆油田的规模
4. 大庆油田作业的设备的状况

对任务的理解与分析可分为以下步骤。

（1）提出问题，并通过一定的信息了解进行简单的解答，把与任务相关的所有可能的任务目标和要求系统地列出来。

（2）评价列出项目的重要性，并进行排序，列举可能存在的问题。

（3）针对重要性高及可能存在问题的项目设定目标和要求。

（4）将以上分析的结果用文字、列表或报告的形式记录整理。

2. 明确检索范围

要解决实际问题，有效地获取信息是非常重要的。那么我们如何才能更有效地获取信息呢？首先我们要对信息获取的范围有一个全面的认识和宏观把握。

如何依据已明确的任务要求，确定信息获取的范围呢？

大庆油田招标（二）

日本人在明确了信息获取的具体任务后，大量收集相关的照片、新闻报道进行分析。其中一张刊登于1964年的《中国画报》封面的照片引起了情报分析人员的注意。照片中，大庆油田的"铁人"王进喜头戴大狗皮帽，身穿厚棉袄，顶着鹅毛大雪，握着钻机手柄眺望远方，在他身后散布着星星点点的高大井架。

日本情报专家据此解开了大庆油田之谜，他们根据照片上王进喜的衣着判断只有在北纬46度至48度的区域内，冬季才有可能穿这样的衣服，因此推断大庆油田位于齐齐哈尔与哈尔滨之间。并通过照片中王进喜所握手柄的架式，推断出油井的直径，从王进喜所站的钻井与背后油田间的距离和井架密度，推断出油田的大致储量和产量。有了如此多的准确情报，日本人迅速组织人员，设计出适合大庆油田开采用的方案和设备。当我国政府向世界各国寻求开采大庆油田的设计方案和设备时，日本以绝对优势一举中标。

在这个案例中，日本情报专家首先对获取大庆油田状况这一任务作了一般性的分析，确定了任务的要求的具体内容，根据当时所能获取信息途径，锁定了新闻报道这一信息来源，并大量搜集加以整理和分析，得到了需要的信息。

信息需求明确以后，需要确定哪里有这些信息，哪里方便寻找所需的信息。按照信息存在的方式，我们通常把信息来源分为口头型信息源、文献型信息源、电子型信息源、实物型信息源。

一般来说，信息源越广阔，收集的信息量就越大；信息源越可靠，收集的信息就越真实可信。因此，应尽量拓展信息来源，以保证信息的数量和质量，但同时也要从实际出发，因为选择的信息源应当是在你的能力范围内可触及的。

常见文献型信息源的比较

信息源	信息内容	检索渠道	特点
图书	提供深入性分析资料、系统的学术性文章	图书馆	对主题深入剖析，结论成熟、论述全面，生产周期较长，有一定的时滞
期刊、杂志	提供有一定理论架构的研究结果、详细报道的4W问题	图书馆	研究对象及视角新颖，对主题深入剖析，提供客观的统计及图表

信息源	信息内容	检索渠道	特点
网页、报纸	提供一般性信息、简略性报道的3W问题	网络搜索引擎、图书馆	提供事件的即时报道，不同来源的信息重复性高，网页动态变化，不能长期保存
各类文献数据库	提供有一定理论架构的研究结果	数据库商或图书馆检索平台	使用电子介质，不受地域限制，检索、下载和使用方便，与最新的期刊相比有一定的时滞

3. 确定获取思路

首先，必须根据信息问题的不同特点来选择相应的信息来源进行查询。如需要一般性、相对粗浅的信息，阅读网页是最佳的选择；在面临研究性信息问题时，可检索学术数据库（包括文摘数据库和全文数据库）获得更全面和系统的研究结果。

其次，我们更需要了解，尽管获取信息的渠道各有不同，检索方式也各异，但有一点是共通的，即无论选择了何种信息获取渠道，都应首先获取题录信息，再依据一定的方式去获取全文，这样既有助于我们撇开纷繁的检索工具使用等细节问题，从而抓住问题解决的核心，又能全面准确地完成信息的获取。

（二）信息获取的方法

1. 观察法

观察是人与生俱来的本能，而观察法也是我们获取信息最直接、最有效的方法。观察法是指研究者有目的、有计划地在自然条件下，通过感官或借助于一定的科学仪器，观察客观事物的情况，并进行各种资料搜集的过程。

2. 访谈法

访谈法，又称座谈法，是通过与他人口头交流，了解和收集与他们有关的信息的一种方法。访谈法最大的特点在于整个访谈或座谈的过程是访谈人和被访谈人相互影响、相互作用的过程。这种方法的优点是可以对问题进行深入的讨论，获得高质量的信息；缺点则是费时间、财力和人力，因此采访的对象不可能很多。访谈广泛适用于教育调查、求职、咨询等，既有事实的调查，也有意见的征询，更多用于个性、个别化研究。

访谈有正式的，也有非正式的；有逐一采访询问，即个别访谈，也可以开小型座谈会，进行团体访谈。它包括座谈采访、会议采访、观察采访、电话采访、信函采访等。

3. 问卷调查法

问卷调查法是指运用统一设计的问卷，向被调查者了解情况或征询意见的信息收集方法。研究者将所要研究的问题编制成问题表格，以邮寄方式、当面作答或者追踪访问方式填答，从而了解被试对某一现象或问题的看法和意见。问卷法的运用，关键在于编制问卷，选择被试和结果分析，好的问卷才能使我们得到需要的信息。

4. 阅读法

阅读法是指通过阅读，从传统的媒体或文献资料中收集信息。

广泛的阅读，是我们获取相关信息的重要方法，但是，有目的、有针对地寻找也是我们获取相关信息的重要途径。

在获取信息前，首先要确定寻查对象，即我们必须要清楚：我们要阅读什么？我们所要获取的信息会出现在哪一类文献中？我们又可以从哪些地方找到这些文献？根据我们的阅读需求，我们可以将文献的类型限定在一个范围内；看看这些类型的文献是否可以在自己的书柜、图书馆、档案馆、书店或朋友那里找到。

5. 文献检索法

文献资料是记录、积累、传播和继承知识的最有效手段，是人类社会活动中获取情报的最基本、最主要的来源，也是交流传播情报的最基本手段。手工检索和计算机检索是收集文献信息的主要渠道。手工检索主要是通过信息服务部门收集和建立的文献目录、索引、文摘、参考指南和文献综述等来查找有关的文献信息。计算机文献检索是文献检索的计算机实现，其特点是检索速度快、信息量大，是当前收集文献信息的主要方法。

6. 互联网搜索法

网络使信息获取方法和工具发生了重大的变革，使信息获取的广度、深度都变得无限扩展。

访问所需信息的相关网站直接检索和获取信息是最直接、最有效的方式之一。此外，利用搜索引擎也能更快地找到所需信息。我们常用的搜索引擎中最有代表就是百度和谷歌，此外还有 Yahoo、Bing、搜搜、有道等。

对于专业文献，我们还可以访问专门的网络文献数据库，如 CNKI 中国知网、万方数据知识服务平台等。此外，中文文献数据还有维普中文科技期刊数据库，也提供海量期刊和文献的检索。外文数据库中影响较大的有美国工程索引数据库（EI）、科学引文索引数据库（SCI）、ScienceDirect 全文数据库等。以上这些数据库都是专业性较强的学术文献数据库，也是我们获取专业信息的主要来源。

（三）信息的整理

信息整理是指采用各种方法和手段使无序信息有序化的过程。在信息整理的过程中存在着不同的层次，即排序、分类、描述和评价。

排序
排序是以信息的形式特征为根据序化信息的方法，即把收集到的杂乱的信息按照一定的外在形式排列起来，便于阅读、查阅和分析。常用的排序方式有：字顺排序、代码排序、空间排序、时间排序等。

分类
分类是根据需要对原始信息按照一个或多个标准进行分门别类的整理，它是将无规律的事物规律化的有效方法。与之相对应的概念是归类，归类是根据事物分门别类标准的范围将事物归属于某一确定的类别中。

描述
描述是从信息内涵的主题或涉及的问题与信息的属性出发，用词语进行标志，间接地揭示信息之间的相互关系的信息整理方法，如给每个信息添加标题、添加关键词等。

评价
评价是以信息的效用为特征对信息进行序化的方法，如按照信息的重要性进行整理，包括重要性递减和重要性递增。重要性递减，它把重要信息置于其醒目的位置加以突出。重要性递增则与之相反。

（四）信息的鉴别

收集的信息资料质量如何，既关系到材料本身是否有用，也关系到最终的决策和实施。对信息资料的鉴别并不仅仅贯穿于信息整理过程之中，而是向前还可以延伸到信息收集的环节。

1. 信息鉴别的原则

可靠性	可靠性主要是判断信息的准确度，看其是否真实、科学、完整、典型
先进性	在时间上，为信息内容的新颖性；在空间上，则可以按地域范围分为多个级别，如世界水平、国家水平、地区水平、行业水平等；在内容上，只要在某一方面是新的，如技术手段或方法有所改进、提高，技术应用范围有所扩大等，就可认定其具有先进性
适用性	指原始信息对于信息接受者可资利用的程度。对信息适用性的判断可从信息发生源、信息使用者、社会实践效果、战略需要、长远发展与综合利用等角度进行考察

2. 信息鉴别的方法

信息鉴别的方法需要根据具体的情况加以分析，下面我们就以一个案例来说明。

案例升华

李明平时喜欢上网，一天他无意进入一个国外网站，该网站介绍说，如果接受它发过来的带有广告内容的电子邮件，上网就可以免费。

李明在网站上登记时留下了自己的姓名、地址、电子邮件等个人资料，没过几天，他收到一封来自国外的航空信件，说他中了 23 万元大奖，只要他立即电汇 150 元的手续费，两天内就可以将现金送到他手上。

李明将信将疑，到银行咨询，银行职员告知他，最近到银行办理这种汇款的人特别多，怀疑这有可能是国际诈骗，目的就是为诈骗这一定数量的手续费，于是，李明报了警，公安局通过跟踪调查，发现所有把钱汇出去的网民均没有获得相应的大奖。

认真阅读案例，并思考和分组讨论以下问题。

（1）李明从哪里获得中奖信息？信息的来源是否可靠？为什么？

（2）该中奖信息本身有没有可疑之处？

（3）李明问银行，银行提供的信息（可能是国际诈骗）是否可靠？

（4）为什么公安机关下的结论（这是一起国际诈骗事件）可信？

（5）除了公安机关跟踪调查，还有什么可以辨别该中奖信息的真伪的途径吗？

（6）李明在网上留下自己的姓名、地址、电子邮件等资料，你会这样做吗？为什么？

通过对以上案例的分析，我们可以得出信息鉴定和评价要从信息的来源、信息的价值取向、信息的时效性等方面进行考虑。

总之，信息鉴别的过程就是去粗取精、去伪存真的过程，这个过程我们可以参照以下几个方面来进行。

（1）信息是否真实可靠。

（2）信息来源是否具有权威性。

（3）信息是否可用。

（4）信息是否具有时效性。

（5）信息是否包含情感成分。

（6）信息是否具有实用性。

（7）信息是否具有前瞻性。

（8）信息是否具有易得性。

二、案例分析 Case Study

案例一：可口可乐一次市场调研失败的教训

可口可乐与百事可乐的较量：百事以口味取胜

20 世纪 70 年代中期以前，可口可乐一直是美国饮料市场的霸主，市场占有率一度达到 80％。然而，70 年代中后期，它的老对手百事可乐迅速崛起，1975 年，可口可乐的市场份额仅比百事可乐多 7％；9 年后，这个差距更缩小到 3％，微乎其微。

百事可乐的营销策略是：一、针对饮料市场的最大消费群体——年轻人，以"百事新一代"为主题推出一系列青春、时尚、激情的广告，让百事可乐成为"年轻人的可乐"；二、进行口味对比。请毫不知情的消费者分别品尝没有贴任何标志的可口可乐与百事可乐，同时百事可乐公司将这一对比实况进行现场直播。结果是，有八成的消费者回答百事可乐的口感优于可口可乐，此举马上使百事的销量激增，百事以口味取胜。

耗资数百万美元的口味测试：跌入调研陷阱

对手的步步紧逼让可口可乐感到了极大的威胁，它试图尽快摆脱这种尴尬的境地。1982 年，为找出可口可乐衰退的真正原因，可口可乐决定在全国 10 个主要城市进行一次深入的消费者调查。

可口可乐设计了"你认为可口可乐的口味如何？""你想试一试新饮料吗？""可口可乐的口味变得更柔和一些，您是否满意？"等问题，希望了解消费者对可口可乐口味的评价并征询对新可乐口味的意见。调查结果显示，大多数消费者愿意尝试新口味可乐。

可口可乐的决策层以此为依据，决定结束可口可乐传统配方的历史使命，同时开发新口味可乐。没过多久，比老可乐口感更柔和、口味更甜的新可口可乐样品便出现在世人面前。为确保万无一失，在新可口可乐正式推向市场之前，可口可乐公司又花费数百万美元在 13 个城市中进行了口味测试，邀请了近 20 万人品尝无标签的新/老可口可乐。结果让决策者们更加放心，六成的消费者回答说新可口可乐味道比老可口可乐要好，认为新可口可乐味道胜过百事可乐的也超过半数。至此，推出新可乐似乎是顺理成章的事了。

背叛美国精神：新可乐计划以失败告终

可口可乐不惜血本协助瓶装商改造了生产线，而且，为配合新可乐上市，可口可乐还进行了大量的广告宣传。1985 年 4 月，可口可乐在纽约举办了一次盛大的新闻发布会，邀请 200 多家新闻媒体参加，依靠传媒的巨大影响力，新可乐一举成名。

看起来一切顺利，刚上市一段时间，有一半以上的美国人品尝了新可乐。但让可口可乐的决策者们始料未及的是，噩梦正向他们逼近——很快，越来越多的老可口可乐的忠实消费者开始抵制新可乐。

对于这些消费者来说，传统配方的可口可乐意味着一种传统的美国精神，放弃传统配方就等于背叛美国精神，"只有老可口可乐才是真正的可乐"。有的顾客甚至扬言将再也不买可口可乐。

每天，可口可乐公司都会收到来自愤怒的消费者的成袋信件和上千个批评电话。尽管可口可乐竭尽全力平息消费者的不满，但他们的愤怒情绪犹如火山爆发般难以控制。

迫于巨大的压力，决策者们不得不做出让步，在保留新可乐生产线的同时，再次启用近100年历史的传统配方，生产让美国人视为骄傲的"老可口可乐"。

仅仅3个月的时间，可口可乐的新可乐计划就以失败告终。尽管公司前期花费了两年时间，数百万美元进行市场调研，但可口可乐忽略了最重要的一点——对于可口可乐的消费者，尤其是老消费者而言，口味并不是最主要的购买动机，而是因为老配方的可口可乐背后承载着一种传统的美国精神，放弃老配方就等于背叛美国精神，这是新可乐调研计划失败的主要原因。

案例二：防不胜防的网络传销

大四的下半学期，小聂接到一个面试通知，对方自称A公司，在招聘网站上看了小聂的简历，而他们正好要招聘销售人员。"那时候求职正是旺季，大家差不多每天都会接到几个电话"，小聂没有怀疑。而且后来他上网查看公司信息也是很正规的外企，虽然地点在深圳，要进行语音面试，小聂觉得还是合情合理。

在第一轮语音面试考察了个人基本信息，诸如姓名、年龄、身高、体重、血型、毕业院校、所学专业以及性格特长等，第二轮面试一位号称姓孙的"主管"又询问了小聂的性格特点，以及自身的优缺点和专业方面的一些知识，还征求了他对公司加班、出差的看法，最后考了两道性格测试题。这些在求职过程中频繁经历的面试方式也让小聂更加放心，而对方表现出来的和善及对他的认可更是让他对这份工作越来越多地期待。

等他得到被A公司录取的正式通知，要求他携带身份证及两份复印件、学历及奖励证明、一英寸免冠照片5张、一个月的生活费到深圳报到的时候，小聂还觉得很欣慰，觉得可以到南方开创一番新的事业。没想到的是，列车到站后噩梦就开始了。面试过小聂的孙主管很快告诉他，他的工作是"网络销售"，这里也不是他在网上查找到的A公司，他们只是借用了同在深圳的A公司的名义。没办法完全死心的小聂尽管觉得事实的真相很难接受，还是硬着头皮留了下来，结果在此后的几天里他发现差不多每个人都是被骗来的，上当的人中也以大学生居多。和同学取得联系后，小聂才终于明白自己已经身陷传销陷阱，而且是大学生传销。第二天他就强烈要求离开公司，而公司看到小聂20多天没有任何业务进展，就语带讥讽地说小聂和面试时候差距太大，不是他们需要的"真正的人才"，小聂才得以顺利脱身。虽然损失的路费生活费也不是小数目，但是终于逃出了传销陷阱没有失去更多，小聂已经觉得是万幸了。

面对铺天盖地的各类信息，我们要提高警惕，运用信息鉴别的各种方法，识别真假信息，避免上当受骗。

三、过程训练 Process Training

活动一：课题信息检索

学术课题信息检索是进行学科研究的前提，作为当代大学生利用互联网资源进行学术课题信息检索是基本信息能力之一。

（一）活动目的

1. 通过活动掌握学术信息获取的方法和工具。
2. 培养学员进行课题分析、信息获取的基本能力。
3. 熟悉网络信息获取工具。

（二）规则与程序

1. 确定学术课题。在老师的指导下，选择与所学专业相关的学术课题进行分析和研究，并根据已经掌握的专业知识了解该学术课题的背景。
2. 确定检索词。根据学术课题确定检索入口关键词，包括一次检索关键词和二次检索关键词。
3. 选择检索工具。为了更加全面地检索信息，根据信息来源的不同选择最具代表性的搜索引擎来检索，以保证检索结果的准确性。请在以下每类搜索引擎中至少选择一个作为检索入口。
   搜索引擎：Google、百度
   数据库：中国知网、万方数据库、维普网
   数字图书馆：超星电子图书、方正阿帕比、学校图书馆
4. 实施检索。根据不同检索工具分别设计不同的检索策略，并将检索结果进行整理。

活动二：鉴别垃圾邮件

现在很多企业、商家、个人通过群发电子邮件来达到宣传的目的，这给网民带来了很多垃圾邮件。据中国互联网络信息中心统计，我国网民平均每周收到 152.1 封电子邮件，其中垃圾邮件 131.9 封，已远远超过 50%。结合你自己接收、发送电子邮件的真实情况，交流、分析对所接收到的垃圾邮件的处理方式及其危害性的认识。

四、效果评估 Performance Evaluation

评估一：任务理解能力的评价

（一）情景描述

1. 你对任务的描述情况是：   （   ）

A. 对任务的内容分析不清，描述不明确

B. 能基本描述，列举任务的内容，对任务的目标有一些认识

C. 能比较详细地描述，列举任务，对任务的目标有明确的认识

2. 在分析任务时，你提出相关问题的能力：　　　　　　　　　　　　（　　）

A. 不知提什么问题

B. 能提出一到两个相关问题

C. 能提出三个以上的相关问题

3. 当接受任务时，你知道多少种有助于了解任务内容的途径？　　　　（　　）

A. 不知道　　　　　　　　B. 一两种　　　　　　　　C. 三种以上

4. 针对一个信息获取任务，你对别人给出的完成任务的相关实例的分析能力：

（　　）

A. 不能从实例中获得与分析任务相关的信息

B. 基本能通过实例理解任务的目标

C. 能通过分析和模仿较好理解任务的内容和目标

5. 当接受一个任务时，别人提供了一些相关资料，你能通过个人的再收集，能完全理解任务的内容和目标吗？　　　　　　　　　　　　　　　　　　（　　）

A. 需要在别人指导下，才能完成再收集和任务分析理解

B. 需要别人给予一部分帮助，才能完成再收集和任务分析理解

C. 可以独立完成再收集，较好地理解任务的内容和目标

（二）评估标准与结果分析

若选择 4 个 C 及以上，说明你具有很强的理解能力，在接受任务后，能很快的准确了解任务的内容和目标。

若选择 2 个 C 和 2 个及以上的 B，说明你具有一定的理解能力，在接受任务后，能通过自己的努力和别人的一些帮助，较好地了解任务的内容和目标。

若选择 2 个 B 和 2 个及以上的 A，说明你的理解能力存在问题，在接受任务后，需要通过别人的大量帮助，才能了解任务的基本内容和目标。

若选择 4 个及以上的 A，说明你的理解能力很差，需要接受相关训练提高理解能力。

评估二：信息的分类整理能力测评

（一）情景描述

请根据你的实际情况，回答下列问题，如果回答"是"，就在后面的括号内打"√"，否则打"×"。

1. 你衣柜中的衣服是分类存放且叠放整齐。　　　　　　　　　　　（　　）

2. 你书架上书的摆放是很有规律的，找书很快。　　　　　　　　　（　　）

3. 你电脑硬盘中文件的存放非常有条理，而且文件和文件夹的命名都有一定规则。

（　　）

4. 你习惯在考试前详细地规划演算纸，以便进行复查。　　　　　　（　　）

5. 你会在开完会后重新整理会议笔记吗？　　　　　　　　　　　　（　　）

6. 你能从一大堆杂乱的东西中快速找到你需要的东西。 （　　）

7. 你能快速找到两个相似事物中间的明显区别。 （　　）

8. 你能在两个不相干事物中间找到联系或共同点。 （　　）

9. 你能将一堆杂乱无章的信息快速整理出头绪来。 （　　）

10. 当你面对一堆繁杂信息时，你能否保持头脑清醒。 （　　）

11. 当你看到一个新事物时，你会马上联想到与之相似或相近的事物，并会思考它的类别归属问题。 （　　）

12. 你对动物、植物及自然界其他事物的分类非常感兴趣。 （　　）

13. 你能将一堆繁杂的信息分成若干类别，并能清楚地表述分类的理由。 （　　）

（二）评估标准与结果分析

1. 如果你对问题 1～5 中至少 3 个画"√"，表示你是一个条理性强且具有良好整理习惯的人。

2. 如果你对问题 6～10 中至少 3 个画"√"，表示你是一个具有整理归类信息潜质的人。

3. 如果你对问题 11～13 中至少 2 个画"√"，表示你是一个信息分类意识很强的人。

任务二　信息分析与展示

职场在线

小王是某连锁超市的市场部经理，该超市拟决定在某城市某区域增开一家门店，要求小王进行市场调查，并将调查的结果形成分析报告递交给公司的相关领导。经过前期的调研，小王主要在以下几个方面做了调查。

1. 人口调查：包括该区域的人口数量、人口结构、购买习惯、经济收入、人流量等。

2. 城市设施状况：包括学校、企业、政府结构、娱乐场所等。

3. 交通条件：包括车流密度、人流密度、道路宽度、停车场数量等。

4. 竞争环境：包括周边竞争品牌的数量、品牌结构、潜在竞争品牌等。

5. 基本费用：包括租金、物业管理、国税、地税、员工工资等。

现要对以上调查的信息进行分析，并将分析的结果以报告的形式递交给公司领导。

对以上的信息进行分析，小王可以将其分为哪些类型？有怎样的功能和作用？

在撰写分析报告时，小王为了提高报告的可读性，在报告中插入了大量的图片，并采用柱状图、表格、流程图等形式来展示一些重要的信息，小王这样做是否合理？除此之外，还有哪些方面是需要注意的？学完本任务内容后我们再来回答这些问题。

一、能力目标 Competency Goal

所谓信息分析（Information Analysis）亦称情报分析、情报研究或情报调研，就是根据特定问题的需要，对大量相关信息进行深层次的思维加工和分析研究，形成有助于问题解决的新信息的信息劳动过程。

（一）信息分析的功能和作用

1. 信息分析的功能

信息分析具有整理、评价、预测和反馈四项基本功能。

整理功能 对信息进行搜集、组织，使之由无序变为有序。	**评价功能** 对信息价值进行评价，以去粗取精、去伪存真、辨新、权重、评价、荐优。
预测功能 通过对已知信息内容的分析获取未知或未来信息。	**反馈功能** 根据用户的实际消费效果对预测结论进行审议、评价、修改和补充。

上述四项功能是紧密相连的。信息的整理和评价是信息分析的两项基本功能，是为预测和反馈功能的实现做准备的；预测和反馈是信息分析的两项特征性功能，是信息整理和评价功能的进一步拓展和延伸。

2. 信息分析的作用

信息分析的功能决定了其在经济和社会发展中将发挥重要作用，主要体现在：为决策提供依据、论证和备选方案；对决策实施过程进行评价和反馈。

（二）信息分析的方法

信息分析方法是进行信息分析的工具，是实现信息分析工作目标的手段。由于信息分析是一门综合性的学科，其方法多数是从自然科学、社会科学和某些边缘学科的研究方法中借鉴过来的，因此，信息分析的方法显示出综合性的特点。

1. 比较法

比较法，也称比对法，是通过对两个或两个以上研究对象进行对照，以确定它们之间的共同点和差异点的一种逻辑思维方法。通过比较揭示对象之间的异同是人类认识客观事物最原始、最基本的方法，有比较，才能有鉴别，有鉴别才能有选择和发展。

2. 分析综合法

分析与综合是揭示个别与一般、现象与本质的内在联系的逻辑思维方法，是科学抽象的主要手段，它主要解决部分和整体的问题。分析和综合是加工情报信息的基本方法，是揭示事物本质和规律的基本手段，是形成观点和模型的主要工具，也是构成各种逻辑方法的重要基础。

分析	分析是指把复杂事物按照研究目的的需要分解成各组成要素及其关系，并根据事物之间或事物内部各要素之间的相互关系，通过由此及彼、由表及里的研究，达到认识事物的一种逻辑思维方法。常用的方法包括因果分析、表象和本质分析、相关分析等。
综合	综合是将与研究对象有关的各个部分、侧面、属性联系起来考虑，将原来分散的部分整合在一起，从整体的角度把握事物的本质特点及其发展规律，从而获得新知识、新结论的一种逻辑思维方法。常用的综合方法包括简单综合、分析综合、系统综合等。
系统综合	系统综合是从系统论的观点出发，对与研究课题有关的大量信息进行时间与空间、纵向与横向等方面的综合研究。系统综合不是简单的信息搜集、归纳和整理，而是一个创造性的深入认识研究课题的过程。

3. 推理法

推理是从一个或几个已知的判断得出一个新判断的思维过程，就是在掌握一定的已知事实、数据或因素相关性的基础上，通过因果关系或其他相关关系顺次、逐步地推论，最终得出新结论的一种逻辑思维方法。任何推理都由前提和结论两部分组成，都包含三个要素：一是前提，即推理所依据的一个或几个判断；二是结论，即由已知判断推出的新判断；三是推理过程，即由前提到结论的逻辑关系形式。在信息分析中常用的推理方法有常规推理、归纳推理和假言推理等。

4. 德尔菲法

德尔菲法，又名专家意见法，是依据系统的程序，采用匿名发表意见的方式，即团队成员之间不得互相讨论，不发生横向联系，只能与调查人员发生关系，以不具名的方式填写问卷，以集结问卷填写人的共识及搜集各方意见，可用来构造团队沟通流程，应对复杂任务难题的管理技术。1964 年，兰德公司的赫尔墨和戈登首次将德尔菲法应用于科技预测中，并发表了《长远预测研究报告》，此后，德尔菲法便迅速在美国和其他国家广泛应用。

德尔菲法主要应用在为不确定因素较多、结构比较复杂、影响范围大、具有重大意义的事件提供决策参考意见的前期讨论场合中。

5. 头脑风暴法

头脑风暴法（Brain Storming）是由美国创造学家 A. F. 奥斯本于 1939 年首次提出，1953 年正式发表的一种激发性思维的方法。头脑风暴法，也称为专家会议法，是"一个团体试图通过聚集成员自发提出的观点，以为一个特定问题找到解决方法的会议技巧"，它以召开小型会议的方式，使所有参加者在轻松愉快、无拘无束的气氛中，通过畅所欲言，让各种思想火花自由碰撞，从而激发每个人大脑的潜能，产生创造性思维的方法。头脑风暴法一般用于对战略性问题的探索，现在也用于研究产品名称、广告口号、销售方法、产品的多样化研究等，以及需要大量的构思、创意的行业。

6. 回归分析法

回归分析是指在掌握大量观察数据的基础上，处理两个或两个以上变量之间依赖关系的一种统计分析方法。回归分析按照涉及的自变量的多少，可分为一元回归分析和多元回归分析；按照自变量和因变量之间的关系类型，可分为线性回归分析和非线性回归分析。目前这一方法在信息分析领域获得了广泛的应用。

（三）信息的编排与设计

信息编排与设计的最终目的在于使内容清晰、有条理、主次分明，具有一定的逻辑性，以促使视觉信息得到快速、准确、清晰的表达和传播。符合形式美法则的编排设计能使版面简洁、生动、充实、协调，更能体现秩序感，从而获得更好的视觉效果。

1. 文字信息的编排与设计

一个信息，从传者手中进入传播渠道其最终的目的是要实现价值的最大化，是信息为受众所用，因此，在语句编辑时要适应他们的需要、爱好和能力水平，具体来说，在进行语句撰写时要注意以下几点。

（1）多用主动语态，因为主动语态表达的信息更为完整。

（2）生动而形象地表达信息的内容。

（3）多用短句子、多用简单句，但内容要完整。

（4）多用短段落，长的段落总容易让人感觉到压力。

（5）使用确切的表达方式。

（6）行文风格要向受众靠拢，如男人、女人、孩子、老人不同的受众要使用不同的行文风格。

2. 图像信息的编排与设计

无论是从科学技术层面还是文化心理层面，今天的信息传播已经无可否认地进入了一个以受众为中心的"读图时代"，图像信息风靡一时。现代社会的快节奏，使得人们的心理疲劳程度加大，人们更愿意选择摄取那些直观、简单而形象的图像信息，因此，图像信息的编排与设计在信息的传播过程中将越来越重要。

在图片信息的编排和设计时要注意以下几点。

（1）统一文字与图片的边线。

（2）不要用图片将文字切断。

（3）注意图片中插入文字的处理。

（4）注意所用图片的相互关系。

我们还要善于把其他形式的信息图表化，这不仅能使信息更易于接收，也能在转化的过程中产生新的信息，使信息的内容更加丰富。

（四）信息的展示

不同的信息有不同的展示方式，相同的信息也可以通过不同的形式进行展示，当然，效果也是各不相同的。

1. 信息展示的形式

信息的展示形式有文字描述、表格、图形、图像、音频、视频等，有些信息展示的形式是由信息的内容决定的，有些信息的展示形式是由信息处理的方式决定的。具体的信息展示形式要求包括：

信息展示形式的选择
对于分析结果比较明确、结构较为简单的，可以采用文字描述的形式进行展示
对那些内容较多，条理性较强，具有共同特征的信息，一般采用表格进行展示比较恰当
对于具有数据性、对比性强的定性分析或定量分析信息可以采用坐标图、柱状图等图表进行展示
对于具有几何结构或方位性特征的设计类信息一般采用图形方式进行展示
对于具有多媒体特征的数据分析结果一般采用图像、音频或视频等形式进行展示

总之，要根据不同的信息选择不同的展示方式，以便更好地反映信息的内容，使信息接收者更容易理解。

2. 信息展示的要求

直观性强
信息处理的很多结果都是直接给人看的，所以要用人容易接受的形式进行表示，越直观越好。

方便使用
信息处理的结果无论是用于哪个方面，都应根据其输出对象的具体需求转变表示形式，以达到优良的应用效果。

结构清晰、完整
对于将要展示的信息，必须保证其结构的清晰和完整，以免出现偏差。

降低容量、提高精度
信息处理是提炼和升华信息进行的过程，信息的展示应该既使得信息更易于接受，也不减少信息的内容。

二、案例分析 Case Study

案例：兰德公司的信息分析与成功预测

兰德公司是美国最重要的以军事为主的综合性战略研究机构。它先以研究军事尖端科学技术和重大军事战略而著称于世，继而又扩展到内外政策各方面，逐渐发展成为一个研究政治、军事、经济科技、社会等各方面的综合性思想库，被誉为现代智囊的"大脑集中营""超级军事学院"，以及世界智囊团的开创者和代言人。它可以说是当今美国乃至世界最负盛名的决策咨询机构。

兰德公司正式成立于 1948 年 11 月。总部设在美国加利福尼亚州的圣莫尼卡，在华盛顿设有办事处，负责与政府联系。第二次世界大战期间，美国一批科学家和工程师参加军事工作，把运筹学运用于作战方面，获得成绩，颇受朝野重视。战后，为了继续这项工作，1944 年 11 月，当时陆军航空队司令亨利·阿诺德上将提出一项关于《战后和下次大战时美国研究与发展计划》的备忘录，要求利用这批人员，成立一个"独立的、介于官民之间进行客观分析的研究机构""以避免未来的国家灾祸，并赢得下次大战的胜利"。根据这项建议 1945 年年底，美国陆军航空队与道格拉斯飞机公司签订一项 1000 万美元的"研究与发展"计划的合同，这就是有名的"兰德计划"。"兰德（Rand）"的名称是英文"研究与发展（research and development）"两词的缩写。不久，美国陆军航空队独立成为空军。1948 年 5 月，阿诺德在福特基金会捐赠 100 万美元的赞助下，"兰德计划"脱离道格拉斯飞机公司，正式成立独立的兰德公司。

兰德的长处是进行战略研究。它开展过不少预测性、长远性研究，提出的不少想法和预测是当事人根本就没有想到的，而后经过很长时间才被证实了的。兰德正是通过这些准确的预测，在全世界咨询业中建立了自己的信誉。

成立初期，由于当时名气不大，兰德公司的研究成果并没有受到重视。但有一件事情令兰德公司声誉鹊起。朝鲜战争前夕，兰德公司组织大批专家对朝鲜战争进行评估，并对"中国是否出兵朝鲜"进行预测，得出的结论只有一句话："中国将出兵朝鲜。"当时，兰德公司欲以 500 万美元将研究报告转让给五角大楼。但美国军界高层对兰德的报告不屑一顾。在他们看来，当时的新中国无论人力，还是财力都不具备出兵的可能性。然而，战争的发展和结局却被兰德准确言中。这一事件让美国政界、军界乃至全世界都对兰德公司刮目相看，战后，五角大楼花 200 万收购了这份过期的报告。

第二次世界大战结束后，美苏称雄世界。美国一直想了解苏联的卫星发展状况。1957年，兰德公司在预测报告中详细地推断出苏联发射第一颗人造卫星的时间，结果与实际发射时间仅差两周，这令五角大楼震惊不已。兰德公司也从此真正确立了自己在美国的地位。此后，兰德公司又对中美建交、古巴导弹危机、美国经济大萧条和德国统一等重大事件进行了成功预测，这些预测使兰德公司的名声如日中天，成为美国政界、军界的首席智囊机构。

正是由于始终坚持客户需求为导向，以详尽的信息分析为支撑，兰德公司才能一次又一次地对许多大课题进行成功的预测。

三、过程训练 Process Training

活动一：头脑风暴法现场模拟

（一）情景模拟

2011 年 7 月 23 日 20 时 27 分左右，北京至福州的 D301 次列车行驶至温州市双屿路段时，与杭州开往福州的 D3115 次列车发生追尾，导致 D301 次列车 4 节车厢从高架桥上掉落，事故造成 40 人死亡。时隔不久的 2011 年 9 月 27 日下午，上海地铁 10 号线发生列车追尾事故，事故已造成 271 人受伤。日本媒体称中国高铁是盗版新干线，并呼吁德国联手起诉中国高铁。中国铁路为什么会频频出现问题，是我们的技术还不够过关，还是管理方面存在漏洞。到底中国铁路怎么了？我国铁路最主要的安全隐患有哪些，你认为最好的解决办法是什么？

（二）讨论原则

第一，自由思考。即要求与会者尽可能解放思想，无拘无束地思考问题并畅所欲言。
第二，延迟评判。即要求与会者在会上不要对他人的设想评头论足。

第三，以量求质。即鼓励与会者尽可能多而广地提出设想，以大量的设想来保证质量较高的设想的存在。

第四，结合改善。即鼓励与会者积极进行智力互补。

（三）规则与程序

1. 全班同学分成两个组同时进行现场模拟，在组内展开我国铁路目前存在哪些安全隐患的讨论，注意两组的距离，不要影响到另一组同学的讨论。

2. 每组选出 2 位同学做记录员。

3. 讨论时间为 25 分钟。

4. 每组的两位记录员将大家的意见进行分类与整合，并在全班同学面前公布本组的讨论结果。

5. 大家对两组的讨论结果进行对比，看看有什么异同。

6. 老师进行总结。

活动二：名片设计

名片是新朋友互相认识、自我介绍的最快、最有效的方法。交换名片是商业交往的第一个标准官式动作。请为你自己假设一个十年后的身份，并根据文字信息和图片信息的编排与设计原则，设计一个名片。

活动要求：

1. 身份设计要合理，要包含身份的主要信息，如职衔、联系方式、企业标志、特殊理念等。

2. 名片设计布局美观实用，切合主题，文字具有易读性和可读性，形式具有美感，且具有创造性。

3. 设计完成后，学员们相互交流，并选出最具代表性的 5 个名片设计，由老师进行点评和总结。

四、效果评估 Performance Evaluation

评估：分析能力测试

（一）情景描述

本测评主要考查学员的基本分析能力，通过评估帮助被评估者了解自己基本分析能力的情况。

1. 今天是丹尼爷爷出生后的第二十个生日（出生那天不算在内），你能够很快算出丹尼爷爷的生日吗？

2. 吉米喜欢登山。一天他随登山队登上了数千米高的山峰后，发现自己一向非常准的机械表走得快了，而下山以后却又发现一手表和以前走得一样准确。你知道手表变快的原因吗？

3. 在一建筑工地上，有一深达 1 米的矩形小洞。一只小鸟不慎飞了进去。小洞很狭窄，手臂伸不进去，若用两根树枝去夹，又可能伤害小鸟。你是否想出了一个简便的方法把小鸟从小洞中救出来。

4. 用小圆炉烤饼（每次只能同时烤两个），每个饼的正反面都要烤，而每烤一面需要半分钟。请问怎样在一分半钟内烤好三个饼？

5. 两只同样的烧杯内均盛装着100℃热水500毫升。如果在一只杯子内先加入20℃冷水200毫升，然后再静止冷却5分钟。而另一只杯子先静止冷却5分钟，然后再加入20℃冷水200毫升。请问：此时，这两只烧杯内的水温哪一个低？

6. 一列火车离开波士顿开往芝加哥，与此同时，另一列火车离开芝加哥开往波士顿。从波士顿出发的火车60英里/小时，从芝加哥出发的火车50英里/小时。请问：当两列火车相遇时，哪一列火车离波士顿较近？

7. 有一个商人，临终前对妻子说："你不久就要生孩子了。如果生的是女孩，你就把财产分给她1/3，你留2/3；如果是男孩，就分给他2/3，你留1/3。"商人死后不久，妻子生了孩子。可她生的是双胞胎：一个男孩，一个女孩。那么，财产应该如何分配才能满足商人的遗愿呢？

8. 假定桌子上有三瓶啤酒，每瓶平均分给几个人喝，但喝各瓶啤酒的人数不相等，不过其中一个人喝到了三瓶啤酒，且每瓶啤酒的量加起来正好一整瓶。请问：喝这三瓶啤酒的各有多少人？

（二）参考答案及结果分析

1. 丹尼爷爷生日是2月29日。

2. 机械手表的摆轮在摆动时要受到空气的阻力。高山上的空气比平地上的空气稀薄。所以，手表在高山上比在平地上走得快一些。

3. 把沙慢慢灌入洞里，小鸟便会随洞中沙子的升高而回到洞口。

4. 将三只要烤制的饼编号成A、B、C。先把A、B两只饼放在炉上烤；半分钟后，把A翻个面，同时取下B，放上C继续烤；又过了半分钟后，取下A，换上B，烤B未烤过的一面，同时把C翻过来烤。

5. 第二只杯内水温低（先做一次实验，再想想是何道理）。

6. 当两列火车相遇时，它们离波士顿的距离应该相同。

7. 按商人的遗愿应将财产分为7等份，然后给男孩4份，给女孩1份，给妻子留2份。

8. 喝这三瓶啤酒的人数为2人、3人、6人。即第一瓶两人喝，每人平均喝半瓶；第二瓶3人喝，每人平均喝1/3瓶；第三瓶6人喝，每人平均喝1/6瓶。其中一个人三瓶都喝了，加起来的量（1/2+1/3+1/6）＝1，正好是一瓶。

在这8道测试题中，如果你能顺利地正确回答出6题以上，说明你的分析能力很强，如果你能顺利地回答出4～6题，说明你的分析能力一般，还比较正常；如果你只答对了4题以下，那你的分析能力就很差，平时要注意多加训练和思考。

任务三　信息传递与利用

职场在线

　　小庄是某保险公司的业务员，现该保险公司开发了一款新型的保险产品，这款产品打破传统的产品模式，市场预期前景非常好，现在公司要求小庄大力推广该产品，小庄经过一番思考后，决定采取以下的方式。

　　1. 通过电话联系老客户，向其简单介绍该款产品的情况；

　　2. 召开新老客户交流会，在现场以演讲和座谈的形式向客户介绍该款保险；

　　3. 制作宣传小册子，详细介绍该保险产品的特点和优势；

　　4. 通过邮件、短信、微信、QQ、微薄等方式向客户发送信息，向客户简单介绍该款产品；

　　5. 上门回访老客户，借机向老客户宣传该款产品。

　　以上的方式中，小庄主要通过哪些途径来向客户传递信息？小庄采取的方式是否合理，还可以采取哪些方式？

　　在电话联系客户、召开交流会、向客户发送邮件等时要注意哪些问题？让我们带着问题来学习本任务的内容。

一、能力目标 Competency Goal

　　信息需要传递。信息如果不能传递，信息的存在就失去了意义，发出信息与接受信息就是信息的传递。良好的信息传递能力可以让我们更好地与社会成员交流、融合，获得友谊、尊重与成功。

　　（一）信息的口头传递

　　就职业而言，现代社会各行各业的从业者都需要有良好的口头交流能力。对政治家和外交家来说，口齿伶俐、能言善辩是基本的素质；销售人员推销商品、招徕顾客，策划人员把企划方案向具体执行者进行讲解，企业家经营管理企业，这都需要好的信息口头传递能力。

　　1. 交谈

　　在人们的日常交往中，具有良好语言交流能力的人能把平淡的话题讲得非常吸引人，而口笨嘴拙的人就算他讲的话题内容很好，人们听起来也是索然无味。

　　如果你能和任何人持续谈上 10 分钟并使对方发生兴趣，那么你就拥有了很好的交谈能力。

谈话的时候态度要诚恳、自然、大方，语气要和蔼、亲切，表达要得体。谈话内容事先要有准备，应该开门见山地向对方说明来意或交谈的目的，或是寒暄几句后就较快地进入正题。那种东拉西扯的闲聊，既浪费时间，又会使对方厌烦，甚至怀疑你的诚意。

不要轻易打断别人的谈话。自己讲话的时候，要给别人发表意见的机会，不要滔滔不绝，旁若无人、大搞一言堂。对方讲话的时候要耐心倾听，目光要注视对方，不要左顾右盼，也不要有看手表、伸懒腰、打哈欠等漫不经心的动作。

如果对方提到一些不便谈论的问题，不要轻易表态，可以借机转移话题。如果有急事需要离开，要向对方打招呼，表示歉意。

2. 电话

接打电话对现代人来说是最常用的不过的口头交流方式了，如何通过接打电话，特别是商务电话进行准确、有效的信息传递，以完成各种工作活动，对每个人来说都是需要掌握的能力。

（1）确定合适的时间。当需要打电话时，首先应确定此刻打电话给对方是否合适，要考虑此刻对方是否方便听电话。

（2）开头很重要。无论是正式的电话业务，还是一般交往中的不太正式的通话，自报家门都是必需的，这是对对方的尊重。

（3）通话尽量简明扼要。在做完自我介绍以后，应该简明扼要说明通话的目的，尽快结束交谈。在业务通话中，"一个电话最长三分钟"是通行的原则，超过三分钟应改换其他的交流方式。

（4）如果你要找的人恰巧不在，你可以直接结束通话，如果事情不是很紧急，而且还有其他的联系方式的情况下，可以直接用"对不起，打扰了，再见"的话结束通话；也可以请教对方联系的时间或其他可能联系的方式；还可以请求留言，留言时要说清楚自己的姓名、单位名称、电话号码、回电时间、转告的内容等。

（5）适时结束通话。通话时间不宜过长。结束谈话时，要把刚才谈过的问题适当总结一下。最后，应说几句客气话，以显得热情。放话筒的动作要轻，否则对方会以为你在摔电话。

3. 口头汇报

口头汇报就是汇集材料，向相关人员所作的口头陈述。汇报因为是个人为主要陈述者，所以对个人的语言能力有较高的要求，当然在汇报之前汇报人还要做好充分的准备。

讲什么
有的人作汇报的时候不知道如何安排内容、主题不突出、思路不清晰，让人听了以后不知所云。针对汇报的主题确定内容，对重点有取舍，做到条理清晰、数据确凿、简短精练。

怎么讲
万事开头难，开头的前几秒钟很重要。开头的目的是要引起兴趣，引出主题。汇报人的语气也不能太平铺直叙，要抑扬顿挫，用你的情绪感染听众。

用什么方式呈现
适当的视听辅助工具会使内容更形象和直观，有助于听众理解内容，让听众形成深刻印象。还可将难于理解的数据做成图表，便于直观理解。最常用的辅助方式就是PPT。

讲多长时间
在规定的时间内游刃有余地完成汇报，可以体现出汇报人干练、训练有素。时间过长或过短都显得准备不充分。条件允许时最好提前演练，做到内容熟悉，思路清晰。

4. 新闻发布

新闻发布是一个社会组织或企业直接向新闻界发布有关信息，解释重大事件而举办的活动，是企业产品发布和危机公关的最佳宣传方式之一。在新闻发布会上，具备优秀素质的新闻发言人总是从容不迫，镇静自如。新闻发言人通常需要具备以下五种能力。

（1）要讲政治、守纪律，提高维护组织和企业形象的能力。

（2）要懂全局、知实情，提高新闻发布的能力。

（3）要快反应、早介入，提高处理突发事件的能力。

（4）会表达、善应对，提高引导和攻关的能力。

（5）要勤思考、多调研，提高舆情分析的能力。

当然，新闻发言人的口语表达能力也是非常重要的。新闻发言人应该会说一口流利的普通话，机智敏捷、幽默诙谐；应该具有良好的气质与风度，得体大方；应该用词准确、思路清晰，有较强的说服力和感染力。

5. 演讲

演讲在人们的日常生活和工作中也是十分重要的。例如，在集体会议上发表意见，鼓励下属，说服某人采取行动，推销产品，合作开发，投标，产品项目公开说明等都需要一定的专业、娴熟的演讲技巧。很多人都错误地认为演讲技巧是天生的，但事实上是通过后天培养任何人都能够掌握这一技能。只要不断地实践和提高，即使最胆怯的人都能成为这方面的专家。

（二）信息的书面传递

自从文字和书写工具发明以来，信息的书面传递就成为信息传递中最有效的方式之一，从家书、情信到公文、战报，从计划总结到调查报告，从合同协议到标书条约，从提案申请到通知通告，从宣传手册到鸿篇巨制，这些都是信息的书面传递。

1. 通知

通知适用于批转下级机关的公文，转发上级机关和不相隶属机关的公文，传达要求下级机关办理和需要有关单位周知或者执行的事项，任免人员等。通知的使用范围广、频率高，行文方向灵活。

根据作用不同，通知分为发布性通知、指示性通知、知告性通知、批转性通知、转发性通知、任免性通知、事务性通知等。

通知正文一般包括缘由、事项和执行要求三部分内容。通知的内容要有很强的针对性。通知事项要表述得具体明白。通知语言表达要准确简明，文风庄重，语气果断、肯定。

2. 报告

报告适用于向上级机关汇报工作，反映情况，答复上级机关的询问。报告是广泛采用的重要的上行文。各单位在向上级汇报工作时，在工作中发生重大情况或特殊问题时，在完成上级交办或布置的事项时，在答复上级机关询问时，都要写报告。

报告的主要特点是内容的实践性和表达的陈述性。报告一般是对已做过工作的回顾和总结，是以实践为依据的。报告的种类很多，按内容可分为工作报告、情况报告、答复报告、辞职报告等；按性质可分为综合性报告和专题性报告。此外，还有一些业务文书，如"调查报告""审计报告""评估报告""立案报告""可行性分析报告"等，与一般的报告有所不同。

报告的正文一般由开头（报告缘由）、主体（报告事项）和结束语三部分组成。开头即报告缘由，交待报告的起因、缘由或说明报告的目的、主旨、意义。主体即报告事项，这是报告的主要内容，一般写主要情况，措施与结果，成效与存在的问题；有些还要写经验或教训，意见或建议，打算安排等。报告一般用惯用语"特此报告""以上报告，如有不妥，请指正"等结束。

报告写作时内容要真实、具体，重点要突出、有序，不要夹带请示事项。

3. 计划

计划是指用文字和指标等形式所表述的组织以及组织内不同部门和不同成员，在未来一定时期内关于行动方向、内容和方式安排的管理事件。计划按内容分，可分为工作计划、生产计划、科研计划、学习计划等；按执行主体分，可分为国家计划、部门计划、单位计划和个人计划；按时间分，可分为五年计划、年度计划、季度计划、月份计划等；按性质分，可分为综合计划和专题计划；按格式分，可分为条文式计划、表格式计划、条文加表格式计划。

计划的结构一般包括标题、格式、内容和落款四个部分。

4. 总结

总结与计划相对应，是对过去一定时期的工作、学习或思想情况进行回顾、分析，并做出客观评价的书面材料。按内容分，有学习总结、工作总结、思想总结等，按时间分，有年度总结、季度总结、月份总结等。总结的结构也包括标题、开头（引言）、主体、落款四个部分。

总结的写作要合理安排顺序，在写作时一定要理清思路，合理安排写作结构。要实事求是，所列举的事例和数据都必须完全可靠，确凿无误，而不能弄虚作假、谎报情况、夸大成绩、文过饰非。要找出规律性，必须从理论的高度概括经验教训，得出规律性的认识，才可能指导实践。

5. 自荐书

自荐书是介绍自己，自我推销较正式的书信形式，它总结归纳了履历表，并重点突出你的背景材料中与未来雇主最有关系的内容。一份好的自荐书能体现你清晰的思路和良好的表达能力，能反映出你的沟通交际能力和你的性格特征。

自荐书主要包括：自荐信、个人简历、本专业介绍、学习成绩、各种奖励、证书、作品等的复印件。

（1）自荐信。自荐信的格式和一般书信大致相同，即称呼、正文、结尾、落款。自荐信的主要内容应包括自己具有用人单位所需要的哪些条件、才能，以及自己对工作的态度。

成功的自荐信应该表明自己乐意同将来的同事合作，并愿意为事业而奉献自己的聪明才智。

（2）个人简历。简历，顾名思义，就是对个人学历、经历、特长、爱好及其他有关情况所做的简明扼要的书面介绍。

（三）信息的电子传递

随着互联网的极速发展，通过互联网进行信息的电子传递逐渐成为人们信息交流的重要方式，其中电子邮件、微博、博客、即时通信软件等在人们的日常生活或工作中越来越成为必不可少的交流工具。

1. 电子邮件

电子邮件（electronic mail，简称 E－mail，标志：@）是一种用电子手段提供信息交换的通信方式，是 Internet 应用最广的服务。通过网络的电子邮件系统，用户可以用非常低廉的价格（不管发送到哪里，都只需负担网费即可），以非常快速的方式（几秒钟之内可以发送到世界上任何你指定的目的地），与世界上任何一个角落的网络用户联系。电子邮件不仅可以传递文字信息，还可以传递图像、声音、动画等多媒体信息。

2. 微博

微博，即微博客（MicroBlog）的简称，是一个基于用户关系的信息分享、传播以及获取平台，用户可以通过 WEB、WAP 以及各种客户端组建个人社区，以 140 字左右的文字更新信息，并实现即时分享。最早也是最著名的微博是美国的 twitter。2009 年 8 月，中国最大的门户网站新浪网推出"新浪微博"，成为门户网站中第一家提供微博服务的网站，微博正式进入中文上网主流人群视野。至 2013 年上半年，新浪微博注册用户达到 5.36 亿，微博成为网民上网的主要活动之一。

微博在信息的传递中具有以下特点。

（1）信息获取具有很强的自主性、选择性，用户可以根据自己的兴趣偏好，依据对方发布内容的类别与质量，来选择是否"关注"某用户，并可以对所有"关注"的用户群进行分类。

（2）信息传递的影响力具有很大弹性，与内容质量高度相关。其影响力基于用户现有的被"关注"的数量。用户发布信息的吸引力、新闻性越强，对该用户感兴趣、关注该用户的人数也越多，影响力越大。

（3）内容短小精悍。微博的内容限定为 140 字左右，内容简短，不需长篇大论，门槛较低。

（4）信息共享便捷迅速。可以在任何时间、任何地点即时发布信息，其信息发布速度超过传统纸媒及网络媒体。

3. 博客

博客（Blog），是一种通常由个人管理、不定期张贴新的文章的网站。这些张贴的文章都按照年份和日期倒序排列。Blog 的内容和目的有很大的不同，从对其他网站的超级链接和评论，有关公司、个人构想到日记、照片、诗歌、散文，甚至科幻小说的发表或张贴都有。博客结合了文字、图像、其他博客或网站的链接及其他与主题相关的媒体，能够让读者以互动的方式留下意见，是社会媒体网络的一部分。

博客的作用体现在四个方面：个人自由表达和出版；知识过滤与积累；深度交流沟通的网络新方式；博客营销。要真正了解什么是博客，最佳的方式就是实践，找一个博客托管网站，申请注册一个自己的博客账号。

4. 即时通信软件

即时通信（Instant Messaging，IM）是一个实时通信系统，允许两人或多人使用网络实时的传递文字信息、文件、语音与视频交流。在互联网上先后出现了几十种提供实时通信服务的软件，其中影响较大的有 QQ、淘宝旺旺、飞信、微信等。在中国影响最大、使用最广的还是 QQ。

QQ 是深圳市腾讯计算机系统有限公司开发的一款基于 Internet 的即时通信软件。腾讯 QQ 支持在线聊天、视频电话、点对点断点续传文件、共享文件、网络硬盘、自定义面板、QQ 邮箱等多种功能，并可与移动通讯终端等多种通信方式相连。

（四）信息在决策中的作用

信息与决策具有相互支持和相互依赖的关系，决策者只有快速准确地获得信息，有效地利用信息，适时把握决策时机，才能获得较好的决策效益。信息遍及科学、技术、生产、军事、经济、文化、教育等领域，在这些领域中，任何的决策都是与与之相关的信息共生共存的。例如，在引进国外的先进技术和先进设备以前，必须摸清国内外该项技术的或设备的性能、特点、技术经济指标、适用范围等，并对各国同类技术或设备的各项指标进行比较，才能是引进工作建立在科学的基础上，而不致上当受骗。决策是一个过程，在决策的各个阶段都应该重视信息，在决策前，要发挥信息的超前作用，不仅能促成决策及早完成，还有助于决策者更新知识，开阔眼界，启发思路，增强判断能力；在决策中，要发挥信息的跟踪作用，要在确立目标、准备方案和选定方案每一个阶段都进行信息跟踪；在决策后，要发挥信息的反馈作用，在实践中不断补充和完善决策，最终完美实现目标。

二、案例分析 Case Study

案例：一个成功的电话营销案例

下面是一个打印机公司营销员向已购买该公司打印机的客户进行售后反馈和再次营销的案例。

营销员："您好，请问，李峰先生在吗？"

李峰："我就是，您是哪位？"

营销员："我是××公司打印机客户服务部章程，就是公司章程的章程，我这里有您的资料记录，你们公司去年购买的××公司打印机，对吗？"

李峰："哦，是，对呀！"

章程："保修期已经过去了 7 个月，不知道现在打印机使用的情况如何？"

李峰："好像你们来维修过一次，后来就没有问题了。"

章程："那就好。我给您打电话的目的是，这个型号的机器已经不再生产了，以后的配件也比较昂贵，提醒您在使用时要尽量按照操作规程，您在使用时阅读过使用手册吗？"

李峰："没有呀，不会这样复杂吧？还要阅读使用手册？"

章程："其实，还是有必要的，实在不阅读也是可以的，但寿命就会降低。"

李峰："我们也没有指望用一辈子，不过，最近业务还是比较多，如果坏了怎么办呢？"

章程："没有关系，我们还是会上门维修的，虽然收取一定的费用，但比购买一台全新的还是便宜的。"

李峰："对了，现在再买一台全新的打印机什么价格？"

章程："要看您需要什么型号的，您现在使用的是××公司 33330，后续升级的产品是

4100，不过还要看一个月大约打印多少张。"

李峰："最近的量开始大起来了，有的时候超过10000张了。"

章程："要是这样，我还真要建议您考虑4100了，4100的建议使用量是一个月15000张，而3330的建议使用量是10000张，如果超过了会严重影响打印机的寿命。"

李峰："你能否给我留一个电话号码，年底我可能考虑再买一台，也许就是后续产品。"

章程："我的电话号码是888××××转999。我查看一下，对了，你是老客户，年底还有一些特殊的照顾，不知道你何时可以确定要购买，也许我可以将一些好的政策给你保留一下。"

李峰："什么照顾？"

章程："4100型号，渠道营销价格是12150元，如果作为3330的使用者购买的话，可以给您打八折或者赠送一些您需要的外部设备，主要看您的具体需要。这样吧，您考虑一下，然后再联系我。"

李峰："等一下，这样我要计算一下，我在另外一个地方的办公室也要添加一台打印机以方便营销部的人，这样吧，基本上就确定了，是你送货还是我们来取？"

章程："都可以，如果您不方便，还是我们过来吧，以前也来过，容易找的。看送到哪里，什么时间好？"

后面的对话就是具体的落实交货的地点、时间等事宜了。

这个营销员仅用3分钟就完成了一台打印机的电话营销，在这个过程中，该营销员对于电话营销的把控是非常到位的，特别是在信息的传递过程，做到了重点突出、简明扼要。

三、过程训练 Process Training

活动一：即兴演讲训练

从下列题目中任选一题，准备3～5分钟，在全班学员面前进行即兴演讲。

1. 你觉得你们专业的弱点是什么？应该朝什么方向发展？

2. 有位哲人说："真正让我疲惫的，不是遥远的路途，而是鞋子里的一粒沙。"体会其中的深意，并以此为话题演讲。

3. 张爱玲女士曾经说过这样一句话："对于三十岁以后的人来说，十年八年不过是指缝间的事，而对于年轻人而言，三年五年就可以是一生一世。"请以此为话题进行演讲。

4. 人生的道路上，处处可能遇上不可磨灭的创伤。有句话却说："每一种创伤，都是一种成熟。"您同意这种说法吗？说说你的看法。

5. 幸福不是长生不老，不是大鱼大肉，不是权倾朝野。幸福是每一个微小的生活愿望达成。当你想吃的时候有的吃，想被爱的时候有人来爱你。请以此为话题演讲。

6. 阐述你对"免费是世界上最昂贵的东西"这句话的理解。

7. Dream big, fly high.（大胆梦想，尽情飞翔。）请谈谈你的看法。

活动二：利用"5W"法进行自我职业决策

（一）活动目的

1. 了解职业决策的相关内容。
2. 学习使用"5W"法进行自我职业决策。

（二）活动过程

1. 根据自己的实际情况，按照"5W"法进行职业决策，并做出详细的决策过程。
2. 小组讨论，并将自己的决策过程向其他学员分享。
3. 教师总结。

提示："5W"是指 Who am I（我是谁）、What will I do（我想做什么）、What can I do（我会做什么）、What does the situation allow me to do（环境支持或允许我做什么）和 What is the plan of my career and life（我的职业与生活规划是什么）。

四、效果评估 Performance Evaluation

评估：信息与决策测评

（一）情景描述

老秦有一笔六十万资金，准备投资做工厂或开公司，这个消息被人知道后，立即有许多人拿着项目来找老秦，这些项目如下。

1. 一种清肺利脾的功能型保健茶；
2. 一项能够让手机接收到电视信号的专利技术；
3. 一种微循环的饲料快速生成技术；
4. 一个已经有订单的注塑项目；
5. 一家女性化妆品的生产企业要求融资合作；
6. 一个政府公职人员提出来的政务软件开发项目；
7. 一个有国家政策支持的新型耐火材料的生产项目；
8. 一种能够保护并延长轿车的零部器件使用寿命的新型机油；
9. 南方某政府推出的可由个体投资的公司建设项目；
10. 一个教育部非常重视的少年德育教育项目；
11. 一种仿古家具的制造工艺及生产；
12. 一种外国人趋之若鹜的传统食品开发及生产；
13. 一个专为生产企业提供模具开发与制造的传统项目；
14. 一家国外专利装饰产品正在寻求海内代理商；
15. 一个关于千年古城的旅游开发服务项目；
16. 在繁荣地段开办一家酒楼；

17. 一种具声电效果的滚动广告服务项目；

18. 市郊一片荒地正在招租；

19. 一种全新的用来监测患者血压的医疗专利器械；

20. 一家专为小企业提供服务的典当行。

请你在 20 分钟之内，回答老秦可以考虑投资的项目有哪几个？

（二）评估标准与结果分析

本组项目以六十万的投入划线，可分为四类：

序号	类型描述	项目号	每项得分
1	六十万的投入可完成全部操作	5、10、12、16、17	2
2	六十万的投入可完成前期投入	4、7、8、11、14	1
3	六十万的投入不足	1、2、15、19	0
4	六十万的投入远远不足	3、6、9、13、18、20	−2

10 分以上，对信息认知和判断能力极强，能完美做出决策。

10～5 分之间，对信息认知和判断能力较强，能进行复杂决策。

5～0 分之间，对信息认知和判断能力一般，能进行一般决策。

0 分以下，对信息认知和判断能力极强，决策能力有待提高。

思考与练习

1. 获取信息最关键的是要明确信息任务的目的，如何才能更好地理解信息任务？

2. 通过不同的方法获取的信息可能会有所区别，你能对不同方法获取的信息进行鉴别吗？

3. 信息分析的方法很多，针对不同的情况，可以选择不同的分析方法，那么如何进行选择呢？

4. 在选择信息展示的方式时，应主要考虑哪方面的问题？

5. 试采用"5W"法对自己以后的职业选择情况进行分析。

（一）作业描述

根据本项目的学习内容从下面几个任务中任选一个，完成从信息获取、处理、分析、展示到传递的全过程。

任务 1：班主任要求就"厉行节约、反对浪费"为主题设计一期黑板报，要求主题鲜明，内容翔实，案例典型，设计简洁明快。

任务 2：公务员考试越来越受到大家的欢迎，请对本专业最近 3 年的毕业生考取公务员情况进行调查，并分析公务员考试对就业的贡献率，撰写分析报告为学校就业指导提供参考。

　　任务 3：随着互联网的发展在线教育成为人们学习的重要途径，请对我们近年来在线教育的发展情况进行调查，并将调查结果通过电子邮件发给全班每一个同学。

（二）作业要求

1. 可 2～3 人组成一个小组分工合作。
2. 完整记录任务完成的过程。

项目八　职场上的问题解决

　　解决问题是指利用某些策略和方法，使事物从初始状态达到目标状态的过程，能够帮助组织和个人达到比现在更好的状态，或者说，把一种现在不满意的情形转化为另一种更为满意的情形。解决问题就是在两种状态的差距之间构建桥梁的行动，它包括我们在学习、工作、生活中发挥基本作用的各种技能，它决定着组织和个人的业绩，是一个人生存和发展不可或缺的重要技能。

　　如果在大学时代就能学习和训练解决问题的技能并持之以恒地加以运用，经过一段时间经验的积累之后，你就能从较高层次的视角看待问题并以熟练的技巧解决问题，这时，你就可以被委以重任，能成为一个团队或组织的领导，或者开创自己的事业，这样离职业生涯的成功也就越来越近。

项目知识要点：
- 问题
- 问题意识
- 4W1H 问题描述法
- YY 提问法
- 鱼骨图分析法
- 头脑风暴法
- 六顶思考帽
- 决策评估
- 成本收益分析
- 达成共识法
- 决策表
- 成对比较法
- 甘特图

任务一　问题发现与分析

职场在线

20 世纪初，美国福特公司正处于高速发展时期，订单源源不断，这也意味着出现任何问题都会造成巨大损失。有一天，福特公司一台巨大的电机突然出了毛病，几乎整个车间都不能运转了，相关的生产工作也被迫停了下来。公司调来大批检修工人反复检修，又请了许多专家来查看，可怎么也找不到问题出在哪儿，更谈不上维修了。没办法，福特公司只好聘请著名的物理学家、电机专家斯坦门茨帮忙。

斯坦门茨在电机旁整整观察了两天，然后用粉笔在电机外壳画了一条线，对工作人员说："打开电机，在记号处把里面的线圈减少 16 圈。"工作人员照办了，令人惊异的是，故障竟然排除了！生产立刻恢复了！

福特公司经理问斯坦门茨要多少酬金，斯坦门茨说："不多，只需要 1 万美元。" 1 万美元？就只简简单单画了一条线！当时福特公司最著名的薪酬口号就是"月薪 5 美元"，这在当时是很高的工资待遇，吸引了全美国许许多多经验丰富的技术工人和优秀工程师。1 条线，1 万美元，一个普通职员 100 多年的收入总和！斯坦门茨看大家迷惑不解，转身开了个清单：画一条线，1 美元；知道在哪儿画线，9999 美元。福特公司经理看了之后，不仅照价付酬，还重金聘用了斯坦门茨。

解决问题的先决条件是发现问题所在，进而找到问题产生的原因，才能对症下药，解决问题。在我们的工作和生活中，当我们面临困境时，首先要找准造成困境的问题是什么，只有明确了问题，知道了改进的方向，我们才能摆脱困境，达成目标。

一、能力目标 Competency Goal

问题无处不在，人生来就是为了解决问题而活着。那么，问题到底是什么？如何才能发现问题？对于发现的问题怎样才能清晰、准确地表达出来？通过哪些方法或手段才能找到隐藏在问题之后的真正原因？这是解决问题之前必须要明白的。

（一）问题与问题意识

1. 问题

问题是目标（或理想）与现实之间的差距，是需要思考或研究才能解决的疑难和矛盾（或题目）。

当你想找份好工作但不知如何才能找到；当你想考过某次考试但又不知如何才能一次性顺利通过；你想创业但不知如何创业时；当你想获得更高的职位又不知道从哪里做起

时，你的问题就出现了。

从这些例子中，我们发现"现在的状态"和"理想的状态"之间存在差异。这种差异就是问题产生的根源。

2. 问题的类型

（1）根据问题的性质可以把问题划分为紧迫问题和重要问题、长期问题和短期问题、主要问题和琐碎问题三类。

（2）根据问题的层次及从现有与未来角度的两个维度和四个象限来理解，可以把问题划分为发生型的问题、追求理想产生的问题、将来可能发生的问题、目标设定产生的问题四类。

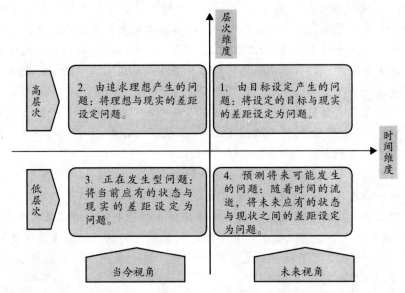

（3）根据问题发生的形态，可把问题分成发生型、探索型和假定型三种问题。

发生型问题即是已经产生的问题，是由于过去某种原因的存在，出现了大家不想看到的结果，也可以说是实际状况与之前的目标发生了偏离的状况。

探索型问题是可以进一步加以改善的问题，它与之前的预期目标间不存在偏离，但由于制定了新的目标，致使目标与现实之间出现了某种人为制定的差异。

假定型问题是发展方向不明确的问题。假定型问题本身并不是问题现状的一种延伸，而是一种未来某种条件下可能发生的问题，也可以说假定型问题本身是以一种假想形式存在的。

3. 问题的结构

问题是目标或理想与现实的差距。在完成目标或追求理想的过程中，会受到现实环境的制约与限制，这些制约因素可能是人的因素，也可能是物的因素，这些因素导致了目标与现实之间出现了差距。在判断问题的时候，不仅要注意目标与现实的因素，还要注意制约因素对问题的影响，故问题的基本结构包括目标或理想、现实及制约因素三方面内容。

4. 问题意识的培养

问题意识是指在认知活动中，通过对认知对象进行积极主动的洞察、怀疑、批判而产生认知冲突，发现问题，并出现对问题的一种强烈的探究性和前瞻性的反应状态。面对同样的问题，具有问题意识的人可以很快发现问题所在并开始着手研究问题的解决方案，而那些缺乏问题意识的人对再重要、再有价值的信息擦肩而过而浑然不知。

问题意识的培养途径有很多，可以归结为勤学、审问、慎思、进取。

勤学
要与时俱进，广泛涉猎各种知识，拓宽自己的视野，增强明辨是非和识别洞察的能力，能在细微之处发现问题，找到解决问题的最佳方法。

审问
抱着怀疑的态度，审慎看待周围发生的事物，不唯书、不唯师、不唯上，不断地提出问题，敢于并善于发现新问题，促使自己不断地解决问题，得到成长。

慎思
对于认知上的冲突或矛盾，抱着严谨仔细的科学态度，仔细思考，认证研究，发现隐藏在现象背后的本质，发现真问题，找到解决问题的有效途径。

进取
面对问题时的心态决定了问题能否被发现与解决，要不抱怨、不气馁，坚持不懈、积极主动地发现和解决问题，用乐观向上的进取心面对一切问题。

（二）发现问题

问题在任何时间和任何地点都有可能出现，我们看不出问题或者问题没有表露出来是因为它们隐藏在某些表象下面，很多问题并不是有形的。西方有一句格言曾说："如果我们能意识到问题的出现，就等同于我们已经将问题解决了一半。"

要想提高发现问题的能力要学会敏锐的洞察力；要具有责任感；要明白自己每天的目标是什么，要清楚自己每天具体做的是什么；要多问自己几个为什么；要时刻保持清醒的头脑和活跃的思维，要经常与人沟通；要善于注重细节；要努力学习专业知识，涉猎相关非专业知识；要加强专业能力的培养；要具有广阔的视野；要经常进行实践锻炼；不受常识左右等。

（三）描述问题

当问题出现或当你发现问题的时候，首先要思考如何才能把"问题"清晰准确地描述出来。只有把问题描写叙述清晰了，你才会知道问题的现状，以及它与目标之间的差距，才能寻找关键的问题点在哪儿。

1. 描述问题的要求

要准确地描述在生活和工作中所遇到的各种问题，确保自己和别人都能明确"真正的问题之所在"，并不是一件轻而易举的事情。

精准	精准就是你在描述问题时能抓得住"问题真正之所在"。在描述问题时不能模棱两可
清晰	清晰就是要把问题的"人物、时间、地点、事件、程度"等要素完整、清楚、全面地表达出来，以便于正确地理解
简洁	简洁是指在准确、清晰的基础上，描述要简练，要能用精简的语言和图形准确表达出问题的全部要素

2. 4W1H 问题描述法

（1）发生了什么（What）？这是问题描述中最核心的部分。该部分如果把握得非常准确，对问题解决的方向和速度都有着重要的影响。它的分支问题如下。

问题是什么？

是什么引发了这一问题？

这一问题与其他问题有联系吗？

这一问题的背景是什么？

不解决或延迟解决这一问题有什么影响和后果？

（2）发生在哪里（Where）？问题的发生总有特定的空间地点，描述问题的时候一定要把问题发生的具体地点讲清楚或弄明白。它的分支问题如下。

问题的范围有多大？

问题被限定在哪个区域？

问题发生的地点重要吗？

问题可能会在其他地方发生吗？

（3）谁发生了问题或这一问题涉及谁（Who）？问题的发生离不开一定的主体，描述问题时要清楚知道问题的主体是谁。它的分支问题如下。

这一问题的责任人是谁？

这一问题的发现者是谁？

谁最有可能解决这一问题？

谁受到了最大或最坏的影响？

谁可能从这一问题的解决中受益？

谁拥有解决这一问题的重要资源？

谁拥有决策权？

（4）什么时间发生的（When）？问题发生的时间线索也非常重要，在描述问题时不能忽略。它的分支问题如下。

何时发生了问题？

这一问题会持续多长时间？

这一问题何时能解决？

（5）影响程度如何（How)？问题的影响程度如何？是否紧急？是否重要？谁应该对这个问题负责？这些也是问题描述需要关注的重点。它的分支问题如下。

问题是如何被发现的？

它是怎样影响现在的工作的？

类似的问题以前是怎样处理的？

我们应该如何处理它？

3. 数字化问题描述法

用数据说话，用数字来表示目标值与现状之间的差别，会使问题更明确。美籍匈牙利裔数学家 G. 波利亚在《数学的发现》一书中，把勒内·笛卡儿（Rene Descartes, 1596—1650 年，法国哲学家、科学家和数学家）设计的可用于解决所有类型问题万能方法进行了总结：

第一，把任何种类的问题化为数学问题；

第二，把任何种类的数学问题化为一个代数问题；

第三，把任何代数问题归结到去解一个方程式。

4. 图表化问题描述法

图表化数据和资料能够帮助人们进一步思考，更能吸引眼球，引人注目，能在短时间内传播大量信息，与只使用语言相比，能给人留下更深的印象，能够对自身头脑进行整理。

人们在使用图表时，不管你的信息是什么，这五种图表总有一种是较为合适的：饼图、条形图、柱形图、折线图、散点图。选择什么图表完全取决于想要表达什么样的信息。

（1）如果是成分相对关系，那么饼图是你最好且唯一的选择。

（2）如果是项目相对关系可以用条形图来表示。

（3）如果是时间系列相对关系可以用柱形图和折线图来表示。

（4）如果是频率分布相对关系可以用柱形图和折线图来表示。

（5）如果是相关性相对关系可以用散点图来表示。

（四）分析问题

对问题进行准确的分析，有助于查找问题产生的真正原因。借助于科学有效的分析方法，我们快速查找到问题产生的真正原因。

1. YY 提问法

"YY"（Why Why）提问法是人们常用的一种反复提问法，通过不断地问"为什么"，从而挖掘出问题产生的所有原因，直到找到根本的原因为止。

2. 因果分析法（鱼骨图分析法）

因果分析法又称鱼骨图分析法，是用图形的方式绘制分析结果的方法。该方法不仅能够确定出与问题有关的所有可能的原因，而且通过分析简化，更有利于寻找到少数几个主要的根本原因。因果分析法（鱼骨图分析法）的使用步骤如下。

选择问题	寻找原因	绘制鱼骨图	确立原因类型	分配原因	分析根本原因
选择一个你要分析的具体问题，并对问题进行明确的定义，确保所有人都能理解该问题。	针对问题，仔细思考，充分探讨，发挥各种资源优势，尽可能地查找出引发问题的所有可能的原因。	画一条直线，代表鱼脊椎骨，以一端的空白框（鱼头）为顶点，写上你要分析的问题。	确定主要的原因类型。经常使用的类型有："人""机""物""法""环"。	把寻找出的原因转移到图表上去，每一个原因都放在适当的类别之下，即写在鱼骨图分枝上的末梢处。	通过公开讨论，仔细研究与逐一分析，查找造成问题产生的根本性原因。

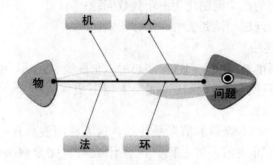

常见鱼骨图模型

3. 比较分析法

比较分析法是一种把你遇到的问题与你观察到的很类似的问题（该问题最好已发生且解决）进行对比分析，寻找它们之间的相同点与不同点，并通过分析，从而查找出问题原因的方法。比较分析法是建立在问题描述的基础之上。

4. 逻辑树分析法

逻辑树分析法是一种有条理的计划方法，能确保目标和行动计划之间的直接因果关系。

逻辑树是将问题的所有子问题分层罗列，从最高层开始，并逐步向下扩展。把一个已知问题当成树干，然后开始考虑这个问题和哪些相关问题或者子任务有关。每想到一点，就给这个问题（也就是树干）加一个"树枝"，并标明这个"树枝"代表什么问题。一个大的"树枝"上还可以有小的"树枝"，以此类推，找出问题的所有相关联项目。

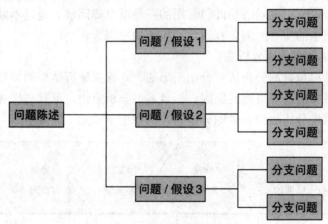

逻辑树分析法图

在分析问题时，还有其他许多方法，如帕累托分析（80/20 法则）、关系图表、SWOT分析、列举法、归纳法、推理法等也都是人们常用的分析方法。在查找问题的原因时，这些方法既可单独使用，也可综合使用，这主要取决于你所分析问题的性质与复杂程度。

二、案例分析 Case Study

案例一：松下幸之助的问题意识

松下幸之助是日本著名跨国公司"松下电器"的创始人，被人称为"经营之神"，是日本一名伟大的企业家。作为商界领袖，松下幸之助具有强烈的问题意识，这种问题意识使他不断地慎思自己的经营策略，不断发现问题，不断地解决问题，从而使松下电器成为全球知名的跨国公司之一。松下幸之助的问题意识体现在松下电器经营的各个环节之中，下面仅仅介绍体现松下幸之助问题意识的两个小故事。

故事1：松下幸之助在经营松下电器公司的同时，还创办了一所松下政经学校，用于培养专门人才。在这所学校里，松下幸之助聘请了很多优秀的老师担任教学工作，但并不采用普通学校惯用的教学方法，而是采用学生提出问题、老师解答问题的教学方式。如果学生提不出问题来，老师就什么也不教。为了提出问题，学生必须对所学知识或技术产生疑问，并经过仔细思考，深入探究。这一教学模式，提高了学生的学习积极性，增强了学生学习的内驱力，培养了学生的问题意识。

故事2：松下幸之助平时非常着重细节，善于发现问题，寻找有价值的信息，为松下电器公司的发展创造机遇。有一次，松下幸之助无意之中听到了一对姐弟的谈话，立即引起了他的注意。姐姐正在熨衣服，弟弟想读书，无法开灯（那时候的插头只有一个，用它熨衣服就不能开灯，两者不能同时使用）。弟弟吵着说："姐姐，您不快一点开灯，叫我怎么看书呀？"姐姐哄着他说："好了，好了，我很快烫好了。""老是说烫好了，已经过了30分钟了。"松下幸之助想："如果有两用的插头，不就解决了姐弟俩的问题了吗？"于是，他就认真研究这个问题，不久，他就想到了两用插头的构造方法。产品面世后，立即供不应求。松下电器由此进入了新一轮的成长道路。

问题意识的强弱对个人发展有何影响？对企业生存和发展有何影响？你觉得该如何培养你自己的问题意识？

案例二：杰弗逊纪念堂维修方案的取消

美国华盛顿广场有名的杰弗逊纪念堂，有很大的落地玻璃窗，非常具有特色。为保护这个建筑，博物馆逐渐减少了参观量。但还是有人发现，因年深日久，墙面出现裂纹。由于是重要的文物，为能保护好这幢大厦，博物馆馆长立即向政府进行了汇报，政府成立了以馆长为首的专家组，对墙体裂痕的原因进行调查分析。

有关专家进行了专门研讨。最初大家认为损害建筑物表面的元凶是侵蚀的酸雨。专家们进一步研究，却发现不仅于此。

专家组首先发现，由于博物馆的墙体很容易脏，用水总是无法清洗，所以最近一段时间使用了一种化学清洗剂，清洁剂对建筑物有酸蚀作用，是这种化学物品使墙体变脆，进而开裂的。

为什么每天要冲洗墙壁呢？

因为墙壁上每天都有大量的鸟粪。

为什么会有那么多鸟粪呢？

因为大厦周围聚集了很多燕子。

为什么会有那么多燕子呢？

因为墙上有很多燕子爱吃的蜘蛛。

为什么会有那么多蜘蛛呢？

因为大厦四周有蜘蛛喜欢吃的飞虫。

为什么有这么多飞虫？

因为飞虫在这里繁殖特别快，这里的尘埃最适宜飞虫繁殖。

为什么这里最适宜飞虫繁殖？

因为开着的窗阳光充足，大量飞虫聚集在此，超常繁殖……

由此发现解决的办法很简单，只要关上整幢大厦的窗帘。此前专家们设计的一套套复杂而又详尽的维护方案也就成了一纸空文。

很多时候，看起来复杂无比的问题，只要找到了产生的真正原因，解决起来其实很简单。专家组在分析墙体裂痕的原因时，采用的是什么分析工具？该分析工具的内涵是什么？该故事对你有何启示？

三、过程训练 Process Training

活动一：描述小郑的问题

小郑毕业后，由于一直没有找到自己心仪的工作，就想自己创业。经过多方面的努力与筹备，小郑终于在一所学校门口开了一家餐饮店。为吸引众多同学光临，小郑准备在开业当天邀请学校知名的乐团"爱乐团"来现场演奏。经过协商沟通，"爱乐团"答应出演。小郑非常开心，在校园里进行了广泛的宣传。同学们也都翘首以盼开业的到来。然而，在开业前一天，"爱乐团"打来电话，学校另有安排，时间正好冲突，无法如期为餐饮店开业演奏。小郑顿时感觉情况不妙。

请用4W1H法描述一下小郑遇到的问题。

发生了什么（What）：	
发生在哪里（Where）：	
问题涉及谁（Who）：	
什么时间发生的（When）：	
影响程度如何（How）：	
问题描述结果：	

活动二："YY"提问法训练

选择一个你最近遇到的问题，如某科考试不及格、没有学习或工作的兴趣、与同学或同事关系不融洽、女朋友（男朋友）与自己闹分手、无法兼顾工作与学习、领导力不够、沟通能力太弱、自我管理能力差、经常沉迷于游戏等，采取"YY"提问法进行原因分析。

　　把分析过程及结果填写在下表：

| Why: _____ |
| Why: _____ |
| Why: _____ |
| Why: _____ |
| Why: _____ |
| 根本原因：_____ |

　　如果连问五个为什么，仍然不能查找出问题的根本原因，你可以继续发问，或者采用其他分析工具来进行分析。

四、效果评估 Performance Evaluation

评估一：发现问题的能力

（一）情景描述

　　发现问题是一种能力，对不同的人而言，发现问题的能力也会有强弱大小之分。下面每一个问题都有五个相同的选项：A——完全符合，B——符合，C——不确定，D——不符合，E——完全不符合。请实事求是地选择最符合你自己实际情况的选项。

　　1. 我的想象力非常丰富。

　　2. 我对新事物有强烈的好奇心和旺盛的求知欲。

　　3. 我经常具有充沛的精力和清醒的头脑。

　　4. 我经常会问自己几个"为什么"。

　　5. 我不会人云亦云，我经常有自己的理解和判断。

　　6. 我对事物经常持怀疑态度，并会深究到底。

　　7. 工作、学习或生活中，我善于从细节着手，发现问题。

　　8. 别人经常夸我看问题比较深刻，对问题理解也比较到位。

　　9. 我经常能透过现象抓住事物的本质。

　　10. 我经常能用长远的眼光看问题，不拘泥于眼前的事物。

　　11. 面对大量的信息，我总能抓住最需要、最有价值的信息。

　　12. 我沟通能力很强，与人交流时能很快捕捉有价值的信息。

　　13. 我的责任感非常强烈，并愿意承担任何后果。

　　14. 我目标明确，很清楚自己在干什么。

　　15. 我知识渊博，视野广阔。

　　16. 我深信"实践出真知，工作经验越丰富，发现问题能力就越强"这句话。

　　17. 我工作或学习上取得的成绩一直都令人鼓舞。

　　18. 我经常能跳越思维怪圈，创新性地发现问题。

（二）评估标准与结果分析

选择 A 得 5 分，B 得 4 分，C 得 3 分，D 得 2 分，E 得 1 分。把各题的所得分相加，就得出此次评估得分。

72 分以上表明具有很强的发现问题的能力；

54～71 分表明具备较好的发现问题的能力；

36～53 分表明测试人发现问题的能力一般；

35 分以下表明测试人发现问题的能力比较差。

评估二：分析问题的能力

（一）情景描述

在工作中，问题分析能力是指探究与问题相关的各种因素、分析具体问题的能力。请通过下列问题对自己的该项能力进行差距测评。

1. 你如何认识分析问题？　　　　　　　　　　　　　　　　　（　　）

A. 仔细分析才能制订有效的解决方案，没有分析就不能解决问题

B. 我一般凭过去的经验来分析问题

C. 我的直觉很好，我经常凭自己的直觉来分析问题

2. 在分析某个问题时，你能意识到几种促使问题发生的因素？　　（　　）

A. 三种以上　　　　　　B. 两至三种　　　　　　C. 最多一种

3. 当你分析完某个问题后，别人能找到某些遗漏吗？　　　　　（　　）

A. 通常找不到　　　　　B. 有时候能找到　　　　C. 经常能找到

4. 你是否有过因为对问题认识不清而受到上司指责的情形？　　（　　）

A. 从来没有　　　　　　B. 偶尔有　　　　　　　C. 经常有

5. 遇到问题时，你是否会不加分析就着手解决问题？　　　　　（　　）

A. 从来没有　　　　　　B. 偶尔有　　　　　　　C. 经常有

6. 你认为自己的逻辑思考能力如何？　　　　　　　　　　　　（　　）

A. 我善于逻辑推理

B. 我的逻辑思考能力一般

C. 我不善于逻辑思考

7. 你能否从一个问题联想到另一个与之相关的问题？　　　　　（　　）

A. 经常会　　　　　　　B. 有时会　　　　　　　C. 不会

8. 面对棘手的问题时，你能否透过问题的表象看到问题的本质？（　　）

A. 通常能　　　　　　　B. 有时能　　　　　　　C. 不能

9. 遇到难题时，你能否准确找到解决问题的关键资源、关键人或问题的关键点？

　　　　　　　　　　　　　　　　　　　　　　　　　　　　（　　）

A. 通常能　　　　　　　B. 有时能　　　　　　　C. 不能

10. 碰到问题时，你能否通过分析问题及时制订出解决问题的方案？（　　）

A. 通常能　　　　　　　B. 有时能　　　　　　　C. 不能

（二）评分标准与结果分析

选 A 得 3 分，选 B 得 2 分，选 C 得 1 分。
24 分以上，说明你的分析问题能力很强，请继续保持和提升；
15～24 分，说明你的问题分析能力一般，一定要努力提升；
15 分以下，说明你的问题分析能力很差，请加强学习和训练。

任务二　方案设计与优化

👁 职场在线

小李是某合资公司职员，工作积极主动，但一遇到问题就会推卸责任，常常抱怨是客观因素造成的。工作两年来，他感觉自己满腔抱负没有得到上级的赏识，就经常想：如果有一天能见到老总，有机会展示一下自己的才干就好了！

小李的同事小王，也有这样的想法。不过小王想，贸然直接找老总总是不好的，应该找一个合适的场所来展示才对。于是，他就去努力打听老总的上下班时间，算好他大概何时进电梯，自己也会在这个时间进电梯，希望能遇到老总。但遇到老总几次，小王却始终鼓不起勇气。

他们的同事小张，工作业绩好不说，与同事关系非常融洽，也善于思考与反思，所以工作上很得自己直属领导的赏识。但就是一直没有和老总沟通展示过自己的才能。于是，小张详细了解了老总的奋斗历程，弄清老总毕业的学校、人际风格、关心的问题等，并精心设计了谈话的内容与开场白，在算好的时间去乘电梯，并积极主动与老总打招呼沟通。经过几次谈话后，小张很快就取得了更好的职位。

面对同样的问题，小李、小王、小张选择了不同的解决方案，也得到了不同的结果。他们各自的解决策略是什么？有什么不同？你觉得三人之中谁是真正的解决问题高手？他的优点有哪些？

一、能力目标 Competency Goal

无论是发现问题，还是清晰、准确地描述问题，甚至运用各种方法对问题进行分析，其最终目的就是设计一个具备可行性、有效性和针对性的解决方案。设计问题的解决方案是解决问题过程中最令人有成就感的环节之一，它需要通过对问题的描述、分析，提出观念和方法，并找出解决办法。

（一）解决问题的程序

解决问题是指利用某些策略和方法，使事物从初始状态的情境达到目标状态的情境的过程。解决问题必须要有明确的目的，如果没有明确的目的，也就缺乏解决问题的方向，解决问题就是一句空话。伴随着问题的解决必然有一系列的操作程序或流程，这些程序可以使得问题有条不紊地得到解决。解决问题的程序即解决问题的步骤或流程，一般包括描述问题、分析问题、设计解决方案、作出决策、方案执行与监控五个方面，如图所示。

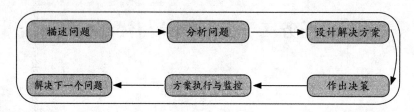

1. 描述问题。解决问题首先必须清晰、准确地描述问题。问题描述有助于分析问题和解决方法的获得。

2. 分析问题。对问题进行科学的分析，查找问题产生的原因，寻找关键的问题点，从而明确出解决问题的目标。

3. 设计解决方案。查找到问题的原因，就可以针对性地提出假设，寻找各种解决问题的方案。该阶段是解决问题的关键步骤，是具有创造性的阶段，需要对已有的知识经验进行组织，涉及大量的认知活动。方案的设计必须依赖一定的方法与途径，设计的方案至少两种或两种以上。

4. 做出决策。并不是所有的方案都是最好的，你需要做的就是选择对问题解决而言最优最合适的方案。

5. 方案执行与监控。做出决策以后，还需要执行选择的最优方案。方案的执行有赖于你的执行计划。在执行过程中，还需要随时随地对进度进行监督，一旦发现偏离目标的行为出现，就需要及时地进行控制。

（二）解决问题的方法

解决问题除了既定的程序之外，还需要掌握相应的工具与方法，这些工具与方法能够让我们用新的视角去观察我们熟悉的情形，进而突破思维限制，找到解决问题的措施或方案。

1. 头脑风暴法

在头脑风暴法的早期阶段不允许进行分析和评估，以便确保能公开看到原本的和不同的意见。为使与会者畅所欲言，互相启发和激励，达到较高效率，在进行头脑风暴时必须严格遵守下列原则。

（1）禁止批评和评论，彻底防止出现一些"扼杀性语句"和"自我扼杀语句"，在别人设想的激励下，集中全部精力开拓自己的思路。

（2）目标集中，追求设想数量，越多越好。

（3）鼓励巧妙地利用和改善他人的设想。

（4）与会人员一律平等，各种设想全部被记录下来。

（5）独立思考，不干扰别人思维。

（6）不强调个人的成绩，应以小组的整体利益为重；不以多数人的意见阻碍个人新的观点的产生，激发个人追求更多、更好的主意。

头脑风暴会议的与会者以 5～10 人为宜，具体程序如下。

（1）由主持人解释问题，分析并阐述议题。

（2）强调背景信息和历史，帮助大家理解。

（3）启发、鼓励大家提出设想。用简洁的语言阐明目标。

（4）应有人在白板上记下每个想法。留出时间让大家静静思考。

（5）制止批判性的意见，鼓励观点的交互融合。

（6）确定选择可行方法的标准。选出最好的想法。

2. 六项思考帽

英国学者爱德华·德·博诺（Edward de Bono）博士开发的思维训练模式"六项思考帽"，提供了"平行思维"的工具，避免将时间浪费在互相争执上，强调的是"能够成为什么"，而非"本身是什么"。运用六项思考帽，将会使混乱的思考变得更清晰，能极大地提高思考的速度。

有两种使用六项思考帽的基本方法：一种是单独使用某项思考帽来进行某个类型思考的方法，另一种是连续地使用思考帽来考察和解决一个问题。一个典型的六项思考帽在实际中的应用步骤如下。

（1）陈述问题事实（白帽）。

（2）提出如何解决问题的建议（绿帽）。

（3）评估建议的优缺点：列举优点（黄帽）；列举缺点（黑帽）。

（4）对各项选择方案进行直觉判断（红帽）。

（5）总结陈述，得出方案（蓝帽）。

3. 思维导图

思维导图是通过带顺序标号的树状的结构来呈现一个思维活动，将放射性思考具体化的过程，它借助可视化手段促进灵感的产生和创造性思维的形成。思维导图是基于对人脑的模拟，它的整个画面正像一个人大脑的结构图，能发挥人脑整体功能。它以一种独特有效的方法驾驭整个范围的磊脑皮层技巧——词汇、图形、数字、逻辑、节奏、色彩和空间感。

绘制思维导图的步骤如下：

（1）从一张白纸的中心开始绘制，周围留出空白。

（2）用一幅图像或图画表达你的中心思想。

（3）在绘制过程中使用颜色。

（4）将中心图像和主要分支连接起来，然后把主要分支和二级分支连接起来，再把三级分支和二级分支连接起来，以此类推。

（5）让思维导图的分支自然弯曲而不是像一条直线。

（6）在每条线上使用一个关键词。

（7）自始至终使用图形。

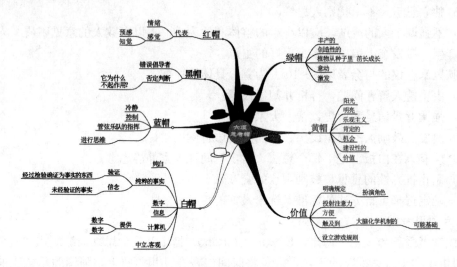

六顶思考帽的思维导图

（三）解决方案的设计

在发现问题并通过思维发散后，我们会得到很多初步解决方案。然后需要将其再次聚集起来。

设计解决方案包括行动线路，它应当尽可能密切地满足你的标准。这有可能反过来抑制观点的形成。最佳办法是，一旦你已经探究了所有的可能性以后，就尽可能多地创造能实现你目标的观点，并按照这些标准检测它们。

在设计解决方案时，找到原因就匆忙考虑具体对策的做法是不可取的，还需要对解决方案的对策构思进行发散、集中和具体化。

1. 对策构思的发散

考虑对策方案的时候，不是突然就去思考，而是把有效的对策构思列出清单。即使是相近的构思或实现可能性低的构思也无妨，尽可能找出更多的构思。

2. 对策构思的集中

在选定找出的构思时，有效的方法是按照归类、体系化整理、评价三个步骤进行。

（1）针对找出的构思把内容相似的归为一类（归类）。

（2）在构思的分类当中，还混杂着具体构思和抽象构思两类，再把这些构思整理成体系（体系化整理），从这个成体系化的构思中选择可以具体实施的方案。

（3）在进行选择的时候，对每个对策要从费用和效果的比例关系、所需要的时间、风险等几个角度为其打分、进行评价。

3. 对策构思的具体化

从评价结果好的构思开始具体实施工作。在对策构思的具体化方面，首先，应该考虑对策会发生怎样的变化，即现在处于怎样的状态以及要将它变成怎样的状态。其次，还要确定需要做什么、按怎样的步骤来进行，以及谁负责开展工作等。

（四）解决方案的优化

解决方案的优化是指把要解决的问题作为一个系统，对系统要素进行综合分析，优化解决问题的方案。

解决方案的优化要着眼于整体与部分、系统与环境等方面的相互联系和相互作用，以整体的高度、全过程的通盘考虑，来协调和处理具体任务和所需资源，以求得优化的整体目标。

在优化方案的过程中，我们会通常借助于假设或者验证对方案进一步的分析研究，使其更加完善。

1. 假设

在解决问题的过程中，通过建立假设，确定研究的方向和具体目标，并在此基础上制定可操作的流程，将分析和研究落到实处。一个假设应满足两个基本条件：

（1）能解释已知事实；

（2）能预言或解释尚未观察到的现象或事实。

很多时候，在分析的基础上提出的假设可能不止一种，通过证明或者证伪，都有利于一步步逼近问题的解决。

2. 验证

对假设进行检验，通常有两种检验方法：

（1）通过推理，即在思维中按假设进行推论，如果能合乎逻辑地论证预期成果，就算问题初步解决。

（2）通过实践检验，即根据假设，针对性地制订方案并实施，如果成功就证明假设正确，同时问题也得到解决。

二、案例分析 Case Study

案例一：联合利华与小工

联合利华引进了一条香皂包装生产线，结果发现这条生产线有个缺陷：常常会有盒子里没装入香皂。总不能把空盒子卖给顾客啊，他们只得请了一个学自动化的博士后设计一个方案来分拣空的香皂盒。博士后拉起了一个十几人的科研攻关小组，综合采用了机械、微电子、自动化、X射线探测等技术，花了几十万，成功解决了问题。每当生产线上有空香皂盒通过，两旁的探测器会检测到，并且驱动一只机械手把空皂盒推走。

中国南方有个乡镇企业也买了同样的生产线，老板发现这个问题后大为发火，找了个小工来说："你给老子把这个搞定，不然你滚蛋。"

小工很快想出了办法：他花了90块钱在生产线旁边放了一台大功率电风扇猛吹，于是空皂盒都被吹走了。

思考：联合利华的这个案例给我们带来什么启示？

案例二：直升机扫雪

有一年，美国北方格外严寒，大雪纷飞，电线上积满冰雪，大跨度的电线常被积雪压断，严重影响通信。过去，许多人试图解决这一问题，但都未能如愿以偿。后来，电信公司经理应用奥斯本发明的头脑风暴法，尝试解决这一难题。他召开了一种能让头脑卷起风暴的座谈会，参加会议的是不同专业的技术人员，要求他们必须遵守以下原则：

第一，自由思考。即要求与会者尽可能解放思想，无拘无束地思考问题并畅所欲言，不必顾虑自己的想法或说法是否"离经叛道"或"荒唐可笑"。

第二，延迟评判。即要求与会者在会上不要对他人的设想评头论足，不要发表"这主意好极了！""这种想法太离谱了！"之类的"捧杀句"或"扼杀句"。至于对设想的评判，留在会后组织专人考虑。

第三，以量求质。即鼓励与会者尽可能多而广地提出设想，以大量的设想来保证质量较高的设想的存在。

第四，结合改善。即鼓励与会者积极进行智力互补，在增加自己提出设想的同时，注意思考如何把两个或更多的设想结合成另一个更完善的设想。

按照这种会议规则，大家七嘴八舌地议论开来。

有人提出设计一种专用的电线清雪机；

有人想到用电热来化解冰雪；

有人建议用振荡技术来清除积雪；

有人提出能否带上几把大扫帚，乘坐直升机去扫电线上的积雪。

对于这种"坐飞机扫雪"的设想，大家心里尽管觉得滑稽可笑，但在会上也无人提出批评。相反，有一工程师在百思不得其解时，听到用飞机扫雪的想法后，大脑突然受到冲击，一种简单可行且高效率的清雪方法冒了出来。他想，每当大雪过后，出动直升机沿积雪严重的电线飞行，依靠高速旋转的螺旋桨即可将电线上的积雪迅速扇落。他马上提出"用直升机扇雪"的新设想，顿时又引起其他与会者的联想，有关用飞机除雪的主意一下子又多了七八条。不到一小时，与会的 10 名技术人员共提出 90 多条新设想。

会后，公司组织专家对设想进行分类论证。专家们认为设计专用清雪机，采用电热或电磁振荡等方法清除电线上的积雪，在技术上虽然可行，但研制费用大、周期长，一时难以见效。那种因"坐飞机扫雪"激发出来的几种设想，倒是一种大胆的新方案，如果可行，将是一种既简单又高效的好办法。经过现场试验，发现用直升机扇雪真能奏效，一个久悬未决的难题，终于在头脑风暴会中得到了巧妙的解决。

头脑风暴的特点是让参会者敞开思想使各种设想在相互碰撞中激起脑海的创造性风暴。

三、过程训练 Process Training

活动一：头脑风暴训练

（一）活动过程

1. 确定一样物品，可以是一副眼镜、一张 A4 纸、大头针、铅笔或者其他任何东西，让学员在 1 分钟以内想出尽可能多的其他用途。

2.5～7 人为一个小组，每个组选出一人记载本组所想出的主意的数量，在一分钟之后，推选出本组中最新奇、最疯狂、最具有建设性的主意，想法最多、最新奇的组获胜。

3. 规则:

(1) 不许有任何批评意见,只考虑想法,不考虑可行性。

(2) 想法越古怪越好,鼓励异想天开。

(3) 可以寻求各种想法的组合和改进。

(二) 问题与讨论

1. 你是否会惊叹于人类思维的奇特性,惊叹于不同人想法之间的差异性?

2. 头脑风暴对于解决问题有何好处,它适于解决什么样的问题?

活动二:堡垒问题与肿瘤问题

(一) 情景描述

材料一 (堡垒问题):

一位独裁者对一个小国实施独裁统治,独裁者住在一个牢固的堡垒中统治全国。这个堡垒位于国家的中央,四周都是农场和村庄。堡垒外有许多条道路向远处发散,就像车轮上的轮辐。一位将军率领部队在边境地区发动起义,计划要攻下堡垒,解放全国。将军知道如果整个军队同时发动进攻,就会取得胜利。士兵们停在其中一条通向堡垒道路的起始端,准备攻打堡垒。然后一个间谍给将军带来了一份令人苦恼的情报。无情的独裁者在每个方向的道路上都埋了地雷,只有小部分人可以避开雷区安全通过,因为独裁者的士兵和工人也要进出堡垒。但是,任何大规模的武装力量经过时都会引爆地雷,这不但会炸毁前进的道路,使攻打行动变得不可能,而且还会毁坏许多村庄。

材料二 (肿瘤问题):

设想一下,你是一名医生,面对一个胃里有恶性肿瘤的病人,不消除肿瘤他就会死去。由于病人的身体问题,只能通过不开刀的治疗方式。有一种射线可以杀死肿瘤,但是如果这种射线以高强度一次性充分接触肿瘤,肿瘤就会被消除。可惜的是,在高强度射线经过时,这种射线同样也会损害健康组织;低强度的射线不会对健康组织造成影响,但是其强度也无法消除肿瘤。

问:材料一中将军应该如何成功夺取城堡?

材料二中医生如何利用射线来消除肿瘤?

(二) 解决方案设计

以上堡垒问题和肿瘤问题的案例表面看起来毫无关系,但是它们都涉及"分散—集中"的解决问题策略。军队和射线是消除问题的手段,堡垒和肿瘤是预期目标。

针对堡垒问题的解决方案是:一个好办法是将兵力分散,从各个角度攻入,这样避免了地雷爆炸,也保证有足够的攻城力量。

军队可以分成若干小组,但射线不能分割。射线问题可以采用分散的方法,将几台仪器放到一起并降低射线的强度,即用多个强度不高的射线集中对付肿瘤。

因此,这两个问题在结构上类似如下图所示:

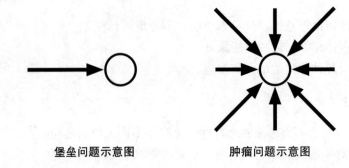

堡垒问题示意图   肿瘤问题示意图

四、效果评估 Performance Evaluation

评估一：解决问题情境测试

（一）情境描述

在上班的路上，从远处你看到一群人在围观，好像有什么事发生了，但由于距离较远，你无法看清楚，你有种不祥的预感，你直觉这件事会是什么？

A. 交通事故   B. 路人打斗   C. 小偷偷东西被抓了

D. 发生命案   E. 非法集会   F. 免费赠送试用品

（二）评估标准与结果分析

选择 A：你行为上较为直观，属于循规蹈矩类型，遇到问题会根据自己逻辑来处理，但大部分时候，需要别人的帮忙，才能更好地解决问题，因此你必须在职场上处理好人际关系，在困难的时候，才有人及时给你帮助。

选择 B：说明你在职场上经常遇到一些问题或者小人，直接影响你的情绪和工作效率，当问题过于严重时，你会采取偏激手法来解决，如同别人争执或者直接辞职，这显然不是好办法，当你遇到问题，应该想想问题的根源，想办法去解决，而不是一味做出不合理的举动。

选择 C：选择这个答案的人，属于聪明反被聪明误的人，吃不了一点亏，事实上你很精明、很善于观察别人，当工作上遇到问题时，你很会把困难推给别人，时间长久了，别人会觉得你特别有心计，因此真正发生大问题时，很少人会站在你这边。

选择 D：你属于职场上的好老人，遇到什么问题，都会想办法去解决，不想麻烦别人，但一个人的力量有限，当遇到过多的事情，你无法解决，可以请教上司或者同事帮助，不需要什么事情都要往自己身上扛。

选择 E：你善于交际，很会讨好人，因此有着良好的人际关系，当工作遇到问题时，会得到别人的帮助，但你过于依赖，本身欠缺实力和竞争力，一旦与别人发生利益冲突时，你往往成为别人的牺牲品，因此你必须加强自己本身的实力才能在工作中取得更好的成绩。

选择 F：你为人乐观、开朗，经常抱着侥幸心理，对问题看法过于表面和肤浅，遇到问题通常会采取得过且过的逃避方式；因此你应该学会正视问题的根源，采取有效方法来解决，逃避只是治标不治本。

评估二：你的解决问题能力强吗

（一）情境描述

一些日常生活中的琐事，看起来无关紧要，而万一处理不当，往往会给你带来许多麻烦。下列试题能测评你处理问题的能力如何。

1. 生日、结婚、纪念日等，这些看来你不可避免地要花钱时：　　　　　　（　　）
   A. 只送礼物给那些被你认为是重要的人
   B. 事先说你有事不能参加，事实上你并没有什么事情，只是为了不送红包
   C. 经常收集一些小的或比较奇特的礼物来应付这些情况

2. 你和别人发生矛盾或纠纷，不得不去法庭诉讼时：　　　　　　　　　　（　　）
   A. 因为去法庭的焦虑和不安而失眠
   B. 这是人生中难免要发生的事件之一，并不怎么重要
   C. 暂时把它忘却，到出庭时再设法去应付

3. 你房间里的家具被水管漏水给损坏时：　　　　　　　　　　　　　　　（　　）
   A. 你非常不快，口口声声地抱怨着
   B. 你想借此不交房租，并写了批评信
   C. 你自己擦洗、修理、使家具复原

4. 你和邻居发生了争执，久无结果时：　　　　　　　　　　　　　　　　（　　）
   A. 出外散步或消遣，来平息你的愤怒
   B. 请来律师，讨论怎样诉讼
   C. 靠喝酒来解闷，把它忘了

5. 生活中的各种压力使你和爱人变得易怒时：　　　　　　　　　　　　　（　　）
   A. 你想尽量不钻牛角尖，设法避免引起争吵
   B. 设法向朋友倾诉
   C. 坚持和爱人一起讨论，研究解决的办法

6. 一位好友将要结婚，而你认为他们的结合将会是痛苦的：　　　　　　　（　　）
   A. 设法使自己认为时间还允许朋友改变计划
   B. 不必着急，因为你相信一切都会好起来的
   C. 认真地给那位朋友进行解释，耐心地阐述你的观点

7. 你的能力得到承认，并得到了一个重要工作时：　　　　　　　　　　　（　　）
   A. 放弃这个机会，因为这项工作的要求太高
   B. 怀疑自己能否承担起这项工作
   C. 仔细分析这项工作的要求，做好准备设法把它干好

8. 你的亲友在事故中受了重伤，当你得知这个消息时：　　　　　　　　　（　　）
   A. 服镇静药来度过以后的几小时
   B. 抑制住自己的感情，因为你还要告诉其他亲友
   C. 听到消息便失声痛哭

9. 每逢节假日，你和爱人总要为去看望谁的父母而发生争执：　　　　　　（　　）

A. 你认为最好的办法是：谁的父母都不去看望，以减少麻烦

B. 订个计划，轮流看望双方父母

C. 决定在重要的节假日里和你的家人团聚，而在其他节假日里与爱人的家人共度

10. 当你感觉身体不舒服时： （   ）

A. 拖延着不去就诊，认为慢慢会好的

B. 自己诊断一下，去药房买药

C. 及时告诉家人，然后去医院检查

（二）评估标准与结果分析

以上各题得分如下，将各题得分累加：

题号	1	2	3	4	5	6	7	8	9	10
A	2	1	1	3	2	2	1	2	1	1
B	1	3	2	2	1	3	2	3	2	2
C	3	2	3	1	3	1	3	1	3	3

15 分以下，说明你解决问题的能力较差；

15~25 分之间，说明你解决问题能力一般，有时稍有迟疑；

25 分以上，说明你处理问题的能力很强。

任务三　决策评估与实施

职场在线

　　为解决公司服务标准不统一，从而导致顾客抱怨比较大的问题，王总决定选择"重新编写公司统一服务标准"这一方案来解决该问题，并委托小李作为负责该方案的计划制订与执行人。

　　小李参加工作两年不到，在公司还属于新人，但小李精力充沛，敢作敢当，不怕困难，业务能力比较强，很得王总的信任。

　　小李非常开心成为该问题解决的执行人，于是他马上着手制订计划。他把该方案分为四个阶段，即分析、准备、制订、评估，并围绕每个阶段，他都划分出了关键的任务，并制定了任务书，安排了完成时间，也预测了所需的资源。

　　计划准备妥当，接下来就是执行啦！小李于是召集各细分任务的执行人和所涉及部门的相关领导开会。令小李没有想到的是，自己满意的计划却受到了集体的抵制，很多分任务的执行人都说小李事先没有和他们商量就安排完成时间，涉及部门的领导也说按照计划到时也很难提供相应的资源支持，甚至有部分执行人说对该任务根本没有兴趣。小李一下子慌了，不知该如何办？于是他请示王总，王总到会场给大家下了通牒，全力配合小李完成任务，其他的都暂时搁放一边。

　　小李非常欣慰，接下来他决定要一项一项督促任务的按时落实。但又令小李始料不及的是，很多分任务的完成都存在超时的现象，按照这种情况发展，到期肯定无法完成服务标准的编写与评估工作。于是小李就逐项跟进，却令小李感觉非常累，连最重要的大纲都没有来得及商定，就病了一场。

　　更棘手的是，有些相关部门领导故意拖延资源提供时间，小李也是敢怒不敢言。没办法，小李只能低三下四地请求他们来完成。

　　更令小李沮丧的是，王总要求服务标准的制定要更高一层，因为竞争对手刚刚制定了一份服务标准，内容比小李制订的还要好。

　　小李非常困惑，可能又要重新修改计划啦！

　　解决方案在落实之前除了进行评估之外，可能还需要获得其他人的配合、认同，这时你需要让他们参与决策，并说服他们参与。只有这样，解决方案才能真正落实，才能真正解决问题，达成目标。

一、能力目标 Competency Goal

　　当我们拥有大量能有效解决问题的方案时，就要对方案进行评估，并选定一个比较优化和合理的方案，之后还要转化为有效的行动才能解决问题。为了使方案转化为行动，我们需要制订具体、详细的行动计划，并对实施过程中的计划进行监督和控制，最终使问题得到解决。

（一）决策评估

　　当面对大量能有效解决问题的方案时，你会发现每一个方案都有一定的优势和劣势。为了获得最大的效率，需要对它们进行评估。我们对方案的选择经常是互相冲突的需要之间的妥协，是每个解决方法中的利和弊之间的妥协。最终选定一个比较全面地照顾了各方面的最优方案。评估过程可以被细分为以下三个阶段。

1. 设定评估标准

　　如果所有方案都尝试一遍，会耗费大量的人力、物力，因而是不可能的。那么优先选用哪种解决方案呢？哪种方案在实施时，适合的可能性更高呢？这样，我们就需要一套严格的标准评价所有备选方案，确定它们的优先级别。

　　在选择解决方案时，我们永远处于两个极端状态之间的博弈。

解决方案的选择范围		
战略的	⟷	战术的
领先优势的	⟷	谨慎小心的
剧烈的	⟷	递增的
痛苦的	⟷	快乐的
革命的	⟷	渐进的
理想的	⟷	现实的
高风险的	⟷	低风险的

在设定评估标准时，一般观察的关键点有如下几个。

（1）接受度——客户和利益相关者是否同意实施项目？

（2）需要的软件和硬件成本——成本可控吗？

（3）方案所需的时间——实施需要多长时间？

（4）执行的风险——你无法实现预期利润或目标的风险有多大？

（5）方案的可行性和可操作性——方案可行和可操作吗？

（6）质量或效果——项目出色地达到目标的程度如何？

2. 运用评估工具

成本收益分析、达成共识法、优先坐标法、成对比较法、决策表、决策平衡单、决策树等都是常用的解决方案评估方法。下面简要介绍一下前四种工具。

（1）成本收益分析。成本收益分析是一种比较技巧，即比较具体行动过程的成本以及结果所获得的财务收益。它是用货币的形式来评估行动过程的可实施性的一种方法。这种方法并没有包括所有类型的成本和收益，如客户满意度、员工道德或环境敏感性等，因此，最好把它与其他决策制定工具结合起来使用。

（2）达成共识法。达成共识法能够用一种有条理、有效率的方法使一群人达成共识。达成共识法包括对协议标准投反对票的个人，但不止如此，因为共识要求可以无异议地接受和支持所选择的解决方案。具体步骤是：解释作决策的需要并找出观点或方案；核查理解并协定标准；投票；审核结果并寻求共识。

达成共识法能够使群体里的每个成员都能积极地参与决策并清楚地理解其他人的看法。最终选择的观点将获得所有人的高度接受和支持。

（3）优先坐标法。优先坐标是帮助团队决定采用哪种选项或解决方案的一种工具，它使用的标准是报偿结果以及实施的难易程度。

这种方法要求首先用头脑风暴法找出选项并评估结果，然后建立坐标，标明选项在两个刻度表上的相对位置，使用易事贴，这样就容易沿着坐标移动选项，直到你对它们正确的相对位置感到满意为止。显然，越接近坐标的右上角，选项就越好。利用所有选项的相对位置来确定哪个选项得到的报偿最大，同时又易于操作。

（4）成对比较法。在许多情形下都有几种选择或替代选择，但我们需要确定哪种选择或哪些选择的组合能够提供最好的结果。成对比较法通过在一系列成对组合中进行选择，评估小范围的选项。在表格的左边一列写下需要评估的选项和替代选择，确定用什么标准来评估成对的选项。比较选项 1 和选项 2，确定哪个更好，在表格上圈点更好的选择。再依次比较选项 1 和选项 3，选项 1 和选项 4，选项 1 和选项 5，选项 1 和选项 6，选项 2 和选项 3……通过成对比较法对几个选项进行评估后，决策就会更清晰。

小张决定如何花费年终奖的成对比较表

序号	选项	成对比较法					选择次数	排名
1	出国旅游	①/2	①/3	①/4	①/5	①/6	5	1
2	装修房子	②/3	②/4	2/⑤	②/6		3	3
3	投资养老金	③/4	3/⑤	3/⑥			1	5
4	投资股票	4/⑤	4/⑥				0	6
5	购买家电	⑤/6					4	2
6	捐给慈善机构						2	4

3. 评估风险

通过对方案的风险进行评估，你可以在有利条件和不利条件之间获得最佳的平衡。这时，你需要做的是检查与这一解决方案相连的可能风险，这些风险我们能接受吗？我们能把这些风险最小化吗？大多数风险可能出现在发展和评估解决方案期间或实施这一解决方案期间，原因是运用了不准确的信息。

（二）决策采纳

一旦决定了要采用的解决方法，你可能需要获得其他人的配合、认同或实施它的权力，需要理解他人反对、拒绝你的原因，还要通过演讲来说服他们。

1. 让他人参与

我们独自一人选择一个解决方法并实施它，而没有其他任何人参与到决定过程中，这是很常见的。但有时，你可能因为关系的需要，或者出于对他人的尊重，或者问题本来就是组织的问题而非个人的问题，而必须与他人商量解决方案。同时，你可能要获得额外的信息或特殊领域的资源和专家的帮助。所以获得他人的承诺和帮助是有效解决问题的途径之一。

2. 消除反对的理由

我们的方案无论多么完美，如果要让全体参与此事或受到影响的人都参与决策，它的成功或失败有时不能完全由我们掌控。反对声音越大，我们的方案就越有可能被拒绝。即使那些有权批准这一方案的人不提出反对意见，来自其他人的反对也可能影响到他们的决策。因此，必须对潜在的重大反对声音进行辨别，以便我们能为方案的顺利通过制订出制胜的计划。

3. 推销你的方案

你可以根据情况来决定采取口头或书面的方式表达你的解决方案。若你有选择的余地，你可以在会上以口头方式表达，这样你便有立刻得到反馈并对疑问和目标做出有效说服的机会，同时，口头报告，即演讲，还可以发挥你的演讲魅力。在推销你的方案的时候，你可能需要让听众参与，并照顾参与者的利益，做出适当的让步。

4. 方案被拒绝

如果方案涉及事物的重大变化、资源的广泛占用或创新时，方案被拒绝是非常正常的事情。如果方案被拒绝，你还可以：

（1）核查你的表达。你要审查一下你是否有效地表达了自己的观点。如果不是，若还有机会的话，可能需要重新表述自己的观点。

（2）找准关键人。关键人就是那个能批准并通过你的方案或对决策者施加压力的人。关键人的态度对你的方案通过至关重要。

（3）针对不同意见。如果有不同意见，你可能得重新修订你的方案，然后再一次进行表述。

（4）寻找其他方案。如果有不可逾越的障碍，那就只能寻找其他的解决议案了。

（三）决策的实施

决策的实施包括制订和落实行动计划，以及对行动的监督和控制。

1. 制订行动计划

方案实施的效果有赖于一个良好的行动计划及监控程序。所以，制订一个合理的、有效的行动计划是落实问题解决的重要环节。

（1）行动内容。行动计划要描述所要求的行动是什么，以及为了保证成功我们如何实施。任何行动计划运用图表来表达行动的顺序和它们对整个目标的贡献依然是比较明智的选择。

（2）任务分解。如果你要解决的问题是个复杂的大问题，你就可能需要借助工作分解结构法（WBS，Work Breakdown Structure）进行任务分解了。工作分解结构法包括以下几个步骤。

第一，把问题解决的最佳方案分成几个大的阶段，思考每个阶段都需要做些什么，把它们记录下来，你就有了关键的任务。

第二，看一下每个关键的任务，同样，思考完成每一个关键任务都需要做些什么，把它们记录下来，你就有了次一级的任务。

第三，继续分解下去，你就会列出问题解决要完成的所有任务。

第四，使每一项任务都处在正确的位置上，使用金字塔形结构图或列表格式来表示工作分解的结果，这就是工作分解结构法。

（3）确定工作任务书。通过工作分解结构法，可以确定出解决问题所要完成的工作任务，接下来，要思考的是这些任务该由谁来执行？为更好地执行方案，解决问题，就必须确定出工作任务书。工作任务书（SOW，Statement of Work）是一种确定任务分配的有效方法，它建立在工作分解结构法和参与人员技能及意愿的基础之上。

（4）行动进度。任务必须按时完成，否则方案的落实就是一句空话，因此，合理安排进度对解决问题至关重要。进度安排可以采用列表式和甘特图两种方法。

某解决问题方案的任务时间分配表

阶段	关键任务	工作内容	完成人	完成时间
阶段一：×××	1. ——	1. 1——；1. 2——	李××	×年×月×日至 ×年×月×日
	2. ——	2. 1——；2. 2——	许××	×年×月×日至 ×年×月×日
	3. ——	3. 1——；3. 2——	王××	×年×月×日至 ×年×月×日
……	……	……	……	

　　甘特图被用来作为规划、控制及评估各项工作进度，是计划与实际进度的时序图。其主要构成是将横坐标等分成时间单位，如年、季、月、周、日、时等，表示时间的变化，纵坐标则记载方案各项工作任务。甘特图可以让你一眼看出什么时候有任务、什么时候有空闲、计划与实施是否一致等，如图所示。

序号	任务名称	时间段（××××年××月）										
		1	2	3	4	5	6	7	8	9	…	30
1	任务1											
2	任务2											
3	任务3											
4	任务4											
5	任务5											

　　（5）资源配置。任何问题的解决都需要依赖一定的资源进行，这些资源包括资金、设备、工具、信息等。问题的大小及复杂程度不同，所需的资源支持也会呈现较大的不同。

某解决问题方案的资源分配表

阶段	关键任务	完成日期	所需资源	提供时间	提供者
阶段一					
阶段二					
阶段三					
……					

　　（6）预测风险，设计应变方案。计划是面向未来的，而未来会有很多的不确定性因素，为保证决策的顺利有效执行，在制定计划时，应预测未来出现的风险，做好防范的各项准备，设计出相应的应变方案。

　　2. 落实行动计划

　　再详细的计划在执行过程中都会遇到诸多问题。要想保证计划的顺利落实，必须要关注以下五个方面内容。

（1）明确总体负责人。每一个行动计划都需要明确一个总体负责人，以保证计划的统一协调推进。负责人的主要职责是确保在计划的执行过程中，各个环节的参与人员都能够正确理解整体计划，能够明确各自任务，能够按照进度表按时完成任务。

（2）重点抓关键环节。落实计划，重点抓关键环节，在很大程度上能保证计划的顺利实施。有时，关键环节抓好了，次要的任务或内容也就随之得到解决。

（3）寻求各种支持。任何解决问题的方案在执行过程中都会或多或少需要他人或资源的支持，特别是复杂性的大问题，执行方案时更要获得多人或多部门、多资源的支持，因此，寻求各种支持，是保证计划落实的基础性条件。

（4）灵活调整计划。不管计划制订得如何详细，对风险考虑得如何周到，在执行过程中还是会遇到意想不到的问题，此时，应根据实际情况对计划做出相应的调整与完善。

（5）在落实行动计划时，我们要考虑如下几个角度：物理准备、环境准备、针对相关人员的措施。

3. 监督和控制

计划在执行过程中，需要对其进行监督与控制，以保证解决问题的进程能按照预先设定的计划进行。落实计划，做好监督与控制，实现问题的顺利解决，需要关注以下几个方面。

（1）确定监控的内容。对解决问题进程的监督与控制，应重点围绕目标、时间、成本、绩效的进展情况及相关干系人的满意度来展开。

（2）监控方法。围绕上述监控内容，可以采用计划与执行对比表、甘特图、反馈意见、巡视管理等方法进行监控。

计划与执行对比表把计划的核心内容与实际执行情况进行对比，以检查计划的落实情况。

甘特图法可以看出计划在执行过程中，任务是否按时完成，是否拖延。

通过定期召开会议、面对面沟通、小组会议、一对一谈话、E-mail、电话、报告、视频会议、QQ等方式，及时与解决问题的相关人员联系，了解他们对计划落实的感受与反应，听取他们的意见，能让我们发现解决问题过程中存在的诸多问题及不足，从而使得我们可以及时改进。

巡视管理并不是要你在工作场所不停地来回走动，而是指花时间与执行成员沟通，以了解工作进程和存在的问题，如去了解成员对目标、绩效标准、进程安排等是否清楚，技术有没有问题，资源是否充足和到位，信息交流是否畅通等。

（3）处理问题。监督与控制的目的是为了保证计划能按照进度来执行。但在很多情况下，计划与实际执行之间多多少少会存在一定的偏差，对于这些偏差，必须查明原因，给予及时处理。

（4）建立规则。好的计划不总是以成功实施收场。确定有相应的监督机制来追踪结果并使结果定期更新，让专人负责追踪结果。同时，创建一种清楚有趣的方式来表明项目的运作情景。用有刻度的尺去测量目标进度也许缺乏想象力，但它的确比较管用。所以必须建立合适的规则，不然，所有行动都会流于形式而起不到实际的作用。

二、案例分析 Case Study

案例一： 和尚分粥方案的形成

从前，山上的寺庙有七个和尚，他们每天分食一大桶粥，可是每天可以分食的粥都不够。为了兼顾公平，使每个和尚都基本能吃饱，和尚们想用非暴力的方式解决分粥的难题。

一开始，他们拟定由一个小和尚负责分粥事宜。但大家很快就发现，除了小和尚每天都能吃饱，其他人总是要饿肚子，因为小和尚总是自己先吃饱再给别人分剩下的粥。

于是，在大家的倡议下又换了一个小和尚，但这次却变成只有小和尚和住持碗里的粥是最多最好的，其他人五个人能够分得的粥就更少了。

饿得受不了的和尚们提议大家轮流主持分粥，每天轮一个。这样，一周下来，他们只有一天是饱的，就是自己分粥的那一天，其余六天都是肚皮打鼓。

大家对这种状况不满意，于是又提议推选一个公认道德高尚的长者出来分粥。开始这位德高望重的人还能基本公平，但不久他就开始为自己和挖空心思讨好他的人多分，使整个小团体乌烟瘴气。

这种状态维持了没多长时间，和尚们就觉得不能够再持续下去了，他们决定分别组成三人的分粥委员会和四人的监督委员会，这样公平的问题基本解决了，可是由于监督委员会提出多种议案，分粥委员会又屡屡据理力争，互相攻击扯皮下来，等分粥完毕时，粥早就凉了。

最后，他们总结经验教训，想出一个方案，就是每人轮流值日分粥，但分粥的那个人要等到其他人都挑完后再拿剩下的最后一碗。令人惊奇的是，在这个制度下，7只碗的粥每次都几乎是一样多，就像用科学仪器量过一样，这是因为每个主持分粥的人都认识到，如果7只碗里的粥不一样，他确定无疑将享用分量最少的那碗，从此和尚们都能够均等地吃上热粥。

对于分粥的问题，什么是好方案？适合的就是最好的。而所谓合适的方案，就是既符合人性又符合实际需要的方案。我们看到好的方案大多是浑然天成、清晰而精妙的，既简洁又高效。最后的方案公平且照顾了各方利益，至关重要的是每一个人都参与了决策。

案例二： 热闹非凡的会议

为更好地执行监督与控制，保证问题的顺利有效解决，杨成在领导的支持下，召开了相关干系人参加的座谈会，会议的热闹程度超过了杨成的预期。

会议一开始，负责问卷印刷的小李就抱怨按时完不成任务，原因是他们到现在还没有拿到确定好的问卷。问卷审核的老李、老赵提起这件事就很恼火，问卷设计存在严重问题，很多题目都是随便拟定的，根本反映不出要调查的内容。他们要求重来，结果负责问卷设计的两个部门根本就不听他的。问卷设计部门的领导也抱怨，我按照计划，任务是完成了，你们又没有给予相关设计要求，我们只能按照自己的想法来设计问卷啦！

负责调研的小吴也抱怨，调研1000份问卷，只给我们3天时间，3个人一天得多少工作量啊！再说，调研时我们也想给被调查者发个小礼物，结果就给了1000元预算，我都不知道"1块钱"现在能买个啥礼物？

负责调研结果总结与分析的小王说，公司现有的分析软件太落后，很多指标到时分析不出来，想要买一个新的统计软件，但这需要钱；要不到时就找别人帮忙来统计，但这又耽搁时间。

招标办公室的秘书小林说，公司服务手册编写出来后要找专门的机构进行印制，这就要招标，而负责招标的王师傅因家中父亲病重，已辞职，上午就已回老家了。这该怎么办呢？

顾客小谭说道："你们现在编写的服务手册与另一家竞争对手相比，还是没有人家好，即使编写出来，我估计还是无法吸引大量顾客光顾的。"

……

看着这热闹非凡的场面，杨成非常开心，他的目的已经达到，他很有信心接下来能处理好这些问题。

杨成采用的是哪种监控方式？其监控的内容涉及哪些方面？座谈会上大家反映的问题具体有哪些？杨成为什么很开心？如果你是杨成，你会如何处理这些问题？

三、过程训练 Process Training

活动一：迷失丛林

（一）情境描述

1. 培训师把"迷失丛林"工作表发给每一位学员，而后讲下面一段故事：
你是一名飞行员，但你驾驶的飞机在飞越非洲丛林上空时飞机突然失灵，这时你必须跳伞。与你们一起落在非洲丛林中的还有14样物品，这时你们必须为生存做出一些决定。
2. 以个人形式把14样物品按重要顺序排列出来，把答案写在第一栏。
3. 当大家都完成之后，培训师把全班学员分为5人一组，让他们进行讨论，以小组形式把14样物品重新按重要次序再排列，把答案写在工作表的第二栏，讨论时间为20分钟。
4. 当小组完成之后，培训师把专家意见表发给每个小组，小组成员把专家意见填入第三栏。
5. 用第三栏减第一栏，去绝对值得出第四栏，用第三栏减第二栏，得出第五栏，把第四栏累加起来得出个人得分，第五栏累加起来得出小组得分。

	供应品清单	第1步 顺序 个人	第2步 顺序 小组	第3步 专家排列	第4步 (3—1) 个人和专家 比较	第5步 (3—2) 小组与专家 比较
1	药箱					
2	手提收音机					
3	打火机					
4	3支高尔夫球杆					
5	7个大的绿色垃圾袋					
6	指南针（罗盘）					
7	蜡烛					
8	手枪					
9	一瓶驱虫剂					
10	大砍刀					
11	蛇咬药箱					
12	一盆轻便食物					
13	一张防水毛毯					
14	一个热水瓶（空的）					

（二）问题与讨论

1. 你所在的小组是以什么方法达成共识的？
2. 你的小组是否有出现意见垄断现象，为什么？
3. 你对团队工作方法是否有更进一步的认识？

附：专家的选择

1. 大砍刀   2. 打火机
3. 蜡烛   4. 一张防水毛毯
5. 一瓶驱虫剂   6. 药箱
7. 7个大的绿色垃圾袋   8. 一盆轻便食物
9. 一个热水瓶（空的）   10. 蛇咬药箱
11. 3支高尔夫球杆   12. 手枪
13. 手提收音机   14. 指南针（罗盘）

活动二：制订一份新产品上市计划

为解决公司业绩持续下滑的问题，公司高层经过充分研讨，决定选择你提出的"开发符合市场需求的一种新型产品"作为问题解决的最佳方案，并任命你来执行该方案，请结合本任务所学知识，与其他学员共同探讨，制订一份新产品上市计划书，你可以参考下表来制订：

方案执行计划表

阶段	关键任务	具体工作内容	完成人	完成时间	所需资源	资源提供者
阶段一	1. ——	①—— ②——				
	2. ——	①—— ②——				
阶段二	1. ——	①—— ②——				
	2. ——	①—— ②——				
……						

四、效果评估 Performance Evaluation

评估：决策能力测试

（一）情境描述

决策，是团队管理的起始点，也是团队兴衰存亡的支撑点，更是影响领导者业绩和团队命运的关键点。那么，想成为领导者的你是否具有决策能力呢？身为领导者的你是否又是一个优秀的领导者呢？做完下面的测试你就会知道了。

1. 你的分析能力如何？　　　　　　　　　　　　　　　　　　　　　　　　（　　）

A. 我喜欢通盘考虑，不喜欢在细节上考虑太多

B. 我喜欢先做好计划，然后根据计划行事

C. 认真考虑每件事，尽可能地延迟应答

2. 你能迅速地做出决定吗？　　　　　　　　　　　　　　　　　　　　　　（　　）

A. 我能迅速地做出决定，而且不后悔

B. 我需要时间，不过我最后一定能做出决定

C. 我需要慢慢来，如果不这样的话，我通常会把事情搞得一团糟

3. 进行一项艰难的决策时，你有多高的热情？　　　　　　　　　　　　　　（　　）

A. 我做好了一切准备，无论结果怎样，我都可以接受

B. 如果是必需的，我会做，但我并不欣赏这一过程

C. 一般情况下，我都会避免这种情况，我认为最终都会有结果的

4. 你有多恋旧？　　　　　　　　　　　　　　　　　　　　　　　　　　　（　　）

A. 买了新衣服，就会捐出旧衣服

B. 旧衣服有感情价值，我会保留一部分

C. 我还有高中时代的衣服，我会保留一切

5. 如果出现问题，你会：　　　　　　　　　　　　　　　　　　　（　　）

　A. 立即道歉，并承担责任

　B. 找借口，说是失控了

　C. 责怪别人，说主意不是我出的

6. 如果你的决定遭到了大家的反对，你的感觉如何？　　　　　　　（　　）

　A. 我知道如何捍卫自己的观点，而且我依然可以和他们做朋友

　B. 首先我会试图维持大家之间的和平状态，并希望他们能理解

　C. 这种情况下，我通常会听别人的

7. 在别人眼里你是一个乐观的人吗？　　　　　　　　　　　　　　（　　）

　A. 朋友叫我"啦啦队长"，他们很依赖我

　B. 我努力做到乐观，不过有时候，我还是很悲观

　C. 我的角色通常是"恶魔鼓吹者"，我很现实

8. 你喜欢冒险吗？　　　　　　　　　　　　　　　　　　　　　　（　　）

　A. 我喜欢冒险，这是生活中比较有意义的事

　B. 我喜欢偶尔冒冒险，不过我需要好好考虑一下

　C. 不能确定，如果没有必要，我为什么要冒险呢

9. 你有多独立？　　　　　　　　　　　　　　　　　　　　　　　（　　）

　A. 我不在乎一个人住，我喜欢自己作决定

　B. 我更喜欢和别人一起住，我乐于做出让步

　C. 我的配偶做大部分的决定，我不喜欢参与

10. 让自己符合别人的期望，对你来讲有多重要？　　　　　　　　（　　）

　A. 不是很重要，我首先要对自己负责

　B. 通常我会努力满足他们，不过我也有自己的底线

　C. 非常重要，我不能贸然失去与他们的合作

（二）评估标准与结果分析

选 A 得 10 分，选 B 得 5 分，选 C 得 1 分。

24 分以下，说明你的决策能力差。你需要改进的地方可能有下列几个方面：太喜欢取悦别人、分析性过强、依赖别人、因为恐惧而退却、因为障碍而放弃、害怕失败、害怕冒险、无力对后果负责。

25～49 分之间，说明你的决策能力属中下等。你需要改进的地方可能是下列一个或几个方面：太在意别人的看法和想法、把注意力集中于别人的观点之上、做决策时畏畏缩缩、不敢对后果负责。

50～74 分之间，说明你的决策能力一般。你可能太喜欢取悦别人，或者你的分析性太强，也可能你过于依赖别人，有时还会因为恐惧而止步不前。

75 分以上，说明你的决策能力不错。虽然有时你可能会遇到思想上的障碍，减缓你前进的步伐，但是你有足够的精神力量继续前进，并为你的生活带来变化。

思考与练习

1."发现问题是解决问题的一半。"你怎样理解这句话？

2.描述问题与分析问题有哪些异同？能不能把描述问题等同于分析问题？

3.你用过哪些分析问题的方法？这些方法带给你的感触是什么？

4.创新或突破性思维在解决问题过程中有什么作用？

5.在设计解决方案时，为了让方案更加可行，你如何保证？

6.存在最完美的解决方案吗？为什么？

作业

（一）作业描述

1.列出你最近生活或工作中遇到的问题，并选择其中一个最迫切需要解决的问题运用 4W1H 法进行描述。

2.思考问题产生的原因，并运用 YY 提问法或鱼骨图分析法找到问题产生的根本原因。

3.列出你所能想到解决这一问题的所有办法，并进行评估，确定真正可行的办法有哪些。

4.制订行动计划，并付之行动，也可请同组的学员对你进行监督。

（二）作业要求

1.可 2～3 人组成一个小组分工合作。

2.完整记录任务完成的过程。

项目九　职业规划

在一个人有限的生命中，职业生涯占有绝对重要的地位。从走向岗位前的学习和教育，到离职退休，职业生涯活动伴随着人们大半生的时间，左右着一个人生活的质量和生命的价值。所以，拥有成功的职业发展，才能实现自己的人生价值。

当今职场风云变化、竞争激烈，如何选择合适的职业，如何发展以取得事业的成功，是本项目研究的课题。一份科学的职业生涯规划，可以让你清晰地认识自己，正确地选择职业，明确人生的发展方向，把握职场机遇，获得成功。

项目知识要点：

- 自我评估
- 价值观
- 职业性格
- 职业兴趣
- 职业能力
- 职业环境
- 职业定位
- SWOT 分析法
- 求职与面试

任务一　职业规划与评估

职场在线

　　小王刚进入大学的时候，他就发现大学生就业的严峻性，特别是看到很多师兄师姐求职的狼狈相，使他对前途产生了迷茫。为了使自己的大学过得有意义，毕业时能找到一份心仪的工作，他经常与学校就业办保持联系，寻求职业规划的帮助。职业规划辅导老师让他做一个详细的职业规划，他总觉得没有什么意义。"自己对自己最了解，为什么还要做一份规划呢?"就这样，小王一直到大学毕业时也没有进行职业规划，虽然他有自己的奋斗目标，但目标却经常发生变化。看到很多有职业规划的同学纷纷找到了工作，而自己仍然无所适从。最后，小王只有求助于职业顾问。在与职业顾问交流的过程中，小王发现很多 30 多岁的白领也来补做职业规划，有的甚至已经达到了一定的职业高度，却遇到了职业瓶颈，走了弯路，深受当初没有职业规划之苦。小王看到这一切深受教育，这才真实地感受到职业规划对人生的重要性，于是在职业顾问的帮助下，小王详细地做了职业生涯规划，并找到了适合自己的岗位。

　　职业生涯规划是职业人士所面临的首要问题，是对个人职业发展的远景规划和资源配置，不仅能为你确立人生方向，提供奋斗策略，更重要的是可以准确评价个人特点和强项，评估个人目标和现状的差距，更准确地定位职业方向，并能重新认识自身价值，发现新的职业机遇，增强职业竞争力，更好地获得职业成功。

一、能力目标 Competency Goal

　　人贵自知，只有对自己有着清醒的认识，才能准确地找到自己的人生道路和目标。职业生涯也是如此，只有明白自己的优势、劣势，清楚自己的长处、短处，对自己的价值观、性格、职业兴趣、职业能力进行正确的评估，才能使自己的职业生涯道路越走越宽，才能获得职业生涯的良好发展。

（一）职业生涯规划

　　职业生涯是指一个人一生的工作经历，特别是职业、职位的变动及工作理想实现的整个过程。职业生涯规划是指针对个人职业选择的主观和客观因素进行分析和测定，确定个人的奋斗目标并努力实现这一目标的过程。换句话说，职业生涯规划要求根据自身的兴趣、特点，将自己定位在一个最能发挥自己长处的位置，选择最适合自己能力的事业。

（二）自我评估

职业生涯规划的第一步是进行自我评估。自我评估是对自己的价值观、性格、职业兴趣、个人能力等因素进行分析，客观全面认识自己，从而选择最适合自己的职业生涯发展路线。

1. 价值观

价值观是人们对周围事物的一种评价或态度，是人们在一定环境中的动机，是目的需要和情感意志的综合体现。简而言之，价值观就是你最看重、认为最有价值的东西。每个人都会有自己的价值观，价值观是人行为的深层原因。价值观不同导致对职业的评价和选择不同。

美国心理学家洛克奇在《人类价值观的本质》一书中提出了13种价值观，如下表所示。

序号	类型	类型说明
1	成就感	提升社会地位，得到社会认同，受到他人的认可，对成功感到满意
2	美感的追求	能有机会多方面欣赏周围的人、事、物
3	挑战	能解决困难，舍弃传统的方法而选择创新方法处理事物
4	健康	包括身体和心理健康，能够免于焦虑、紧张和恐惧
5	收入与财富	能够明显、有效地改变自己的财务状况，能够得到金钱所能买的东西
6	独立感	工作中有弹性，可以充分掌握自己的时间和行动，自由度高
7	爱、家庭、人际关系	关心他人，与别人分享，协助别人解决问题，体贴、关爱周围的人
8	道德感	与组织的目标、价值观、宗教观和工作使命能够不相冲突，紧密结合
9	快乐	享受生命，结交新朋友，与别人共处，一同享受美好时光
10	权利	能够影响或控制他人，使他人照着自己的意志去行动
11	安全感	能够满足基本的需要，有安全感，远离突如其来的变动
12	自我成长	能够追求知识上的刺激，寻求更圆满的人生，在人生体验上有所提升
13	协助他人	体会到自己的付出对团体有帮助，别人因为你的行动而受惠很多

针对这些价值观，请一一对照，选择你比较看重的选项，这就是你的价值取向。在进行职业选择时，应尽量选择符合你价值观的职业。

2. 职业性格

职业性格是指人们在长期特定的职业生活中所形成的与职业相联系的、稳定的心理特征，不同的职业也要求从业者具有与之相适应的职业性格。

目前通用的职业性格测试是 MBTI（Myers－Briggs Type Indicator），是 20 世纪 40 年代由美国一对母女伊莎贝尔·迈尔斯（Isabel Myers）和凯瑟琳·布里格斯（Katharine Briggs）在荣格的心理学类型理论的基础上提出了一套个性测验模型。MBTI 人格共有四个维度，每个维度有两个方向，共计八个方面。分别是外向（E）和内向（I）、感觉（S）和直觉（N）、思考（T）和情感（F）、判断（J）和知觉（P）。将四个维度两两组合，共有十六种类型。

类型	内涵	类型	内涵
ISTJ	内向感觉思考判断	ISFJ	内向感觉情感判断
INFJ	内向直觉情感判断	INTJ	内向直觉思考判断
ISTP	内向感觉思考知觉	ISFP	内向感觉情感知觉
INFP	内向直觉情感知觉	INTP	内向直觉思考知觉
ESTJ	外倾感觉思考判断	ESFJ	外倾感觉情感判断
ENFJ	外倾直觉情感判断	ENTJ	外倾直觉思考判断
ESTP	外倾感觉思考知觉	ESFP	外倾感觉情感知觉
ENFP	外倾直觉情感知觉	ENTP	外倾直觉思考知觉

四个维度在每个人身上会有不同的比重，不同的比重会导致不同的表现。有兴趣的同学可以从网络上寻找相关的测试进行职业性格的评价。

3. 职业兴趣

兴趣是职业生涯选择的重要依据，是保证职业稳定、职场成功的重要因素。如果一个人对他所从事的工作有兴趣，积极性高，就能充分发挥其全部才能。反之，面对缺乏兴趣的工作，其主动性可想而知。因此，职业生涯的选择还必须与职业兴趣相结合。

案例升华

兴趣岛

恭喜你获得了一次免费度假游的机会，可以去下列六个岛屿中的一个。

A. 美丽浪漫的岛屿。充满了美术馆、音乐厅、街头雕塑和街边艺人，弥漫着浓厚的艺术文化气息，居民保留了传统的舞蹈、音乐和绘画，许多文艺界的朋友都喜欢来这里。

R. 自然原始的岛屿。岛上自然生态保持得很好，有各种野生动物，居民以手工见长，自己种植花果蔬菜、修建房屋、打造器物、制作工具，喜欢户外运动。

I. 深思冥想的岛屿。有多处天文台、科技馆级图书馆。居民喜好观察、学习，崇尚和追求真知。常有机会和来自各地的哲学家、科学家和心理学家等交换心得。

E. 显赫富庶的岛屿。居民善于企业经营和贸易，能言善道，经济高度发展，处处是高级饭店、俱乐部、高尔夫球场，来往者多是企业家、经理人、政治家、律师等。

C. 现代、井然的岛屿。岛上建筑十分现代化，是进步的都市形态，以完善的户政管理、地政管理、金融管理见长。岛民个性冷静保守，处事有条不紊，善于组织规划，细心高效。

S. 友善亲切的岛屿。居民个性温柔、友善、乐于助人，社区均自成一个密切互动的服务网络，人们重视合作，重视教育，关怀他人，充满人文气息。

如果你必须在 6 个岛之中的一个岛上生活一辈子，成为这里的岛民。你的第一选择是哪一个岛？你的第二选择是哪一个岛？你绝对不愿意选择的是哪一个岛？这代表了你不同的职业兴趣倾向。

岛屿	职业兴趣类型	喜欢的活动	喜欢的职业
A	艺术型 （Artistic）	创造，喜欢自我表达，喜欢写作、音乐、艺术和戏剧	作家、艺术家、音乐家、诗人、漫画家、演员、戏剧导演、作曲家、乐队指挥和室内装潢人员
R	实用型 （Realistic）	愿意从事事务性的工作，喜欢户外活动或操作机器，而不喜欢在办公室工作	制造业、渔业、野外生活管理业、技术贸易业、机械业、农业、技术、林业、特种工程师和军事工作
I	研究型 （Investigative）	处理信息（观点、理论），喜欢探索和理解、研究那些需要分析、思考的抽象问题。喜欢独立工作	实验室工作人员、生物学家、化学家、社会学家、工程设计师、物理学家和程序设计员
E	企业型 （Enterprising）	喜欢领导和影响别人，或为了达到个人或组织的目的而善于说服别人。希望成就一番事业	商业管理、律师、政治运动领袖、营销人员、市场或销售经理、公关人员、采购员、投资商、电视制片人和保险代理
C	常规型 （Conventional）	组织和处理数据，喜欢固定的、有秩序的工作或活动，希望确切地知道工作的要求和标准。愿意在一个大的机构中处于从属地位	会计师、银行出纳、簿记、行政助理、秘书、档案文书、税务专家和计算机操作员
S	社会型 （Social）	喜欢与人合作，热情关心他人的幸福，愿意帮助别人解决困难	教师、社会工作者、牧师、心理咨询员、服务性行业人员

4. 职业能力

职业能力（Occupational Ability）是人们从事某种职业的多种能力的综合。

如果说职业兴趣或许能决定一个人的择业方向，以及在该方面所乐于付出努力的程度，那么职业能力则能说明一个人在既定的职业方面是否能够胜任，也能说明一个人在该职业中取得成功的可能性。

我们可以把职业能力分为一般职业能力、专业能力和社会能力。

（1）一般职业能力主要是指：一般的学习能力、文字和语言运用能力、数学运用能力、空间判断能力、形体知觉能力、颜色分辨能力、手的灵巧度、手眼协调能力等。

（2）专业能力：专业能力主要是指从事某一职业的专业能力。在求职过程中，招聘方最关注的就是求职者是否具备胜任岗位工作的专业能力。例如：你去应聘教学工作岗位，对方最看重你是否具备最基本的教学能力。

（3）社会能力：社会能力主要是指一个人的团队协作能力、人际交往和善于沟通的能力。在工作中能够协同他人共同完成工作，对他人公正宽容，具有准确裁定事物的判断力和自律能力等，这是岗位胜任和在工作中开拓进取的重要条件。

不同职业对从业者的能力要求是不同的。只有符合自身的职业能力，才能使自身职业生涯得到良好发展。做数学老师对陈景润不合适，但他的自身条件却是做数学研究的好材料。所谓人才，就是把人放在了合适的位置，他就成了人才。

二、案例分析 Case Study

案例一：规划自己，赢得机会

高中毕业后，张卓不知道他应该干点什么。张卓的很多朋友都读了大学，但是他对于继续上学不感兴趣，想要去体验"真正的生活"。高中时，他参与学生会工作，有很多的社会实践经验，他觉得做一个销售员可能会很有意思。他开始准备简历，并在网上寻找工作。网上有很多销售员的职位，可是张卓不知道哪一种类型或行业的销售员更适合他。他决定向职业咨询师进行咨询，这位职业咨询师告诉他，要想做出一个好的职业选择，首先应该确定自己的兴趣、价值观和人生目标。当张卓了解清楚自己是一个什么样的人后，才好决定那种类型的工作适合他。

职业咨询师对张卓做了一系列的职业倾向测验，发现他对汽车销售很感兴趣。张卓重新上网查找了有关汽车销售的职位，但是发现这类职务需要对汽车有一定的了解，并且要求有驾驶证。于是，张卓面临的选择是回到学校接受必要的培训，并且考取驾驶证，还是在其他领域寻找工作？由于张卓感到自己确实喜欢汽车销售工作，他决定两件事一起做。一方面，他继续寻找与汽车有关的一般工作，以增加自己对汽车的了解；另一方面，报名参加了汽车驾驶培训班。张卓在一家汽车维修站找到了一份汽车维修学徒工的工作，他很快喜欢上了这份工作，在跟汽车维修技师工作的过程中学到了很多汽车方面的知识，同时在工作之余完成汽车驾驶培训班的学习。虽然，这份工作的工资不足以支持他独立租房过日子，但好在他可以住在家里。

一年以后，张卓获得了驾驶证，并且在做汽车维修学徒工的过程中积累了足够的相关知识，并与经常来汽车维修站维修汽车的某汽车销售经理建立了友好的关系。张卓跟他谈起了自己最初的目标，这位销售经理说，刚好他们的汽车销售员有空缺，可以让张卓去试一试。

在汽车销售岗位上，张卓凭借着深厚的汽车维修经验，经常为客户提供更为合适的汽车购买与驾驶建议，很快打开了局面，逐渐成长为一个合格的汽车销售员。

张卓通过职业规划为自己树立了汽车销售员的目标，通过汽车修理学徒工工作积累了相关的知识和经验，又利用业余时间完成了汽车驾驶培训获得了驾驶证，最终达成了职业目标，使自己的职业生涯更上一层楼。

案例二：兴趣并不等于职业

黄莺大学读的是文秘专业，刚刚毕业两年多，已经换过四家公司，她说，自己的每份工作都不如意，都不是自己的兴趣所在。

"我在高考选专业时犯了个错误。我父母认为，女孩子就应该干点轻松的工作。我那时成绩平平，对学什么根本没多考虑。但现在我挺后悔的，对这个专业没兴趣。"

她对文秘专业的失落来自她的前两份工作。毕业时进入了一家事业单位，做行政秘书，每天就是接电话，管理办公用品，订会议室等。

"在别的同事眼里，我是个打杂伺候人的，这种感觉真没法忍受。"因此干了不到三个月，她就辞职了。

她又来到一个商贸公司做办公室秘书。黄莺以为这回的工作更商业化一些，也许更有意思。没想到做了几个月，和头一份工作感觉差不多，让她对文秘工作彻底失去了兴趣。

"我的理想是干一份能体现个人价值，并且值得努力奋斗的工作。只有符合自己兴趣的工作才能带来这些，才能证明自己存在的价值，充满激情地不断创造和发展。"

黄莺特别羡慕影视作品中的那些整天身着职业装，带着笔记本电脑"飞来飞去"的商业女性形象，渴望自己成为那样的人。"我想，也许我适合干销售？我性格外向，喜欢和人打交道。而且销售很锻炼人，如果做好了，就等于迈出了成功的第一步。"

经过努力，黄莺终于在一家营销企业做起了销售代表。而这家公司的销售业务中，有相当多的内容也需要通过电话销售来积累客户，尤其对于新手来说更是如此。开始一两周，黄莺觉得挺有意思，但时间稍长，她感到了日复一日的枯燥和巨大的压力："我每天又陷入大量的电话之中，说着同样的话，重复同样的内容。而且，推销就可能面临着客户的拒绝，每打一个电话之前都要鼓起相当大的勇气……真让人难受。"

那一阵，每天早上，黄莺一睁眼就会想到被拒绝的沮丧感，和堆积如山的销售任务，让她根本没勇气起床。在连续迟到几天后，黄莺再次提出辞职。她的理由是：一份连起床都不能按时的工作一定不适合自己，不是自己的兴趣所在。

黄莺后来琢磨，还是先掌握一门技术，然后再向商业领域发展。她用四个月的时间考了MCSE认证（微软认证系统工程师），然后通过亲戚介绍，进入当地移动公司做计算机维护人员。机房的工作不忙，可以学到很多计算机专业知识。但黄莺依然不满意，因为在机房维护机器，平时接触的就是四五个人，再加上倒班制，通常每天只有她一个人上班，跟别人沟通的机会很少，几个月下来，黄莺觉得很压抑。

"我本来挺外向的，可现在都快不会和别人说话了。如果再这样下去，我担心自己在沟通上会出问题。眼看着我毕业都两年多了，一点发展也没有。我不想平平淡淡地过一辈子，尝试了这么多工作，都没有我感兴趣的。"

黄莺所面临的问题是学生择业中最普遍的问题，从黄莺的经历中可以看出，她两年多换了四份工作，每份工作之间的衔接毫无逻辑，这缘于当工作中出现不满时，黄莺总是将问题归因于对某一个工作没有兴趣。她用变换工作来解决遇到的压力，结果是压力无法解除，反而在同一个层面上不断重复遇到的麻烦。其实职业兴趣确实能在工作中给人带来幸福感和强大的驱动力，但是除了兴趣之外，我们还要考虑个人是否具备基本职业素质，比如性格是否匹配，是否培养了相应能力。

三、过程训练 Process Training

活动一："职业价值观大卖场"

当你选择一份职业的时候，一定会考虑很多因素。现在让我们来做一笔买卖，假设你手头有一百万，这代表你这一生所有的时间和精力，让你来购买下面这些职业因素。你要把所有的资金都用完，请认真考虑，你将分别花多少钱来购买下面这些项目。

1. 工资高 （   ）
2. 福利好 （   ）
3. 工作容易找（对求职者限制不多） （   ）
4. 工作环境好（物质方面或自然环境） （   ）
5. 工作稳定 （   ）
6. 能提供较好的受教育机会 （   ）
7. 有较高的社会地位 （   ）
8. 工作轻松 （   ）
9. 能充分发挥自己的才能 （   ）
10. 工作符合自己的兴趣 （   ）
11. 领导、同事关系好 （   ）
12. 工作的社会意义大 （   ）

请你进行选择，并回答下面问题：

我购买的时候，第_____条是最贵的，其次是第_____条，再次是第_____条。如果让我把所有的资金都去购买一个职业因素，我会购买第_____条。

请教师带领全体学员进行小组讨论，并全班分享。

活动二：我的自画像

（一）活动过程

1. 每位同学发放带有下表的小纸条 5 张。（数量与每小组成员数相同）

被评测人：_____

沉稳老练	冲动	谦逊	大胆	宽容	软弱
善解人意	果断	专横	冷漠	知足	友善
反应敏捷	耐心	忠诚	老实	倔强	勇敢
小心谨慎	文雅	羞怯	热情	慷慨	坦率
通情达理	固执	活泼	自私	自信	有同情心
夸大其词	乐于助人	重视物质	表现自己	安静镇定	斤斤计较

2. 从 36 个形容词中找出你认为符合你自己个性的词，把它圈出来。

3. 从 36 个形容词中找出你认为符合其他人个性的词，把它圈出来。

4. 互相交换，拿回属于自己的性格画像。

（二）问题与讨论

对照自己和其他学员圈的个性特征，回答下面 8 个问题：

1. 我圈了哪些特征？	
2. 别人为我圈了哪些特征？	
3. 共同圈的特征有哪些？	
4. 我圈别人没圈的特征有哪些？	
5. 别人圈我没圈的特征有哪些？	
6. 我的发现是什么？原来我是怎样的一个人？	
7. 今后我希望继续保持的特征有哪些？为什么？	
8. 今后我要改变的特征有哪些？为什么？	

四、效果评估 Performance Evaluation

评估：测测你的职业兴趣

（一）情景描述

请认真回答下面的问题，如回答是肯定的，请在后面打"√"；若回答是否定的，请在后面打"×"。

第一组

1. 你喜欢自己动手修理收音机、自行车、缝纫机、钟表等家用物品吗？　　　　（　　）
2. 你对自己家里使用的电扇、电烫斗等电器的性能、质量了解吗？　　　　（　　）
3. 你喜欢动手做小模型（如汽车、轮船、建筑物模型）吗？　　　　（　　）
4. 你喜欢与数字、图表（如记账、制图、制表）一类的工作打交道吗？　　　　（　　）
5. 你喜欢制作工艺品、装饰品和衣服吗？　　　　（　　）

总计次数：是（　　）否（　　）

第二组

1. 你喜欢在别人买东西时给他（她）当顾问吗？　　　　（　　）
2. 你热衷于参加集体活动吗？　　　　（　　）
3. 你喜欢接触不同类型的人吗？　　　　（　　）
4. 你喜欢拜访别人，与人讨论各种问题吗？　　　　（　　）
5. 你喜欢在会议上积极发言吗？　　　　（　　）

总计次数：是（　　）否（　　）

第三组

1. 你喜欢没有人干扰地、有规则地从事工作吗？　　　　（　　）

2. 你喜欢做任何事都预先进行周密的安排吗？ （　　）

3. 你善于查阅字典、辞海和资料索引吗？ （　　）

4. 你喜欢按固定的程序有条不紊地工作吗？ （　　）

5. 你喜欢有规律的、内容程式化的工作吗？ （　　）

总计次数：是（　　）否（　　）

第四组

1. 你喜欢倾听别人的难处并乐于帮助别人解决困难吗？ （　　）

2. 你愿意为残疾人服务吗？ （　　）

3. 在日常生活中，你愿意为他人提供帮助吗？ （　　）

4. 你喜欢向别人传授知识和经验吗？ （　　）

5. 你喜欢防病治病和照顾病人的工作吗？ （　　）

总计次数：是（　　）否（　　）

第五组

1. 你喜欢主持班级集体活动吗？ （　　）

2. 你喜欢接近领导和老师吗？ （　　）

3. 你喜欢当众发表自己的观点和意见吗？ （　　）

4. 如果老师不在，你能主动地维持班里的学习秩序吗？ （　　）

5. 你具有强烈的责任感且工作上很有魄力吗？ （　　）

总计次数：是（　　）否（　　）

第六组

1. 你爱读文学著作中对人内心世界的细致描写吗？ （　　）

2. 你喜欢听人们谈论他们的活动和想法吗？ （　　）

3. 你喜欢观察和研究人的心理和行为吗？ （　　）

4. 你喜欢读有关领导人物、政治家、科学家等名人的传记吗？ （　　）

5. 你很想了解世界各国的政策和经济制度吗？ （　　）

总计次数：是（　　）否（　　）

第七组

1. 你喜欢参观技术展览会或收听（收看）技术新闻节目吗？ （　　）

2. 你喜欢阅读如《我们爱科学》之类的科技杂志吗？ （　　）

3. 你想了解生机勃勃的大自然的奥秘吗？ （　　）

4. 你想了解科学精密仪器和电子仪器的使用方法吗？ （　　）

5. 你喜欢复杂的绘图和设计工作吗？ （　　）

总计次数：是（　　）否（　　）

第八组

1. 你喜欢设计一种新的发型或服装吗？ （　　）

2. 你喜欢作画吗？ （ ）

3. 你尝试着写小说或编剧本吗？ （ ）

4. 你很想参加学校宣传队或演出小组吗？ （ ）

5. 你爱用新方法、新途径来解决问题吗？ （ ）

总计次数：是（ ）否（ ）

第九组

1. 你喜欢操作机器吗？ （ ）

2. 你很羡慕机械类工程师的工作吗？ （ ）

3. 你很了解机器的构造和工作性能吗？ （ ）

4. 你喜欢交通驾驶类的工作吗？ （ ）

5. 你喜欢参观和研究新的机器设备吗？ （ ）

总计次数：是（ ）否（ ）

第十组

1. 你喜欢从事非常具体的工作吗？ （ ）

2. 你喜欢做快就能看到产品的工作吗？ （ ）

3. 你喜欢做能让别人看到效果的工作吗？ （ ）

4. 你喜欢做那种时间短但可以做得很好的工作吗？ （ ）

5. 你喜欢参与有形的而不是抽象的活动吗？ （ ）

总计次数：是（ ）否（ ）

（二）评估标准与结果分析

根据上面的回答，请你完成下表的填写：

组别	回答"是"的次数	相应的兴趣类型编号
第一组		兴趣类型1
第二组		兴趣类型2
第三组		兴趣类型3
第四组		兴趣类型4
第五组		兴趣类型5
第六组		兴趣类型6
第七组		兴趣类型7
第八组		兴趣类型8
第九组		兴趣类型9
第十组		兴趣类型10

相关说明：回答"是"的次数越多，表示你的兴趣越强烈，反之表示你的兴趣越弱。

根据填写结果，在加拿大职业分类词典中"职业兴趣类型与相应职业选择的关系表"，找出适合你感兴趣的相应职业。

职业兴趣类型与相应职业选择

类型	兴趣特征	类型解释	相关职业
1	愿与事物打交道	这一类人喜欢接触工具、器具或数字的职业,不喜欢与人打交道的职业	修理工、裁缝、出纳、会计、木匠、机器制造等
2	愿与人打交道	这一类人喜欢与人交往,对销售、采访、传递信息一类的活动感兴趣	记者、推销员、服务员等
3	愿干有规律的工作	这一类人喜欢常规的、有规律的活动,喜欢做有预约安排的细致的工作	邮件分拣员、图书馆管理员、统计员、档案管理员、办公室文员等
4	愿从事社会福利和助人的工作	这一类人乐意帮助别人,试图改善他人的状况,帮助他人排忧解难	咨询人员、医生、律师、护士、科技推广人员等
5	愿做领导和组织工作	这一类人喜欢掌管一些事务,希望受到众人尊敬和获得声望	行政人员、管理干部、辅导员等
6	愿研究人的行为	这一类人喜欢谈论涉及人的话题,他们爱研究人的行为举止和心理状态	心理咨询师、政治学教师、人类学研究人员、作家等
7	愿从事科学技术工作	这一类人喜欢分析的、推理的、测试的活动,擅长理论分析,喜欢独立地解决问题,也喜欢通过实验获得新发现	生物学家、化学家、工程师、物理学家等
8	愿从事抽象机器的技术工作	这一类人喜欢创造性的式样和概念,大都喜欢独立的工作,对自己的学识和才能颇为自信,乐意解决抽象的问题	演员、创作人员、设计人员、画家等
9	愿从事操作机器的技术工作	这一类人喜欢运用一定的技术、操纵各种机械,制作产品或完成其他任务	机床工、飞行员、驾驶员等
10	愿从事具体的工作	这一类人喜欢制作看得见、摸得着的产品并从中得到乐趣,希望很快看到自己的劳动成果,并从完成的产品中得到满足	厨师、园林工、理发师、装饰工等

任务二　职业探索与定位

职场在线

张宇大学学的是图书管理类专业。张宇知道这不是一个好行业，大学里过得非常不快乐。大学毕业时，终于决定放弃自己的图书管理专业，重新寻找其他行业，希望能够重新发展并选择自己的职业道路。然而，图书管理专业找工作一点优势都没有，找心仪的工作谈何容易。不得已，谋生存求发展，张宇随便找了份工作安顿下来，可是工作并不如意。不开心的工作做了一段时间后，张宇换了份工作，因为没有好专业，所找的第二份工作只在薪水方面有所调整，跟第一份工作一样，依然没有办法寻找到合适的职业方向。

转眼间，几年过去了，张宇的同学们有的当了主管，有的则当上了经理。而张宇却因为一直在更换工作，寻找职业方向，始终在办事员的职位徘徊。三十岁到了，张宇突然发现，几年过去了，自己依然没有找到职业方向，更要命的事情是，没有培养出任何一种职业技能来。

张宇感到了深深的不安，看看自己的同学，不想见他们，觉得他们嘲笑自己；再看看自己，张宇认为觉得自己做事情很认真，社会对自己不公平。张宇不知道自己怎么了，也不知道下一步应该怎么办。

张宇的问题在于从大学起一直就没有找到准确的职业定位。职业定位对个人职业生涯发展具有决定性意义，职业定位准确，你的事业才能顺利开展，少走弯路、错路；定位错误，则可能一生蹉跎，郁郁不得志。

一、能力目标 Competency Goal

职业探索和定位是决定职业生涯成败的最关键的一步，同时也是职业生涯规划的起点。只有进行准确的职业探索和定位才能为自己的职业生涯发展指明方向，才能制定完备的职业生涯规划。

（一）职业探索

职业探索是对你喜欢或要从事的职业进行分析和实际调研，在此基础上对目标职业有充分的了解，并在明确自身素质和职业要求的差距中制定求职策略，从而有效地规划职业生涯的发展。

它包括了解职业内涵和核心工作内容；了解职业发展前景和薪资待遇；了解职业能力要求等。

（二）职业定位

职业定位是职业生涯规划的核心，是决定职业生涯成败的关键步骤之一。准确的职业定位建立在科学的自我分析和环境分析基础之上。

1. 职业生涯目标的确定

职业生涯目标是职业理想的进一步深化和具体化，是指人们希望得到的、与职业生涯相关的结果。职业生涯目标的确定就是指明确自己选择什么职业，在职业生涯的发展道路上达到什么水平，取得什么成就。从时间层面上可以将职业生涯目标分为四个阶段：

阶段	年限	目标
职业准备期	求学阶段	要培养哪些能力，考取什么证书，进行什么社会实践
职业探索期	3～5 年	积累工作经验，掌握工作技能，提高职业素养，了解自身的优缺点，对职业方向进行合理调整和矫正，探索自己最适合做什么工作
职业发展期	5～10 年	不断实践提高，发挥自身能力，做出一番成绩，寻求突破和职务提升
事业开拓期	10～15 年	工作经验和能力达到最佳状态，成就终极职业目标

2. 运用 SWOT 分析法进行职业定位分析

SWOT 分析又称态势分析法，被广泛应用于个人的自我分析之中，其中：S 代表 strength（优势）、W 代表 weakness（弱势）、O 代表 opportunity（机会）、T 代表 threat（威胁）。S、W 是内部因素，O、T 是外部因素。

SWOT 分析法是一种能够较客观而准确地分析和研究个人及单位情况的方法。利用这种方法可以从中找出对自己有利的、值得发扬的因素，以及对自己不利的、如何去避开的东西，发现存在的问题，找出解决办法，并明确以后的发展方向。

SWOT 分析法也是检查我们的技能、能力、职业、喜好和职业机会的有效工具。进行 SWOT 分析时，应遵循以下四个步骤。

（1）评估自己的长处和短处。每个人都有自己独特的喜好、技能、天赋和能力。明确短处和长处，不仅有利于改正常犯的错误，提高技能，还有利于选择自己擅长的职业。

（2）找出职业机会和威胁。不同行业、不同职业都面临不同的外部机会和威胁，找出这些外界因素将有助你成功地找到一个合适自己的职业目标。

（3）明确今后 5 年内你的职业目标。这些目标可以包括：你想从事哪一种职业，你将管理多少人，或者你希望自己拿到的薪水属于哪一种级别等。

（4）列出今后 5 年内的职业行动计划。职业行动计划主要涉及一些具体的东西。请你列出一份实现上述目标的计划。并且详细地说明为了实现上述目标，你要做的每一件事，何时完成这些事等。

当然，你还需要围绕你的 SWOT 分析，在 5 年内目标实现的基础上，确定出你的长期职业目标，并制订一个长期的行动计划，尽管这个长期的行动计划目前看起来还比较模糊、不具体。

（三）职业生涯规划的实施和评估调整

1. 职业生涯规划的实施

在明确了职业生涯发展目标之后，你需要为你目标的实现制定一份详细的行动计划。

行动计划主要为了约束你的行为，使你的行为不会偏离你设定的规划目标。

一份好的行动计划必须能够明确回答出三个问题，即做什么？怎么做？何时做？这就形成了行动计划的三个基本内容：任务、措施和步骤。

行动计划制订完之后，你必须严格按照计划来落实你的各项任务。

2. 职业生涯规划的评估调整

职业生涯规划是一个动态的过程，必须根据实施结果进行及时的评估与修正。

随着计划的进展，你有时会发现自己的短期目标并不能使你向长期目标靠拢；或者你可能发现你当初的目标不怎么现实；又或者你觉得自己原来设定的目标并不符合你自己的理想等，无论哪种情况出现，你都要对你的职业生涯规划进行重新评估并及时调整你的目标。

二、案例分析 Case Study

案例：四只毛毛虫的故事

毛毛虫都喜欢吃苹果，有四只要好的毛毛虫，都长大了，各自去森林里找苹果吃。

第一只毛毛虫跋山涉水，终于来到一株苹果树下。它根本就不知道这是一棵苹果树，也不知树上长满了红红的可口的苹果？当它看到其他的毛毛虫往上爬时，稀里糊涂地就跟着往上爬。没有目的，不知终点，更不知自己到底想要哪一种苹果，也没想过怎么样去摘取苹果。它的最后结局呢？也许找到了一颗大苹果，幸福地生活着；也可能在树叶中迷了路，过着悲惨的生活。不过可以确定的是，大部分的虫都是这样活着的，没想过什么是生命的意义，为什么而活着。

第二只毛毛虫也爬到了苹果树下。它知道这是一棵苹果树，也确定它的"虫"生目标就是找到一棵大苹果。问题是它并不知道大苹果会长在什么地方？但它猜想：大苹果应该长在大枝叶上吧！于是它就慢慢地往上爬，遇到分支的时候，就选择较粗的树枝继续爬。于是它就按这个标准一直往上爬，最后终于找到了一颗大苹果，这只毛毛虫刚想高兴地扑上去大吃一顿，但是放眼一看，它发现这颗大苹果是全树上最小的一个，上面还有许多更大的苹果。更令它泄气的是，要是它上一次选择另外一个分枝，它就能得到一个大得多的苹果。

第三只毛毛虫也到了一株苹果树下。这只毛毛虫知道自己想要的就是大苹果，并且研制了一副望远镜。还没有开始爬时就先利用望远镜搜寻了一番，找到了一棵很大的苹果。同时，它发现当从下往上找路时，会遇到很多分支，有各种不同的爬法；但若从上往下找路时，却只有一种爬法。它很细心地从苹果的位置，由上往下反推至目前所处的位置，记下这条确定的路径。于是，它开始往上爬了，当遇到分枝时，它一点也不慌张，因为它知道该往那条路走，而不必跟着一大堆虫去挤破头。比如说，如果它的目标是一颗名叫"教授"的苹果，那应该爬"深造"这条路；如果目标是"老板"，那应该爬"创业"这分枝。最后，这只毛毛虫应该会有一个很好的结局，因为它已经有自己的计划。但是真实的情况往往是，因为毛毛虫的爬行相当缓慢，当它抵达时，苹果不是被别的虫捷足先登，就是苹果已熟透而烂掉了。

第四只毛毛虫可不是一只普通的虫，做事有自己的规划。它知道自己要什么苹果，也知道苹果将怎么长大。因此当它带着望远镜观察苹果时，它的目标并不是一颗大苹果，而是一朵含苞待放的苹果花。它计算着自己的行程，估计当它到达的时候，这朵花正好长成一个成熟的大苹果，它就能得到自己满意的苹果。结果它如愿以偿，得到了一个又大又甜的苹果，从此过着幸福快乐的日子。

其实我们的人生就是毛毛虫，而苹果就是我们的人生目标——职业成功。爬树的过程就是我们职业生涯的道路。毕业后，我们都得爬上人生这棵苹果树去寻找未来，完全没有规划的职业生涯注定是要失败的。规划决定命运。有什么样的规划就有什么样的人生。要想得到自己喜欢的苹果，想改变自己的人生，就要先从改变自己开始，做好自己的职业生涯规划，做第四只毛毛虫。

三、过程训练 Process Training

活动一：职业社会调查

对本专业相关职业进行社会调查，包括工作性质、任务、职业资格要求、能力要求、发展前景等。并写不少于 500 字的总结。

活动二：职业生涯规划大赛

（一）活动目的

1. 掌握职业生涯规划的步骤。
2. 能根据实际状况制定自己的职业生涯规划。
3. 通过比赛让学员共同学习和分享彼此的职业生涯规划。

（二）活动过程

1. 每位学员根据所学内容制定个人的职业生涯规划。
2. 在制定过程中如遇到问题可以咨询指导老师。
3. 各位学员按照规定时间上交职业生涯规划。
4. 教师选出比较有代表性的、优秀的职业生涯规划 10~15 份。
5. 选出的 10~15 个同学代表用 PPT 在课堂上分享他们的职业生涯规划。
6. 教师和选出的学员代表一起担任评委对选手进行评分。

四、效果评估 Performance Evaluation

评估：职业生涯决策能力

请你运用 SWOT 分析法做职业生涯规划，并找到自己的职业目标。有时你可能会有几种职业生涯目标，可以通过下面的职业生涯决策平衡表进行决策分析，从而做出最佳选择。

（一）填写下面职业生涯决策平衡表

职业生涯决策考虑要素

职业生涯决策考虑要素		重要性权数（15 倍）	第一职业方案（　　）		第二职业方案（　　）		第三职业方案（　　）	
			得（＋）	失（一）	得（＋）	失（一）	得（＋）	失（一）
自我精神方面	1. 适合自己的能力							
	2. 适合自己的兴趣							
	3. 适合自己的个性							
	4. 符合自己价值观							
	5. 未来有发展空间							
	6. 其他（写下来）							
自我物质方面	1. 较好的社会地位							
	2. 符合理想生活状态							
	3. 适合目前个人处境							
	4. 其他（写下来）							
外在精神方面	1. 带给家人声望							
	2. 有利择偶和建立家庭							
	3. 其他（写下来）							
外在物质方面	1. 优厚的经济报酬							
	2. 足够的社会资源							
	3. 其他（写下来）							
加权后合计								
加权后得失差数								

（二）相关说明

1. 经过 SWOT 分析，把你选择的职业发展方向（三个）填写在职业方案一栏中。

2. 在第一栏"职业生涯决策考虑要素"中，根据你对职业选择的重要性和迫切性的认识，给这些要素赋予权数，权数范围为 1～5 倍，填写到"重要性权数"一栏中。其中 5 代表"非常重要"，权数越高，说明你越看重该要素。

3. 根据职业生涯决策要素给每个职业方案评分，每个方案的得分或失分，可以根据该方案具有的优势（得分）、劣势（失分）或优劣势的程度大小来回答，计分范围为 1～10 分。注意每个方案的得分或失分只能填写一项。

4. 将每一项的得分或失分乘上权数，得出加权后的得分和失分，并分别计算出加权后合计。再把加权后的"得失差数"算出来，即每个方案加权后的得分减去失分。据此做出最终决定。得分越高，该职业方案越合适你。

5. 通过职业生涯决策平衡表的测评，你可以大概评估出你职业生涯决策能力的强弱。

任务三　机会把握与求职

职场在线

"我在面试中的表现太糟糕了，"乔山对他的朋友说，"我的手心都是汗，我知道面试官与我握手的时候装着没有察觉，但从他们的眼睛里我可以看得出来，他们都知道我太紧张了。当他们提到一个问题时，我就结结巴巴，不知道该怎么说，反正一切都糟透了，这次的面试又没戏了。"

乔山刚刚从一家公司面试回来。他曾经请朋友帮他进行了面试联系，他们预演了面试中所能遇到的常规问题，他进入面试室的时候还是很有信心的。但是，从他坐下的那一瞬间起，一切都失去了控制。他开始注意力不集中，好几次他不得不要求对方重复所提出的问题。他把准备好要了解的问题忘得一干二净。虽然有几个问题他感觉答复得比较顺畅，面试官对此似乎也比较满意，但他依然觉得成功的可能性不大。

当天晚上，乔山回想起面试的准备，觉得自己的准备方式可能不对路。他非常沮丧，认为不能通知他参加下一轮的面试，因此他甚至连写一封感谢信的心情也没有了。果然，一个星期过去了，面试的结果也没了下文。不过，他又得准备新的面试，因为乔山接到了另一家公司的面试通知。

如何准备面试？如何在面试中脱颖而出？这是大多数求职者最为关心的问题。

一、能力目标 Competency Goal

就业是我们职业生涯理想的开始阶段。面对当前日益严峻的就业形势，如何把握机会找到一份自己满意的工作，是摆在所有人面前的难题。对此我们一方面要寻找更多的就业机会，另一方面也要掌握一定的求职与面试技能。

（一）就业机会的寻找与把握

由于就业形势严峻，很多毕业生抱怨找不到专业对口的工作，或者工作和其文凭要求不对称，如原来本科生的工作被研究生占据。对此毕业生要有良好的心态，一方面，认清形势，避免理想主义，适当降低要求，调整就业期望值；另一方面，在专业对口上不必要求太高，根据自身情况尝试向专业边缘方向发展。

（二）招聘信息的寻找与筛选

每年求职旺季，都会有大量的求职信息。许多毕业生或忙于在网上到处投简历，或辗转于各场招聘会，但却往往收效甚微，在有限的求职时间里未找到合适机会。那么如何收集求职信息，如何从海量信息中筛选出有价值的信息，从而提高求职的效率和成功率？

1. 求职信息的收集

（1）网络求职信息。最简单、最便捷的方法还是在网上找工作，网上的招聘信息既丰富又全面，还有许多专门的招聘信息网站，如中华英才网、前程无忧招聘网、智联招聘网等。

（2）招聘会。大型的招聘会信息都会发布在报纸、杂志或网站上。其中校园招聘会应该是毕业生的首选，一些社会招聘会，应有所挑选，特别适合自己的可以参与。

（3）报纸杂志、电视等传播媒体。

（4）劳动人事部门、人才市场等：如果想在本地就业，去当地人才市场了解可以获取很多有益信息。

（5）家人、亲友介绍。

（6）实习单位应聘。

（7）打电话、寄求职信、直接到目标单位自荐等。

2. 求职信息的筛选

提高求职成功率的关键是对求职信息进行筛选，找出最适合自己、最有可能成功的信息。第一，做好自身定位，明确自己想寻找的是哪些类型的岗位；第二，寻找适合自己的求职信息；第三，重点关注自己优势比较大的工作信息。

择业时要针对招聘标准，对照自己的实际情况，看看是否具备足够的优势。如果具备很大的优势，就可以精心准备应聘；如果招聘标准与自己能力非常接近，优势不大，要三思而后行；如果离标准甚远，千万不要勉为其难地去尝试，那样做只会打击自己的自信心，也会浪费自己有限的时间。

（三）求职与面试技巧

通过信息收集和筛选，你已经确定了择业单位。如何将这"临门一脚"转变成"破门得分"，就是每一位求职者接下来要做的功课了。

1. 了解目标单位信息

除了通过网络和实地考察来了解企业情况外，如果时间和空间条件允许，建议求职者能够在面试前对应聘企业进行实地勘察，不但可以直观地了解这家企业的文化氛围，更可以了解今后自己的通勤路线及时间，保证面试时候不会因意外情况而迟到。

2. 制作求职简历

一般而言，简历所应包含的要项有：应聘职位、个人基本资料（姓名、籍贯、联络电话及地址、兴趣专长）、学历、工作经验、自传等，其他项目如个人作品、毕业专题或论文、证书复印件等则视情况而定。

简历要突出个人特色和卖点。要想让招聘官记住你，就要开创自己的简历特色，找到自己最突出的卖点，列出所有要项，千万不要有遗珠之憾，很多时候用人单位并非因为你的专业而是因为你的特长而录用你。

简历要凸显自己的人格魅力和经历，是否具有特殊的经历、优秀的人格品质以及良好的性格，已经成为当今许多用人单位在录用人员时要考虑的一项重要条件和内容。

除了注重简历的内容外，一份适合的简历格式也是相当重要的。适当的精美和创意会使你的简历显得更为突出，从而获得面试机会。

3. 注意形象礼仪

有一些求职者不太注重职场礼仪，认为这些细微琐碎的事情无关痛痒，然而这些细节往往会影响到面试的成绩。求职者从进入求职公司起就应该展现出礼貌和风度，将"请、谢谢、麻烦您"作为口头禅，热情地与前台接待打招呼，面试时自觉敲门，并主动向面试官问好、握手或鞠躬致敬，面谈结束后记得将座椅归位，如果能够询问是否需要将门敞开或带上就更加完美了。

4. 应对得体

很多初涉职场的求职者在见到面试官时都表现得精神紧张，手足无措，做出许多下意识的动作，如不停地搓手、玩弄小饰物、不敢抬头、眼神游离等，殊不知正是这些细微的动作出卖了你紧张的内心，给面试官留下胆怯失措、唯唯诺诺的印象，其面试结果也可想而知。

正确的方式应该是平稳自己的情绪，端正自己的坐姿，敢于与面试官进行眼神交流，在倾听对方讲话时将身体略微前倾，让对方感受到你对工作的重视及诚意。声音保持平稳洪亮，清晰流畅地表达自己的所思所想，展现自己的风采特长。

5. 态度真诚，乐观自信

真诚自信的人，散发出人格的魅力，更易为用人单位欣赏。面试说到底是向用人单位展示最真实、最优秀的自己。求职者千万不要心存侥幸，在简历中灌水、肆意吹嘘自己的能力和经验。即便是通过了面试这关，求职者在日后的实习工作当中也难免会因为能力不济而原形毕露、大吃苦头。

二、案例分析 Case Study

案例：求职面试案例

以下是到某咨询公司应聘的毕业生的面试对答。

面试官：你为什么想进本公司？

毕业生：咨询业在国内是一个比较新的行业，发展前景很是广阔。而且贵公司早在10年前就独具慧眼，在上海建立了分公司，现在已经是最著名的咨询公司之一。如果我有幸加入贵公司，也是对我个人能力的一种肯定。另一方面我也曾经听一位前辈介绍说现在在上海咨询业竞争很激烈，我是一个喜欢接受挑战的人，所以很想进贵公司。

面试官：那么你具体对哪一个工作最感兴趣？

毕业生：我最想进的是咨询服务部。这个部门很富有挑战性，也可以学到很多东西。现在国内很多企业都不是很景气，如果能帮助他们走出困境，也是一件很好的事情。

以上是面试中最常见的两个问题。一定要精心准备。该同学明确地表达了对公司以及具体岗位的兴趣。不详细地了解公司的情况是无法从容地回答这样的问题的。

面试官：如果其他公司和本公司都录用你时，你怎么办？

毕业生：对我而言，能同时被几家公司录用，是一件让我高兴的事。我想，对公司而言，希望招聘到优秀而且合适的学生。对我而言，也希望自己能做出一个正确的选择，我会仔细比较各公司的特点包括公司的待遇、工作环境等，并结合我的兴趣和专业，努力找到一个最佳结合点，做出最优化的选择。但说实话，这确实是一件比较难办的事情。不知道您能不能给我一点建议。

　　这个问题是公司在试探你加入的意愿是否很强烈，一定要给出明确的回答。该同学的回答显得玲珑有余而主见不够。

　　面试官：你觉得你的哪些方面可以在本公司得到发挥？
　　毕业生：我想每一个求知者都希望能发挥自己的所有潜能，而并不仅仅是使用学校里所学到的专业知识。如果我的潜能得不到发挥的话，对公司而言是一个损失，对我个人也是损失。潜能包括对工作的热情、自信、对现代公司的理念的理解和实践，人际关系能力，高效率的工作，处理危机的能力等，这是我的理解。就我来讲，如果有幸加入贵公司，会努力争取锻炼自己，发展自己，为公司发展做出贡献。另外，也希望公司能提供这样一个环境。我在大学里担任校团委宣传部长，负责过一些大型活动的宣传工作，在公共关系方面积累了一些经验。
　　面试官：请具体谈一谈。
　　毕业生：去年我参加了八届全运会组委会与校团委举办的八运会志愿者校园招募活动。我们首先利用海报、校园广播做了宣传，然后开了一个情况介绍会，邀请组委会领导和校领导出席，又由以前的志愿者介绍了经验。效果很好，出色地完成了任务。

　　以上两个问题是了解你的能力和工作兴趣的问题，应实事求是地回答，注意充分表现自己的信心和能力，但千万不要夸大其词，否则可能自食其果。

　　面试官：你准备怎样把大学里学到的知识用到工作中去？
　　毕业生：大学里学到的知识主要是书本知识，当然也有一部分实践知识，主要是课堂讲述的知识以及自学的知识。这些要用到工作中去，一定要结合公司的实际，每个公司都有它自己的特点，譬如说会计，我相信每个公司都有自己的内部会计制度，所以在工作中也要不断学习。事实上我自己认为我在大学里学到的书本知识并不是我最大的收获，而是自学能力的培养和分析问题的方法，这个对我很重要，我想在工作中也是如此。

　　这是个可以自由发挥的问题，阐述自己的看法并以令人信服的理由说明就可以。注意言简意赅，条理清楚。

　　面试官：一个人工作与团体合作，你喜欢哪一种？
　　毕业生：这个问题我想没有固定的答案，要看工作的具体内容而定。如果是简单的、一个人可以做的工作，大家一起做的话，反而会增加工作的复杂性，在这种情况下，我倾向于一个人工作。反之，在大多数情况下，我愿意团体合作。这个世界的变化很大很快也很复杂，而一个人的工作能力有限，团体合作将更有助于有效地实现一个目标。

　　无论用什么样的方法回答这个问题，一定要记住一点：缺乏团体合作及集体精神的人是不能被企业或公司接受的。

一个有信心的人在竞争中始终是能够占据上风的，但是要注意：自信不等于自大。面试成功与否，归根结底还是取决于一个人的综合素质。面试技巧只能帮助同学们少走弯路，更好地展现自己的优势，以便更顺利地找到适合自己的工作。

三、过程训练 Process Training

活动一：模拟面试

（一）活动说明

请学生扮演应聘人员，参加应聘单位的面试活动。教师介绍招聘单位和招聘条件。由四名学生扮演应聘者，分别应聘两个职业，接受主考官（教师）的面试。由全班同学对面试学生进行打分，并对面试官所提出的问题以及应聘者的回应技巧进行讨论。

外在条件 （总分 50 分，每项 10 分）	得分	内在条件 （总分 50 分，每项 10 分）	得分
仪表（服装、修饰、发型）		沟通技巧（包括倾听、理解、表达）	
气质、风度		专业知识	
举止文明，大方得体		思维清晰，语言简洁	
态度真诚，乐观自信		反应内容针对性强	

（二）问题与讨论

根据上面的面试情况，如果你要给面试官留下好印象，你觉得要在哪些方面如何表现会更好？

活动二：创意简历

简历的内容无非是姓名、性别、专业、联系方式、教育情况、技能水平、实习及培训情况、工作经历、自我评价和求职意向等内容，格式也往往是千篇一律、格式僵化，请根据自己的实际情况，制作一份与众不同的简历，样式、内容可大胆发挥想象。

制作完成的创意简历，分享给全班同学，并互相点评。

四、效果评估 Performance Evaluation

评估：面试技能评估

（一）情景描述

1. 参加面试时，你会选择什么样的服饰？ （　　）

A. 朴素典雅的　　　　　　　　　　　　　B. 自己喜欢的

2. 参加面试时，你会怎样处理自己的发型？　　　　　　　　　　　　（　　）

　A. 略加修饰，保持整洁　　　　　　　　　B. 精心修饰和梳理

3. 面试时，你会带什么东西？　　　　　　　　　　　　　　　　　　（　　）

　A. 随时带着公文包　　　　　　　　　　　B. 尽量少带东西

4. 面试前如果有机会的话，你会询问面试时间的长短吗？　　　　　　（　　）

　A. 不会　　　　　　　　　　　　　　　　B. 会

5. 当主试讲话的时候，你会怎样做？　　　　　　　　　　　　　　　（　　）

　A. 自己思考　　　　　　　　　　　　　　B. 认真倾听

6. 在主试面前，你坐在椅子上的姿势是怎样的？　　　　　　　　　　（　　）

　A. 稍微前倾　　　　　　　　　　　　　　B. 挺直

7. 面试中，你讲话的语调通常会是怎样？　　　　　　　　　　　　　（　　）

　A. 柔和简洁　　　　　　　　　　　　　　B. 大声响亮

8. 在面试的时候，你脸上的表情如何？　　　　　　　　　　　　　　（　　）

　A. 一丝不苟　　　　　　　　　　　　　　B. 微微地笑

9. 当主试讲话的时候，你的目光是怎样的？　　　　　　　　　　　　（　　）

　A. 游移不定　　　　　　　　　　　　　　B. 集中注意

10. 在回答问题时，是否需要加上礼貌性的词语？　　　　　　　　　（　　）

　A. 不需要　　　　　　　　　　　　　　　B. 需要

11. 回答完问题时，是否需要再加上一句"您认为呢？"　　　　　　　（　　）

　A. 要　　　　　　　　　　　　　　　　　B. 不需要

12. 如果主试心不在焉，你会怎么办？　　　　　　　　　　　　　　（　　）

　A. 请他另外安排一次见面　　　　　　　　B. 询问他是否有什么事

13. 如果主试不提你的工作条件和兴趣时，你会怎么办？　　　　　　（　　）

　A. 以后找机会再谈　　　　　　　　　　　B. 主动提起这些话题

14. 如果你对主试的话不是很理解，这时你怎么办？　　　　　　　　（　　）

　A. 含糊过去，免得节外生枝　　　　　　　B. 问到明白为止

15. 你和主试握手时，会怎样做？　　　　　　　　　　　　　　　　（　　）

　A. 坚定有力地握手　　　　　　　　　　　B. 稍微握一下

16. 主试一边讲话一边看你，你会怎么反应？　　　　　　　　　　　（　　）

　A. 点头示意　　　　　　　　　　　　　　B. 看着他的目光

17. 在谈话中，如果使用手势，你认为怎么样是恰当的？　　　　　　（　　）

　A. 用力且持久　　　　　　　　　　　　　B. 简单而有力

18. 主试讲话时，你已经猜到他要说什么，你怎么办？　　　　　　　（　　）

　A. 插入自己的话　　　　　　　　　　　　B. 听他把话说完

19. 如果主试错误地理解了你的话，你会怎么进行纠正？　　　　　　（　　）

　A. 我想再解释一下　　　　　　　　　　　B. 我不是那个意思

20. 在面试时，你迟到了，你会怎么办？　　　　　　　　　　　　　（　　）

　A. 说出自己迟到的理由　　　　　　　　　B. 出动向主试表示歉意，并请他原谅

21. 如果主试迟到了，而且只能给你谈几分钟，你该怎么办？

　A. 视情况决定是否请求另外安排一次见面的机会

B. 维护自己的权利并表示不满

22. 当原定的主试不能前来，由他人替代时，你会怎么样？ （ ）

A. 不参加面试，等待原来的主试   B. 照样面谈

23. 主试向你谈起个人隐私的问题时，你将如何做？ （ ）

A. 把话题纳入正轨   B. 当一个善解人意的听众

24. 在谈话时，主试向你表示他的赞美，你会怎样做？ （ ）

A. 说声"谢谢!"   B. 向他展示自己的能力

25. 如果主试在谈话时滔滔不绝，不容你插话，你怎么办？ （ ）

A. 在适当时插入自己有关的问题和信息

B. 礼貌地告诉他你愿意谈谈自己的想法

26. 你觉得主试并不明白工作的要求，也不能正确评价你的水平时，你怎么办？

（ ）

A. 要求其他的人来进行面试

B. 说一些他能理解的东西以使他留下好印象

27. 当参加使用录音或录像的面试时，你穿什么颜色的衣服？ （ ）

A. 干净朴素的白色   B. 深色西服或衬衣

28. 当主试问你最大的优点是什么时，你如何回答？ （ ）

A. 融入团队   B. 勤奋工作

29. 当主试问你最大的缺点是什么时，你如何回答？ （ ）

A. 过于要求完美   B. 沟通能力差

30. 当要求你做自我介绍时，你会先谈什么？ （ ）

A. 谈谈对该行业的看法   B. 简要陈述自己的特征和经历

31. 当主试问你希望得到多少薪金时，你该如何回答？ （ ）

A. 根据自己对该职位的了解估计出薪金

B. 询问该公司为此职位设定的薪金范围

32. 您认为用人单位更看重简历中的什么内容？ （ ）

A. 社会实践   B. 学习成绩

33. 当主试问你，如果成为一个管理者，你的管理风格是集权型还是放权型时，你该
如何回答？ （ ）

A. 据自己的管理风格回答   B. 据公司的管理风格回答

34. 当主试问你为什么选择现在的专业时，你该如何回答？ （ ）

A. 坦诚地承认这个专业现在很热门

B. 因为它能为我今后的职业发展奠定基础

35. 当主试问你应聘的工作岗位主要职责是什么时，你该如何回答？ （ ）

A. 表示尽忠职守，履行职责   B. 过于具体地描述工作职责

36. 当主试问及你在此类工作岗位上有何种经历时，你会： （ ）

A. 回答时尽量涉及此类工作岗位可能的全部项目

B. 知道多少说多少，不知道时无须编造

37. 主试问你认为在你的工作中最重要的是什么，你如何回答？ （ ）

A. 尽到自己的本分

B. 个人表现如何与整体利益相吻合，提高工作效率

38. 当主试问到你曾经从事过的与专业最不相关的工作是什么时，你如何回答？　　　　　　　　　　　　　　　　　　　　　　　（　　）

A. 只要是职业生涯中从事过的都要回答并都谈其受益之处，无论其工作多么卑微

B. 只谈听起来体面的工作

39. 当主试说：向我谈谈你自己。你会如何回答？　　　　　　（　　）

A. 话题尽可能与职业努力方向有关，描述自己的某些行为特征

B. 尽量谈一些无关紧要的话题

40. 主试问及在工作中你如何显示自己的主动性时，你会怎么回答？（　　）

A. 时刻注意工作效率，不时给雇主以惊喜，使同事易于开展工作

B. 表示出强烈的工作热情，不在意单位政策和规章制度的限制

41. 当主试问你，如果下属的工作结果令你无法接受时，你将如何对待他们，你的回答是什么？　　　　　　　　　　　　　　　　　　（　　）

A. 始终通过友好的方式与下属沟通并促使其改进

B. 在必要的时候采取强硬的措施，如解雇

42. 当主试问在以下两个因素中，你决定接受聘用时起着最重要作用的是哪一个，你回答是什么？　　　　　　　　　　　　　　　　　　　　（　　）

A. 公司　　　　　　　　　　　　　B. 应聘的这个职位

43. 当主试问你在业余时间通常喜欢做些什么时，你如何回答？　（　　）

A. 简单谈谈自己在各个方面的广泛爱好　　B. 详细谈自己的一两个爱好

44. 面试人为了调节气氛，给你讲了一个笑话，你觉得是否应该附和着也讲一个笑话？　　　　　　　　　　　　　　　　　　　　　　　　　（　　）

A. 应该　　　　　　　　　　　　　B. 不应该

45. 当主试问道：你如果被录用，请你从低到高分为1～10级来描述自己兴奋的程度。你的回答是：　　　　　　　　　　　　　　　　　　　　　　（　　）

A. 10 级　　　　　　　　　　　　　B. 10 级以下

（二）评分标准与结果分析

	1	2	3	4	5	6	7	8	9	10	11	12	13	14	15
A	1	1	0	0	0	1	1	0	0	1	0	1	0	0	1
B	0	0	1	1	1	0	0	1	1	0	1	0	1	1	0
	16	17	18	19	20	21	22	23	24	25	26	27	28	29	30
A	1	0	0	1	0	1	0	1	1	1	0	0	1	1	1
B	0	1	1	0	1	0	1	0	0	0	1	1	0	0	0
	31	32	33	34	35	36	37	38	39	40	41	42	43	44	45
A	0	1	0	0	1	1	0	1	1	1	1	0	1	1	0
B	1	0	1	1	0	0	1	0	0	0	0	1	0	0	1

41分以上：你的面试技巧娴熟，也许你参加过多次面试，积累了许多经验。在此基

础上，你可以进一步挖掘自己的潜力，多找一些自身的优势，以此作为面试的砝码，为达到自己的目标做准备。

20~40分：你的面试技巧一般，如果面试不是太严格的话，你是可以应付的。为了增加录用的几率，建议你多参考职业指导丛书，提高自己的面试技能，打有准备之仗，成功的机会就会大大增加。

19分以下：你的面试技巧需要提高，也许你是位刚刚毕业的学生，或者是很少参加面试，所以你的面试经验不足。你应该参加一些培训，提高自己的面试技巧和能力，多了解一些有关职业指导方面的知识。

思考与练习

1. 在职业生涯规划中，有人提倡：在职业生涯早期，对自己锻炼最大的工作是最好的工作；在职业生涯中期，最好的工作是收入最多的工作；在职业生涯后期，对自己人生价值实现最大的工作是最好的工作，你赞成吗？

2. 价值观、职业性格、职业兴趣和职业能力对职业生涯规划有哪些影响和作用？

3. 你的职业生涯目标是什么？有没有短期目标、中期目标和长期目标？

4. SWOT分析法在职业生涯规划分析中起到怎样的作用？你还有更好的方法吗？

5. 当你去进行一个面试时，你都要进行哪些准备？

作业

（一）作业描述

1. 根据所学内容为自己做一份详细的职业生涯规划。
2. 根据所学内容为自己做一份求职简历。
3. 和其他学员分享你的某次面试经历。

（二）作业要求

1. 可2~3人组成一个小组分工合作。
2. 完整记录任务完成的过程。

下 篇 ▮▮▶

项目十　领会法治精神　理解法律体系

项目要点

1. 理解法律的含义及历史类型，正确认识我国社会主义法律的本质和作用；

2. 熟悉我国社会主义法律的运行，把握中国特色社会主义法律体系形成的重要意义、特征及构成；

3. 理解我国宪法的特征和基本原则，把握宪法规定的我国的基本制度及公民的基本权利和义务。

知识梳理

一、正确理解"法律是统治阶级意志的体现"

马克思、恩格斯在《共产党宣言》中谈到资本主义法律时指出，你们的观念本身是资产阶级的生产关系和所有制关系的产物，正像你们的法不过是被奉为法律的你们这个阶级的意志一样，而这种意志的内容是由你们这个阶级的物质生活条件来决定的。马克思、恩格斯的这一论述，科学地揭示了法律的本质特征。在阶级社会中，在一定的经济关系和政治关系中处于不同地位的社会各阶级，都有着维护自己共同利益的愿望和要求，即都有着自己的阶级意志，但并不是每个阶级的意志都能表现为法律。法律只能是取得胜利，掌握国家政权的统治阶级的意志的表现。

"法律是统治阶级意志的体现"，这一命题包含着丰富的内容。

首先，法律所体现的是统治阶级的"阶级意志"，即统治阶级的整体意志或共同意志，而不是个别统治者的意志，也不是统治者个人意志的简单相加。

其次，法律所体现的统治阶级意志，不是统治阶级意志的全部内容，而是其中上升为国家意志的那部分意志，即马克思、恩格斯所指出的"被奉为法律"的那部分统治阶级意志。也就是说，体现统治阶级意志的不仅仅有法律，政治、哲学、道德、文化、教育等等，都可以反映统治阶级的意志，并为统治阶级的政治、经济服务，但它们都不具有法律的性质。只有"被奉为法律"，亦即通过国家专门机关把统治阶级意志以国家意志形式表现出来才是法律。而所谓"国家意志"，就是掌握国家政权的那个阶级的意志在法律上的表现。

再次，体现统治阶级意志的法律，不仅要求被统治阶级服从和遵守，而且对统治阶级也具有普遍的约束力。正如马克思曾经指出：统治阶级"通过法律形式来实现自己的意志，同时使其不受他们之中任何一个单个人的任性所左右。""法律应该是社会共同的，由一定物质生产方式所产生的利益和需要的表现，而不是单个人的恣意横行。"这就是说，统治阶级当中的任何成员，都要按照整个阶级的意志行事，在法律所允许的范围内活动。

二、树立"公民在法律面前一律平等"的观念

我国《宪法》第三十三条第二款规定："中华人民共和国公民在法律面前一律平等。"这一规定，既是我国公民的一项基本权利，也是我国社会主义法治的一项基本原则。它主要包括以下两个方面的含义。

一是公民在遵守法律上一律平等。凡是我国公民都必须平等地遵守法律，依照法律平等地享有和行使法律权利，同时平等地承担和履行法律义务。也就是说，在社会主义国家里，公民的权利和义务是一致的，不允许任何公民只享有权利而不履行义务，也不允许只要求公民履行义务而不享有权利。

二是公民在适用法律上一律平等。每个公民的合法权益都平等地受到国家法律的保护、违法行为都平等地受到法律的追究和制裁，不允许任何公民享有超越宪法和法律之上的任何特权。国家行政机关、司法机关在适用法律时，对于任何公民，不因其民族、种族、性别、职业、宗教信仰、教育程度、财产状况、社会地位和居住期限的不同而有所差别。

此外，对于民族平等和男女平等，《宪法》和《民族区域自治法》规定，各民族一律平等，国家保障各少数民族的合法权利和利益，禁止对任何民族的歧视和压迫。各民族都有使用和发展自己的语言文字的自由，都有保持或者改革自己的风俗习惯的自由。《宪法》和《妇女权益保障法》等法律规定，妇女在政治的、经济的、文化的、社会的和家庭的生活等方面享有同男子平等的权利。

三、人民代表大会制度是我国的根本政治制度

人民代表大会制度是中国社会主义民主政治最鲜明的特点，是人民当家做主的重要途径和最高实现形式，是社会主义政治文明的重要制度载体，是我国的根本政治制度。

首先，人民代表大会制度的根本性体现在哪里？一是这一制度在我国政治制度体系中居于核心地位，决定着国家社会生活的各个方面和其他各种具体制度。人民代表大会作为国家权力机关，它的权力是人民授予的，并且代表人民行使权力。国家行政机关、审判机关、检察机关的行政权、审判权、检察权等，都是由人民代表大会通过制定宪法和法律授予的，都必须按照人民代表大会通过的宪法和法律办事。二是这一制度是我国各种国家制度的源泉，国家的其他制度，如婚姻家庭制度、民事商事制度、国家机构的制度、刑事制度、诉讼制度等，都是由人民代表大会通过立法创制出来，都要受到人民代表大会制度的统领和制约。

其次，人民代表大会制度有什么优越性？人民代表大会是我们党把马克思主义基本原理同中国具体实际相结合的伟大创造，是近代以来中国社会发展的必然选择，是中国共产党带领全国各族人民长期奋斗的重要成果，反映了全国各族人民的共同利益和共同愿望，在实践中显示出强大的生命力和巨大的优越性：一是人民代表大会制度保障了人民当家做主。人民通过普遍的民主选举，产生自己的代表，组成各级人民代表大会。各级人民代表大会都对人民负责、受人民监督，有力地保证了全国各族人民依法实行民主选举、民主决策、民主管理、民主监督，享有宪法和法律规定的广泛的民主、自由和权利。二是人民代表大会制度有利于调动人民群众建设社会主义的积极性、主动性、创造性。人民代表大会制度能够充分反映人民的意愿和要求，有利于凝聚和广泛动员全国各族人民，在中国共产党领导下，以国家主人翁的姿态投身社会主义建设，团结一心，艰苦奋斗，有领导、有秩序地朝着国家的发展目标前进。三是人民代表大会制度保证了国家机关协调高效运转。人民代表大会作为国家权力机关统一行使国家权力，实行民主集中制，集体行使职权，集体决定问题；国家行政机关、审判机关、检察机关由人民代表大会产生、对它负责、受它监督，合理分工、协调一致地工作，有利于保证国家统一有效地组织各项事业。四是人民代表大会制度有利于维护国家统一和民族团结。在中央统一领导下，合理划分中央和地方的职权，充分发挥中央和地方两个积极性；各少数民族聚居的地方实行区域自治，巩固和发展平等团结互助的社会主义民族关系，实现全国各族人民的大团结。

总之，人民代表大会制度，是符合中国国情具有中国特色的能够保证人民群众当家做主、有效管理国家和社会的根本政治制度，也是党在国家政权中充分发扬民主、贯彻群众路线的最好实现形式。这个制度健康发展，人民当家做主就有保障，党和国家的事业就顺利发展；这个制度受到破坏，人民当家做主就无法保证，党和国家的事业就会遭受损失。

四、深入理解中国特色社会主义法律体系

党的十五大提出、十六大重申，到2010年形成中国特色社会主义法律体系。党的十七大、十八大强调，要坚持科学立法、民主立法，完善中国特色社会主义法律体系。在中国共产党正确领导下，经过各方面坚持不懈的共同努力，我国立法工作取得了举世瞩目的巨大成就，一个立足中国国情和实际、适应改革开放和社会主义现代化建设需要、集中体现中国共产党和中国人民意志，以宪法为统帅，以宪法相关法、民法商法、行政法、经济法、社会法、刑法、诉讼与非诉讼程序法等多个法律部门的法律为主干，由法律、行政法规、地方性法规等多个层次法律规范构成的中国特色社会主义法律体系已经形成，国家经济建设、政治建设、文化建设、社会建设以及生态文明建设的各个方面实现有法可依。

中国特色社会主义法律体系形成的主要标志是：涵盖社会关系各个方面的法律部门已经齐全；各个法律部门中基本的、主要的法律已经制定；与法律实施相配套的行政法规、地方性法规基本齐全；法律体系内部总体上做到科学和谐统一。

中国特色社会主义法律体系，是新中国成立以来特别是改革开放30多年来经济社会发展实践经验制度化、法律化的集中体现，是中国特色社会主义制度的重要组成部分，具有十分鲜明的特征。主要表现为：中国特色社会主义法律体系体现了中国特色社会主义的本质要求；体现了改革开放和社会主义现代化建设的时代要求；体现了结构内在统一而又多层次的国情要求；体现了继承中国法制文化优秀传统和借鉴人类法制文明成果的文化要求；体现了动态、开放、与时俱进的发展要求。

中国特色社会主义法律体系，是中国特色社会主义永葆本色的法制根基，是中国特色社会主义创新实践的法制体现，是中国特色社会主义兴旺发达的法制保障。它的形成，是我国社会主义民主法制建设的一个重要里程碑，体现了改革开放和社会主义现代化建设的伟大成果，具有重大的现实意义和深远的历史意义。

法律的生命力在于实施。中国特色社会主义法律体系的形成，总体上解决了有法可依的问题，对有法必依、执法必严、违法必究提出了更为突出、更加紧迫的要求。我国将积极采取有效措施，切实保障宪法和法律的有效实施，加快推进依法治国、建设社会主义法治国家的进程。

男生欲挽回女友感情　绑架女友弟弟被判刑

女友与他分手，寻她不得，竟想出通过绑架她弟弟，以此相要挟挽回女友感情的歪招，结果不但没有挽回女友感情，自己反而被判有期徒刑六个月。

郑某，23岁，浙江乐清人，2009年考上大学到杭州读书，大学期间认识了同在杭州读书的老乡小雨，并建立了恋爱关系。2012年6月，郑某和小雨大学毕业，郑某没有找到工作回到了乐清，小雨在嘉兴找了份工作。由于二人在两地，小雨提出分手，郑某也同意了。之后，郑某又放不下小雨，想要挽回，曾到小雨工作的公司及住处纠缠，吵闹、乱砸东西，情绪失控。小雨为稳住郑某，谎称不与他分手，让他先回去。之后，小雨就换了工作，并换了手机和QQ，不再与郑某联系。

郑某联系不上小雨，心情很失落，于是他就想通过抓她弟弟，然后逼小雨与他见面。为此，郑某花8000元买了辆二手面包车，还准备了电棍、刀具、绳、胶带等工具。他之前知道小雨弟弟在哪个中学上学，又花了两天时间，摸清他的班级、上下学时间等情况。2012年11月3日下午14时左右，他来到小雨弟弟学校，等他放学后，跟随到他家附近的小巷里，使用事先准备好的电棍威胁他，让他坐上自己驾驶的面包车。小雨弟弟认出是他姐姐的前男友，见他有电棍，就坐上了他的面包车。

郑某带着小雨的弟弟将车开到乐清市区，他们在车上也聊天，郑某聊到与小雨的感情时显得很伤心。郑某原先想如果小雨不与他见面就杀了小雨弟弟报复小雨，后来想想，小雨弟弟是无辜的。

晚上9时许，郑某电话联系上了小雨在外地做生意的爸爸，威胁小雨的爸爸让小雨见他，不然对小雨弟弟不利。次日10时许，郑某再次打电话给小雨爸爸，要了小雨的电话。郑某给小雨打电话，称如果小雨不两间复合，他就要杀了她，再自杀等恐吓的话。小雨报了警，当天，郑某被警方抓获。

经精神疾病司法医学鉴定，郑某在案发期间具有限制刑事责任能力。

乐清法院认为，郑某非法限制他人人身自由，其行为已构成非法拘禁罪。念在其能如实供述自己的犯罪事实，认罪态度较好，系初犯，且在案发时属限制刑事责任能力人，予以从轻处罚。法院于 1 月 8 日判处郑某有期徒刑六个月。

（摘自：中国新闻网 2013 年 1 月 9 日/赵小燕、岳思轩）

【思考与讨论】

1. 郑某为挽回女友感情而绑架其弟弟，最终被判六个月有期徒刑。请分析其犯罪构成的要件？

2. 上题案例中，郑某的行为带给你哪些警示？

【案例简析】

郑某为挽回女友感情，竟以绑架其弟弟作为要挟，其行为已构成非法拘禁罪。郑某的行为之所以被法院判定犯罪，是因为它完全具备了犯罪构成的要件。

所谓犯罪构成，是指刑法所规定的某一行为构成犯罪所必需的一切主观、客观要件的总和。犯罪构成是使行为人承担刑事责任的法律根据。任何一种犯罪的成立都必须具备四个方面的构成要件，即犯罪客体、犯罪客观方面、犯罪主体和犯罪主观方面。

犯罪客体，是指刑法所保护的而被犯罪行为所侵害的社会关系。犯罪客体和犯罪对象是不同的，犯罪对象是犯罪行为所直接针对的对象，如杀人罪、非法拘禁罪，犯罪对象是具体的被害人，而犯罪客体是指刑法所保护的公民人身权利不受非法侵害的这种社会关系。

犯罪的客观方面，是指犯罪活动的外在表现，主要包括危害行为、危害结果等。如本案的非法拘禁罪，郑某以绑架的方式实施了非法拘禁行为，并造成了非法剥夺他人人身自由的结果。

犯罪主体，是指实施了危害社会的行为、依法应当承担刑事责任的自然人和单位。单位犯罪主体是指实施危害社会行为并依法应负刑事责任的公司、企业、事业单位、机关、团体。自然人犯罪主体，是指达到刑事责任年龄、具备刑事责任能力，实施危害社会行为、触犯刑律、依法应受刑罚处罚的自然人。所谓刑事责任年龄，是指刑法规定的行为人对其犯罪行为负刑事责任必须达到的年龄。我国刑法将刑事责任年龄划分为三个阶段：一是已满 18 周岁的人犯罪，应负刑事责任，为完全负刑事责任年龄。二是已满 14 周岁不满 16 周岁的人犯故意杀人、故意伤害致人重伤或者死亡、强奸、抢劫、贩卖毒品、放火、爆炸、投毒罪的，应当负刑事责任，为相对负刑事责任年龄阶段。三是不满 14 周岁，无论实施何种危害社会的行为，都不负刑事责任，为完全不负刑事责任年龄。已满 14 周岁不满 18 周岁的人犯罪应当从轻或减轻处罚；不满 16 周岁，而不予处罚的，责令其家长或监护人加以管教，必要时可由政府收容教养。

所谓刑事责任能力，是指行为人对自己行为的辨认能力与控制能力。根据我国《刑法》规定，精神病人在不能辨认或者不能控制自己行为的时候造成危害结果，经法定程序鉴定确认的，不负刑事责任；间歇性的精神病人在精神正常的时候犯罪，应当负刑事责任；尚未完全丧失辨认或者控制自己行为能力的精神病人犯罪的，应当负刑事责任，但是可以从轻或者减轻处罚；醉酒的人犯罪，应当负刑事责任；又聋又哑的人或者盲人犯罪，可以从轻、减轻或者免除处罚。

犯罪的主观方面，是指犯罪主体对其实施的犯罪行为及其结果所具有的心理状态，包括故意和过失。明知自己的行为会发生危害社会的结果，并且希望或者放任这种结果发生，因而构成犯罪的，是故意犯罪。故意犯罪，应当负刑事责任。应当预见自己的行为可能发生危害社会的结果，因为疏忽大意而没有预见，或者已经预见而轻信能够避免，以致发生这种结果的，是过失犯罪。过失犯罪，法律有规定的才负刑事责任。

另外，行为在客观上虽然造成了损害结果，但是不是出于故意或者过失，而是由于不能抗拒或者不能预见的原因所引起的，属于意外事件，不是犯罪。

【思考与讨论】

1. "科技精英"杀妻分尸，情节恶劣，依法应予严惩，而近200人上书法院请求"法外施恩"，说明了什么问题？请谈谈你对本案的看法。

2. 联系实际，谈谈大学生应如何树立法治观念和正确理解"法律面前人人平等"。

【案例导读】

这是一则曾引起人们广泛关注和热议的新闻。而关注和热议的背后，则是人们关于"法律面前人人平等"的深深思考……

这则新闻之所以引起人们的广泛关注和热议，不仅是因为案件的主角不是普通的平民百姓，而是一位"为中国纺织行业和地方轻纺科技事业作出过突出贡献""在纺织行业拥有极高知名度"的"科技精英"和"有功之臣"，更因为在一审判决前后，近200人上书法院请求对徐某"法外施恩""枪下留人"，其中包括中国科学院博士后、国家重点院校研究员、工程师和人大代表。上书者爱才、惜才的心情值得肯定和赞同，然而，同情和眼泪并不能代替法律。法律是用来惩戒违法犯罪的一条规则底线。假若触犯法律者可以找到身份的理由躲过惩罚，那么社会的正常运行秩序就会受到威胁和挑战，人们的合法权益也无从得到公平而有效的保障。假若法院"网开一面"而对徐某"法外施恩"，则不仅践踏了法律的尊严，更是对公民生命权的无情亵渎。因此，法律的权威与尊严理应受到全体社会成员的敬畏和维护，任何单位和个人都应一律平等地遵守法律的规定和约束。

我国《宪法》第三十三条规定：中华人民共和国公民在法律面前一律平等。这既是我国公民的一项基本权利，也是我国社会主义法治的一项基本原则。它不仅包括公民在遵守法律上一律平等，也包括公民在适用法律上一律平等。国家行政机关、司法机关在适用法律时，对于任何公民，不因其民族、种族、性别、职业、宗教信仰、教育程度、财产状况、社会地位和居住期限的不同而有所差别。依据这一原则，我国《刑法》第四条规定："对任何人犯罪，在适用法律上一律平等。不允许任何人有超越法律的特权"。徐某作为"科技精英"，无论其有多少国家专利和科技成果、创造了多少社会价值，都不是"法外施恩"的法律依据。浙江省高级人民法院作出维持一审判决的终审裁判，体现了司法公正和法律的尊严。从此案中，我们读出了"法律面前人人平等"的深刻内涵。

"天下之事，不难于立法，而难于法之必行"。法如何必行？离不开司法机关与司法人员捍卫法律尊严、追求司法公正与社会正义的意识和行动，也离不开所有组织和个人牢固树立"法律面前人人平等"的法治观念和对国家法律的自觉遵守。

拓展探究

一、深度阅读

1. 胡锦涛：《在首都各界纪念中华人民共和国宪法公布施行 20 周年大会上的讲话》（2002 年 12 月 4 日），《十六大以来主要文献选编》（上），中央文献出版社 2005 年版

2. 胡锦涛：《在首都各界纪念全国人民代表大会成立 50 周年大会上的讲话》（2004 年 9 月 15 日），《十六大以来主要文献选编》（中），中央文献出版社 2006 年版

3. 习近平：《在首都各界纪念现行宪法公布施行 30 周年大会上的讲话》，人民日报 2012 年 12 月 5 日

4. 胡锦涛：《关于建设社会主义政治文明》，《十六大以来重要文献选编》（上），中央文献出版社 2005 年版

5. 国务院新闻办公室：《中国的法治建设》（2008 年 2 月 28 日），外文出版社 2008 年版

6. 国务院新闻办公室：《中国的民主政治建设》（2005 年 10 月 19 日）

7. 国务院新闻办公室：《中国特色社会主义法律体系》（2011 年 10 月 27 日）

8.《中华人民共和国宪法》

9.《中华人民共和国民法通则》

11.《中华人民共和国刑事诉讼法》

12.《中华人民共和国民事诉讼法》

13.《中华人民共和国行政诉讼法》

14.《中华人民共和国仲裁法》

15. 习近平：《坚持法治国家、法治政府、法治社会一体建设》，《习近平谈治国理政》，外文出版社 2014 年 10 月版

二、主题研讨

主题一：法在身边

目　的：
了解我国法律制度与规范，把握自身法定权利和义务，增强学生维权意识和能力。
提　纲：
收集与大学生活相关的法律、法规、规章；
按一定主题对所搜集的资料进行分类整理；
将收集、整理的规范性法律文件装订成册。
要　求：
以小组为单位，通过图书、网络等进行收集、整理，在此基础上，梳理出大学生享有的权利和应尽的义务，并进行班级交流。

主题二：模拟审判

目　的：

借助法庭角色模拟，深化法律知识学习，增强依法办事意识。

提　纲：

选择民事、刑事或行政诉讼典型案件；

确定合议庭、诉讼参与人等法庭角色；

讨论案件性质、争议焦点、庭审程序；

联系法学专业教师或者法官进行指导；

准备庭审场地、服装和张贴庭审公告。

要　求：

以学院或班级为单位，举办模拟法庭，并撰写模拟审判总结或案件启示，进行班级交流。

三、课外实践

主题一：法律知识竞赛

目　的：

深化法律知识学习，营造普法宣传氛围，建设和谐、安定校园。

提　纲：

时间：12月4日全国法制宣传日；

内容：我国宪法和主要法律、法规规定；

形式：初赛为笔试，复赛为口试（必答、抢答）；

题型：名词解释、单项选择、多项选择、案例分析（文字案例、视频案例）。

要　求：

以学院为单位，由班级选派同学参赛，以初赛和复赛总分确定名次。

主题二：走进法庭

目　的：

感受法律威严，了解诉讼程序，强化法律意识

提　纲：

与当地法院联系，了解庭审案件和开庭时间；

组织学习与庭审案件相关的法律知识及条文；

联系交通工具，准备旁听庭审所需手续证件。

要　求：

以班级为单位，遵守法庭纪律，旁听结束后组织讨论，撰写旁听庭审的心得体会，并进行班级交流。

思考与练习

一、单项选择（在每小题列出的四个备选项中只有一个是符合题目要求的，请将其代码填写在题后的括号内）

1. 体现统治阶级意志的，由国家制定或认可的，并由国家强制力保障实施的社会规范是（　　）。

A. 道德规范　　　　B. 法律规范　　　　C. 纪律规范　　　　D. 宗教规范

2. 从本质上讲，法律所体现的是（　　）。

A. 社会成员的普遍意志　　　　　　B. 统治阶级的共同意志

C. 统治阶级某个集团的意志　　　　D. 国家立法机关的意志

3. 法律区别于道德、宗教、风俗习惯、社会礼仪等其他社会规范的首要之处在于（　　）。

A. 它是统治阶级意志的体现

B. 它是由国家创制并保证实施的社会规范

C. 它是由社会物质生活条件决定的

D. 它受生产力发展水平的制约

4. 关于法律的国家强制性，下列的说法正确的是（　　）。

A. 法律的国家强制性仅表现为国家对违法行为的否定和制裁

B. 法律的国家强制性仅表现为国家对合法行为的肯定和保护

C. 法律的国家强制性既表现为国家对违法行为的否定和制裁，也表现为国家对合法行为的肯定和保护

D. 法律的国家强制性是保证法律实施的唯一力量

5. "法律是统治阶级意志的体现"对这句话理解正确的有（　　）。

A. 法律体现了最高统治者的意志

B. 法律是所有社会成员意志的反映

C. 法律是统治阶级意志的相加

D. 法律是通过国家意志表现出来的统治阶级的意志

6. 法律不是凭空产生的，其基本内容是由（　　）所决定的。

A. 全体社会成员的意志　　　　　　B. 统治阶级的意志

C. 统治阶级的物质生活条件　　　　D. 社会历史传统

7. 人类历史上唯一以公有制为基础、以消灭剥削、消灭两极分化、实现共同富裕为历史使命的法律制度是（　　）。

A. 奴隶制法律　　　　　　　　　　B. 封建制法律

C. 资本主义法律　　　　　　　　　D. 社会主义法律

8. 根据法律的规范作用的指向和侧重，可以将社会主义法律规范的作用分为指引作用、预测作用、评价作用、强制作用和教育作用。其中最首要的作用是（　　）。

A. 指引作用　　　　B. 评价作用　　　　C. 强制作用　　　　D. 教育作用

9. 法律的首要目的在于（　　）。

A. 制裁人们的违法行为　　　　　　B. 引导人们正确的行为

C. 预测人们行为的后果　　　　　　　D. 强制人们履行法律义务

10. 法律所具有的、通过其规定和实施而影响人们思想，培养和提高人们法律意识，引导人们依法行为的作用，是( )。

　　A. 指引作用　　　　B. 评价作用　　　　C. 强制作用　　　　D. 教育作用

11. 法律通过其规定，告知人们某种行为所具有的、为法律所肯定或否定的性质以及它所导致的法律后果，使人们可以提前估计到自己行为的后果，以及他人行为的趋向与后果。这被称为法律的( )。

　　A. 指引作用　　　　B. 预测作用　　　　C. 评价作用　　　　D. 教育作用

12. 法律的评价作用是指法律所具有的、能够评价人们行为的法律意义的作用。法律评价的标准是( )。

　　A. 合理与不合理　　　　　　　　　B. 合法与不合法
　　C. 是否既合法又合理　　　　　　　D. 是否符合道德要求

13. 法律强制的目的在于( )。

　　A. 制裁违法犯罪行为　　　　　　　B. 保障权利得以实现
　　C. 保障义务得以履行　　　　　　　D. 实现法律权利与法律义务

14. 法律运行的起始性、关键性环节是( )。

　　A. 法律制定　　　　B. 法律遵守　　　　C. 法律执行　　　　D. 法律适用

15. 根据我国宪法、立法法等法律的规定，行使国家立法权的国家机关是( )。

　　A. 最高人民法院　　　　　　　　　B. 国务院
　　C. 全国人民代表大会及其常务委员会　　D. 国务院各部委

16. 有权根据我国宪法和法律制定行政法规的国家机关是( )。

　　A. 全国人民代表大会及其常务委员会
　　B. 国务院
　　C. 国务院各部委
　　D. 省、自治区、直辖市的人民代表大会

17. 有权根据宪法、法律和行政法规规定，在本部门权限范围内制定部门规章的机关是( )。

　　A. 最高人民法院　　　　　　　　　B. 最高人民检察院
　　C. 国务院　　　　　　　　　　　　D. 国务院各部门

18. 国家对权利和义务，即社会利益和负担进行权威性分配的法律运行环节是( )。

　　A. 法律制定　　　　B. 法律遵守　　　　C. 法律执行　　　　D. 法律适用

19. 在法律运行中，最大量、最经常的工作和实现国家职能和法律价值的主要环节是( )。

　　A. 立法　　　　　　B. 守法　　　　　　C. 行政执法　　　　D. 司法

20. 在法律适用过程中，代表国家行使法律监督权的是( )。

　　A. 人民法院　　　　　　　　　　　B. 人民检察院
　　C. 人民代表大会　　　　　　　　　D. 国务院

21. 在法律适用过程中，代表国家行使审判权的是( )。

　　A. 人民法院　　　　　　　　　　　B. 人民检察院

C. 人民代表大会　　　　　　　　　　D. 国务院

22. 在法律运行过程中，法律实施和实现的基本途径是(　　)。

A. 立法　　　　　B. 守法　　　　　C. 执法　　　　　D. 司法

23. 在我国法律体系中，居于核心地位、具有最高法律效力的是(　　)。

A.《中华人民共和国刑法》　　　　　B.《中华人民共和国宪法》

C.《中华人民共和国立法法》　　　　D.《中华人民共和国民法通则》

24. 下列关于我国宪法的认识，错误的是(　　)。

A. 宪法是我国社会主义法律体系的基础和核心

B. 宪法是国家的根本大法，是治国安邦的总章程

C. 宪法规定了国家生活中最根本、最重要的方面

D. 宪法的制定与其他法律相同，但修改的程序更加严格

25. 宪法的修改，应由全国人民代表大会以全体代表的(　　)。

A.1/5 以上的多数通过　　　　　　　B.1/2 以上的多数通过

C.2/3 以上的多数通过　　　　　　　D.3/4 以上的多数通过

26. 我国《宪法》规定，中华人民共和国的一切权力属于(　　)。

A. 全体公民　　　　　　　　　　　　B. 人民

C. 全国人民代表大会　　　　　　　　D. 全国人大和地方人大

27. 我国《宪法》规定，"中华人民共和国的一切权力属于人民""人民依照法律规定，通过各种途径和形式，管理国家事务，管理经济和文化事业，管理社会事务"。这体现了我国宪法的(　　)。

A. 人民主权原则　　　　　　　　　　B. 公民权利原则

C. 法治原则　　　　　　　　　　　　D. 民主集中制原则

28. 我国宪法明确规定实行依法治国，建设社会主义法治国家。依法治国的根本要求是(　　)。

A. 有法可依、有法必依、执法必严、违法必究

B. 保障公民的知情权、参与权、表达权、监督权

C. 立法公开、执法公平、司法公正

D. 社会生活的法制化、规范化、民主化

29. 宪法确认和保护的公民权利也就是人权保障在国家根本法中的体现。人权是指(　　)。

A. 人基于生存和发展所必需的自由、平等权利

B. 作为自然人所具有的一切权利

C. 人的基本政治权利

D. 人的生命权

30. 我国的根本政治制度是(　　)。

A. 人民民主专政

B. 人民代表大会制度

C. 民族区域自治制度

D. 共产党领导的多党合作和政治协商制度

31. 人民当家做主的重要途径和最高实现形式是(　　)。

A. 全国人民代表大会　　　　　　　B. 人民民主专政制度

C. 民主集中制　　　　　　　　　　D. 人民代表大会制度

32. 中国共产党领导的多党合作和政治协商制度是我国的一项基本政治制度，是中国特色社会主义政党制度。中国社会主义政党制度的特点是(　　　)。

　　A. 政治协商、民主监督、参政议政

　　B. 共产党领导、多党派合作，共产党执政、多党派参政

　　C. 长期共存、互相监督、肝胆相照、荣辱与共

　　D. 协调关系、汇聚力量、建言献策、服务大局

33. 在宪法规定的我国公民的基本权利中，实现其他权利的前提和基础的是(　　　)。

　　A. 人身自由权　　　　　　　　　　B. 平等权

　　C. 政治权利和自由　　　　　　　　D. 社会经济权

34. 下列我国公民的各项基本权利中，属于政治权利和自由的是(　　　)。

　　A. 宗教信仰自由

　　B. 选举权和被选举权，言论、出版、集会、结社、游行、示威的自由

　　C. 受教育权

　　D. 申诉、控告、检举权

35. 下列我国公民的人身自由权利中，属于狭义人身自由的是(　　　)。

　　A. 公民的身体不受非法侵犯

　　B. 公民的人格尊严不受侵犯

　　C. 公民的住宅不受侵犯

　　D. 公民的通信自由和通信秘密受法律保护

36. 在宪法规定的公民的基本权利中，公民实现其他权利的物质基础指的是(　　　)。

　　A. 受教育权　　　　　　　　　　　B. 政治权利和自由

　　C. 社会经济权　　　　　　　　　　D. 人身自由权

37. 公民的基本义务也称宪法义务，是指由宪法规定的公民必须遵守和应尽的根本责任。我国公民的最高法律义务是(　　　)。

　　A. 维护祖国的安全、荣誉和利益

　　B. 维护国家统一和全国各民族团结

　　C. 遵守宪法和法律

　　D. 保卫祖国、依法服兵役和参加民兵组织

38. 我国法律体系由具有内在联系的法律部门组成。《中华人民共和国继承法》所属的法律部门是(　　　)。

　　A. 行政法　　　　　B. 经济法　　　　　C. 民法商法　　　　D. 程序法

39. 《中华人民共和国劳动法》所属的法律部门是(　　　)。

　　A. 宪法及宪法相关法　　　　　　　B. 民法商法

　　C. 社会法　　　　　　　　　　　　D. 行政法

40. 《中华人民共和国国务院组织法》所属的法律部门是(　　　)。

　　A. 宪法及宪法相关法　　　　　　　B. 民法商法

　　C. 社会法　　　　　　　　　　　　D. 行政法

41. 下列法律文件中，属于经济法法律部门的是(　　　)。

A.《中华人民共和国婚姻法》

B.《中华人民共和国公务员法》

C.《中华人民共和国个人所得税法》

D.《中华人民共和国民族区域自治法》

42. 下列规范性法律文件中，属于程序法的是（　　）。

A.《中华人民共和国刑法》

B.《中华人民共和国合同法》

C.《中华人民共和国刑事诉讼法》

D.《中华人民共和国行政处罚法》

二、多项选择（在每小题列出的四个备选项中至少有两个是符合题目要求的，请将其代码填写在题后的括号内）

1. 法律不是从来就有的，而是随着（　　）的出现而逐步产生的。

A. 私有制　　　　　B. 阶级　　　　　C. 国家　　　　　D. 人类社会

2. 自人类进入阶级社会以后，便产生了国家，相应地也产生了法。法律创制的方式有（　　）。

A. 国家制定　　　B. 国家认可　　　C. 法律移植　　　D. 约定俗成

3. 下列关于法律的本质和特征的表述中，正确的有（　　）。

A. 法律具有国家强制性

B. 法律反映的是统治阶级的意志

C. 法律反映了所有社会成员的意志

D. 法律的内容是由社会物质生活条件决定的

4. 法律是统治阶级意志的体现，主要体现在（　　）。

A. 从实质上看，法律只是个别统治者意志的体现

B. 法律所体现的是统治阶级的整体意志，而不是个别统治者的意志，也不是统治者个人意志的简单相加

C. 法律所体现的统治阶级意志，仅仅是上升为国家意志的那部分意志

D. 统治阶级仅迫使被统治阶级遵守法律

5. 我国社会主义法律的本质主要体现在（　　）。

A. 保护所有中华人民共和国公民的权益

B. 是工人阶级领导下的广大人民意志的体现

C. 是社会历史发展规律和自然规律的反映，具有鲜明的科学性和先进性

D. 是中国特色社会主义事业顺利发展，社会主义和谐社会建设的法律保障

6. 我国社会主义法律的科学性和先进性主要体现在（　　）。

A. 当代中国的法律属于社会主义类型的法律

B. 坚持了辩证唯物主义和历史唯物主义的世界观和方法论

C. 善于借鉴我国传统法律和外国法律的成功经验

D. 立法体制、立法程序和立法技术，适应时代发展而不断改革与创新，使立法的质量和水平不断提高

7. 法律的作用是指法律对人的行为和社会关系所产生的影响和实效。下列属于我国

社会主义法律的规范作用的是(   )。

  A. 评价人们行为的法律意义

  B. 确立和维护社会主义的经济制度

  C. 以国家强制力为后盾保障其实施

  D. 确立和维护和谐稳定的社会秩序

8. 法律的指引作用主要是通过(   )等规范形式实现的。

  A. 授权性规范   B. 禁止性规范

  C. 义务性规范   D. 权利性规范

9. 我国社会主义法律的社会作用主要表现在(   )。

  A. 确立和维护人民民主专政的国家制度

  B. 确立和维护社会主义的经济制度

  C. 确立和维护和谐稳定的社会秩序

  D. 推进社会改革与进步

10. 法律的运行是一个从创制、实施到实现的过程。这个过程包括(   )。

  A. 立法   B. 守法   C. 执法   D. 司法

11. 国家创制法律规范的方式主要有制定和认可两种。以下属于法律制定的活动有(   )。

  A. 制定规范性法律文件   B. 补充规范性法律文件

  C. 修改规范性法律文件   D. 废止规范性法律文件

12. 全国人民代表大会的立法程序主要有(   )。

  A. 法律案的提出   B. 法律案的审议

  C. 法律案的通过   D. 法律的公布

13. 法律适用的原则主要有(   )。

  A. 司法公正

  B. 公民在法律面前一律平等

  C. 以事实为依据,以法律为准绳

  D. 司法机关依法独立行使职权

14. 把法定的权利和义务转化为现实的权利和义务,把文本上的法律转化为现实中的法律的法律运行环节是(   )。

  A. 法律制定   B. 法律遵守   C. 法律执行   D. 法律适用

15. 守法意味着一切组织和个人严格依法办事的活动和状态。依法办事的含义有(   )。

  A. 依法享有并行使权利

  B. 依法承担并履行义务

  C. 把文本上的法律转化为现实中的法律

  D. 实现国家职能和法律价值

16. 宪法作为我国根本大法,其特征具体表现在(   )。

  A. 宪法规定了我国公民的基本权利和义务

  B. 宪法具有最高法律效力

  C. 宪法规定了我国的根本制度和根本任务

D. 宪法的制定和修改程序比其他法律更为严格

17. 下列选项中，属于我国宪法基本原则的有(　　)。

A. 人民主权原则　　　　　　　　B. 民主集中制原则

C. 社会主义法治原则　　　　　　D. 党的领导原则

18. 我国《宪法》的下列规定，能够体现宪法"法治原则"的是(　　)。

A. "国家维护社会主义法制的统一和尊严"

B. "一切国家机关和武装力量、各政党和各社会团体、各企业事业组织都必须遵守宪法和法律。"

C. "一切违反宪法和法律的行为，必须予以追究"

D. "任何组织或者个人都不得有超越宪法和法律的特权"

19. 下列关于人民民主专政制度的认识，正确的是(　　)。

A. 人民民主专政中的民主与专政是辩证统一的关系

B. 工人阶级是人民民主专政的领导力量

C. 工农联盟是我国人民民主专政的阶级基础

D. 爱国统一战线是人民民主专政的重要保障

20. 人民代表大会制度是我国的基本政治制度，具有强大的生命力和巨大的优越性，具体体现在(　　)。

A. 人民代表大会制度保障了人民当家做主

B. 人民代表大会制度有利于调动人民群众建设社会主义的积极性、主动性、创造性

C. 人民代表大会制度保证了国家机关协调高效运转

D. 人民代表大会制度有利于维护国家统一和民族团结

21. 民族区域自治的制度是我们党和各族人民的一个伟大创造。这一制度有利于(　　)。

A. 保障少数民族当家做主，更好地管理本民族的内部事务

B. 促进少数民族地区尽快地发展，促进全国各民族的共同繁荣昌盛

C. 促进民族团结，保证国家的统一，以及加强边疆建设和巩固国防

D. 保障少数民族合法权益，巩固和发展平等团结互助和谐的社会主义民族关系

22. 基层群众自治制度是中国特色社会主义政治制度之一。其基本涵义是(　　)。

A. 城乡基层群众在党的领导下，依法直接行使民主权利，管理基层公共事务和公益事业

B. 城乡基层群众在党的领导下，实行自我管理、自我服务、自我教育、自我监督

C. 把城乡社区建设成为管理有序、服务完善、文明祥和的社会生活共同体

D. 是人民当家做主最有效、最广泛的途径

23. 政治权利和自由是指公民作为国家政治生活主体依法享有的参加国家政治生活的权利和自由，是国家为公民直接参与政治活动提供的基本保障。这一基本权利包括(　　)。

A. 宗教自由权

B. 选举权和被选举权

C. 人身自由权

D. 言论、出版、集会、结社、游行、示威得的自由

24. 从广义上看，公民的人身自由权包括(   )。

A. 公民的身体不受非法侵犯

B. 人格尊严受法律保护

C. 公民的住宅不受侵犯

D. 通信自由和通信秘密受法律保护

25. 下列属于宪法规定的我国公民的社会经济权利的是(   )。

A. 财产权和继承权

B. 劳动权和休息权

C. 物质帮助权

D. 退休人员的生活保障权

26. 中国特色社会主义法律体系形成的标志是(   )。

A. 涵盖社会关系各个方面的法律部门已经齐全

B. 各个法律部门中基本的、主要的法律已经制定

C. 与法律实施相配套的行政法规、地方性法规基本齐全

D. 法律体系内部总体上做到科学和谐统一

27. 以下属于宪法相关法的有(   )。

A.《全国人民代表大会组织法》和《全国人民代表大会和地方各级人民代表大会代表法》

B.《国旗法》《国徽法》《国籍法》

C.《立法法》《全国人民代表大会和地方各级人民代表大会选举法》

D.《民族区域自治法》《香港特别行政区基本法》《澳门特别行政区基本法》

28. 下列属于我国民法基本原则的是(   )。

A. 平等原则   B. 公平、自愿原则

C. 诚实信用原则   D. 禁止权利滥用原则

29. 根据我国《民法通则》的规定，属于限制民事行为能力人的是(   )。

A. 10 周岁以上的未成年公民

B. 不能完全辨认自己行为的精神病人

C. 不能辨认自己行为的精神病人

D. 16 周岁以上不满 18 周岁，以自己的劳动收入为主要生活来源的公民

30. 根据《民法通则》的规定，法人成立的条件包括(   )。

A. 依法成立   B. 有必要的财产或者经费

C. 有自己的名称、组织机构和场所   D. 能够独立承担民事责任

31. 民事法律行为是公民或者法人设立、变更、终止民事权利和民事义务的合法行为。民事法律行为应当具备的条件是(   )。

A. 行为人具有相应的民事行为能力

B. 意思表示真实

C. 不违反法律或者社会公共利益

D. 必须采用书面形式

32. 下列属于我国刑法基本原则的是(   )。

A. 罪刑法定原则   B. 罪刑相适应原则

C. 类推原则　　　　　　　　　　　　D. 适用刑法一律平等原则

33. 犯罪构成是指按照《刑法》的规定，决定某一具体行为构成犯罪所必需的一切主观要件和客观要件的总和，包括(　　)。

A. 犯罪客体　　　　　　　　　　　　B. 犯罪客观方面

C. 犯罪主体　　　　　　　　　　　　D. 犯罪主观方面

34. 我国《刑法》明文规定的排除犯罪的事由包括(　　)。

A. 犯罪中止　　　B. 自首和立功　　　C. 正当防卫　　　D. 紧急避险

35. 我国刑法规定的刑罚有主刑和附加刑两类。下列属于主刑的是(　　)。

A. 管制　　　　　　　　　　　　　　B. 拘留

C. 有期徒刑　　　　　　　　　　　　D. 剥夺政治权利

36. 我国刑法规定的刑罚有主刑和附加刑两类。下列属于附加刑的是(　　)。

A. 罚款　　　　　　　　　　　　　　B. 没收财产

C. 拘役　　　　　　　　　　　　　　D. 剥夺政治权利

三、材料分析

1. 结合材料回答问题。

材料1

以宪法为核心的中国特色社会主义法律体系基本形成。在现行宪法基础上，制定并完善了一大批法律、行政法规、地方性法规、自治条例和单行条例，法律体系日趋完备，国家经济、政治、文化和社会生活的各个方面基本实现了有法可依。立法的科学化、民主化水平和立法质量不断提高，法律在促进经济社会发展、维护社会公平正义、保障人民各项权利、确保国家权力正确行使等方面的作用不断增强。

（摘自：《中国的法治建设白皮书》2008年2月28日/国务院新闻办公室）

材料2

依法治国，建设社会主义法治国家，是中国共产党领导人民治理国家的基本方略。形成中国特色社会主义法律体系，保证国家和社会生活各方面有法可依，是全面落实依法治国基本方略的前提和基础，是中国发展进步的制度保障。

……

60多年来特别是改革开放30多年来，中国共产党领导中国人民制定宪法和法律，经过各方面坚持不懈的共同努力，到2010年底，一个立足中国国情和实际、适应改革开放和社会主义现代化建设需要、集中体现中国共产党和中国人民意志，以宪法为统帅，以宪法相关法、民法商法等多个法律部门的法律为主干，由法律、行政法规、地方性法规等多个层次法律规范构成的中国特色社会主义法律体系已经形成，国家经济建设、政治建设、文化建设、社会建设以及生态文明建设的各个方面实现有法可依。

（摘自：《中国特色社会主义法律体系白皮书》2011年10月27日/国务院新闻办公室）

请回答：

（1）什么是法律体系？简述中国特色社会主义法律体系的构成？

（2）简述我国社会主义法律的本质。

（3）我国社会主义法律的科学性和先进性主要表现在哪些方面？

2. 结合材料回答问题。

材料 1

在新世纪新阶段，中国将坚持科学发展观，从完善立法、严格执法、公正司法、自觉守法等方面扎实推进，全面落实依法治国基本方略，加快建设社会主义法治国家。通过加强和改进立法工作，进一步提高立法质量，尽快形成更加完备的中国特色社会主义法律体系；通过加强宪法和法律实施，维护人民合法权益和社会公平正义，维护社会主义法制的统一、尊严、权威；通过加强对执法活动的监督，确保权力正确行使，真正做到有权必有责、用权受监督、违法要追究；通过深入开展法治宣传教育，进一步提高全社会的法律意识和法治观念，形成自觉学法守法用法的社会氛围。

（摘自：《中国的法治建设白皮书》2008 年 2 月 28 日／国务院新闻办公室）

材料 2

要推进科学立法、严格执法、公正司法、全民守法，坚持法律面前人人平等，保证有法必依、执法必严、违法必究。完善中国特色社会主义法律体系，加强重点领域立法，拓展人民有序参与立法途径。推进依法行政，切实做到严格规范公正文明执法。进一步深化司法体制改革，坚持和完善中国特色社会主义司法制度，确保审判机关、检察机关依法独立公正行使审判权、检察权。深入开展法制宣传教育，弘扬社会主义法治精神，树立社会主义法治理念，增强全社会学法尊法守法用法意识。

（摘自：胡锦涛：《坚定不移沿着中国特色社会主义道路前进　为全面建成小康社会而奋斗——在中国共产党第十八次全国代表大会上的报告》，人民日报 2012 年 11 月 18 日）

请回答：

（1）法律从创制、实施到实现的过程，称为法律的运行。这个过程包括哪些环节？

（2）国家机关的立法活动必须遵守法定程序。就全国人民代表大会的立法程序而言，大体包括哪些环节？

（3）简述法律遵守和法律执行的涵义。

3. 结合材料回答问题。

材料 1：

宪法以法律的形式确认了我国各族人民奋斗的成果，规定了国家的根本制度、根本任务和国家生活中最重要的原则，具有最大的权威性和最高的法律效力。

（摘自：胡锦涛：在首都各界纪念中华人民共和国宪法公布施行 20 周年大会上的讲话，人民日报 2002 年 12 月 5 日）

材料 2：

以宪法为核心的中国特色社会主义法律体系基本形成。在现行宪法基础上，制定并完善了一大批法律、行政法规、地方性法规、自治条例和单行条例，法律体系日趋完备，国家经济、政治、文化和社会生活的各个方面基本实现了有法可依。立法的科学化、民主化水平和立法质量不断提高，法律在促进经济社会发展、维护社会公平正义、保障人民各项权利、确保国家权力正确行使等方面的作用不断增强。

（摘自：《中国的法治建设白皮书》，2008 年 2 月 28 日／国务院新闻办公室）

材料 3：

我国宪法以国家根本法的形式，确立了中国特色社会主义道路、中国特色社会主义理论体系、中国特色社会主义制度的发展成果，反映了我国各族人民的共同意志和根本利益，成为历史新时期党和国家的中心工作、基本原则、重大方针、重要政策在国家法制上的最高体现。

（摘自：习近平：在首都各界纪念现行宪法公布施行 30 周年大会上的讲话，人民日报 2012 年 12 月 5 日）

请回答：

（1）简述我国宪法的特征和基本原则。

（2）我国宪法所规定的国家制度主要包括哪些内容？

4. 结合材料回答问题。

材料 1：

人民代表大会制度是我国的根本政治制度。在我国实行人民代表大会制度，是我们党把马克思主义基本原理同中国具体实际相结合的伟大创造，是近代以来中国社会发展的必然选择，是中国共产党带领全国各族人民长期奋斗的重要成果，反映了全国各族人民的共同利益和共同愿望。

（摘自：胡锦涛：在首都各界纪念全国人民代表大会成立 50 周年大会上的讲话（2004 年 9 月 15 日），《十六大以来主要文献选编》（中），中央文献出版社 2006 年版）

材料 2：

实行何种政党制度是由国家性质、国情、国家利益和社会发展要求所决定的。中国的政党制度既不同于西方国家的两党或多党竞争制，也有别于一些国家实行的一党制，而是中国共产党领导的多党合作和政治协商制度。这一政党制度是中国共产党与各民主党派在中国革命、建设和改革的长期实践中确立和发展起来的，是中国共产党同各民主党派风雨同舟、团结奋斗的成果，是当代中国的一项基本政治制度。

（摘自：《中国的民主政治建设白皮书》，2005 年 10 月 19 日/国务院新闻办公室）

请回答：

（1）简述我国人民代表大会制度的优越性。

（2）我国社会主义政党制度的特点是什么？

（3）简述中国共产党领导的多党合作和政治协商制度。

5. 结合材料回答问题。

某日，被告人甲到饭店与朋友一起吃饭。其间，甲与邻座的乙因为琐事发生了争执，并且互相有推拉行为。在场人将甲、乙二人劝开。吃完饭后，乙抄起两个空啤酒瓶，将酒瓶砸碎后即寻找甲。这时甲正从饭店往门口走，乙嘴里说："扎死你！"即手持碎酒瓶向甲扎去。甲躲闪不及，被扎伤面部。后甲双手抱住乙的腰部将乙摔倒在地，致乙被自持的碎酒瓶刺伤，造成失血过多休克，经医院抢救无效死亡。

请回答：

（1）乙用酒瓶刺向甲致其受伤的行为是否构成犯罪？为什么？

（2）甲将乙摔倒致其死亡的行为是否属于正当防卫？为什么？

四、简答题

1. 如何理解"法律是统治阶级意志的体现"?
2. 简述我国社会主义法律的本质。
3. 我国社会主义法律的科学性和先进性主要体现哪些方面?
4. 简述我国社会主义法律的社会作用。
5. 如何正确理解我国宪法的特征和基本原则?
6. 如何理解我国人民代表大会制度的优越性?
7. 如何理解我国的民族区域自治制度?
8. 我国公民的基本权利和义务有哪些?
9. 如何理解"公民在法律面前一律平等"?
10. 如何认识中国特色社会主义法律体系的构成?

项目十一 尊崇法制 维护正义

1. 正确理解社会主义法治理念的基本内容和重要意义，自觉树立社会主义法治理念；
2. 准确把握法治思维方式的基本含义和特征，正确理解法治建设的基本关系，培养社会主义法治思维方式；
3. 正确认识维护法律权威的意义，做法律权威的坚定维护者。

一、正确理解社会主义法治理念的基本特征

社会主义法治理念是中国特色社会主义理论在法治建设上的体现，反映和指引着社会主义法治的性质、功能、目标方向、价值取向和实现途径。它是社会主义法治的内在要求、精神实质和基本原则的概括和反映，是社会主义法治的精髓和灵魂，是我国立法、执法、司法、守法和法律监督的指导思想。科学回答什么是社会主义法治理念、把握社会主义法治理念基本特征和本质属性，对于正确理解和牢固树立社会主义法治理念，积极参与社会主义法治实践，具有十分重要的意义。

社会主义法治理念的基本内涵可以概括为依法治国、执法为民、公平正义、服务大局、党的领导五个方面。依法治国是社会主义法治的核心内容；执法为民是社会主义法治的本质要求；公平正义是社会主义法治的价值追求；服务大局是社会主义法治的重要使

命；党的领导是社会主义法治的根本保证。这五个方面，相辅相成，体现了党的领导、人民当家做主和依法治国的有机统一，又完整地描绘出社会主义法治的基本图景。还可概括为党的领导至上、人民利益至上、宪法法律至上。"三个至上"所蕴含的精神，体现了社会主义法治理念的深刻内涵，体现了建设社会主义法治国家必须坚持党的领导、人民当家做主、依法治国的有机统一。

社会主义法治理念是马克思主义法律学说与当代中国社会主义法治实践有机结合的产物，是我们党总结社会主义法治建设经验教训与吸收古今中外法治文明成果的基础上，逐步凝练和形成的指导社会主义法治建设的重大理论成果。其基本特征包括以下四个方面。

一是鲜明的政治性。法治的实现需要相应的政策、组织和权力基础，其实现程度受制于政治文明的发展程度；法治为政治建设提供了权力运行的规则与依据。社会主义法治建立在社会主义民主基础上，并确认和保障社会主义民主政治。社会主义法治理念将服务大局作为社会主义法治的重要使命，将党的领导作为社会主义法治的根本保证，要求全面服务社会主义政治、经济、文化、社会及生态文明建设，不断增强党的科学执政、民主执政与依法执政能力，实现了讲法治与讲政治的统一。

二是彻底的人民性。社会主义法治反映最广大人民的根本利益和共同意志，是党领导人民制定和实施法律，有效治理社会的方式、过程和状态。社会主义法治建设的根本目的，就是要实现好、维护好、发展好最广大人民的利益。社会主义法治与全体公民的生产生活息息相关，人民是法治的主体，是法治建设的重要参与者和推动力。社会主义法治理念将执法为民作为社会主义法治的本质属性，体现了人民民主专政国体的性质和人民主权的原则，确认了人民的主体地位，规定了法治建设的根本目的，内在地要求全体公民自觉树立和实践社会主义法治理念，成为社会主义法治理念的承载者，自觉受其引导，遵守法律，维护法治的基本原则和精神。

三是系统的科学性。社会主义法治理念以马克思主义为指导，吸收借鉴国内外法治的思想精髓和人类法治文明的优秀成果，总结我国法治建设经验教训，从现阶段基本国情出发，科学回答了"什么是社会主义法治国家"和"怎么样建设社会主义法治国家"这一重大理论和实践问题，体现了民族性与时代性的现实结合，是科学、先进的理念。在内容构成上，社会主义法治理念是一个科学的有机统一体。"依法治国、执法为民、公平正义、服务大局和党的领导"这五大内容，从不同方面反映和规定了社会主义法治，明确了社会主义法治的核心内容、本质要求、价值追求、重要使命和根本保证，每个方面环环相扣，相辅相成，构成一个科学有机的整体。

四是充分的开放性。社会主义法治理念不是一个孤立的存在，也不是一个封闭、静止的思想体系，它的形成、发展与实践都具有充分的开放性。在中国这个有着两千年封建社会历史的古老国家，人治传统源远流长、人治意识根深蒂固，制度和心理的巨大惯性，决定了中国的法治化进程只能是一个不断排除错误的、落后的、模糊的法治思想影响的艰难长期的过程。这也就决定了社会主义法治理念不可能静止不变，必须渐进发展。随着社会主义法治的不断完善，社会主义法治理念的内涵也将更有时代性、更具规律性、更富创造性，不断借鉴与吸收人类法治文明的优秀成果。可以说，正是这种广泛吸收、兼容并蓄、与时俱进的特性，才使社会主义法治理念能够始终指导中国的法治实践，始终保持旺盛的生命力。

二、依法治国是社会主义法治的核心内容

依法治国，就是广大人民群众在党的领导下，依照宪法和法律规定，通过各种途径和形式管理国家事务，管理经济文化事业，管理社会事务，保证国家各项工作都依法进行，逐步实现社会主义民主的制度化、法律化，使这种制度和法律不因领导人的改变而改变，不因领导人的看法和注意力的改变而改变。依法治国是我们党在总结长期的治国理政经验教训基础上提出的治国基本方略。依法治国方略的确立和实践，是我们党治国理政观念的重大转变，是实现国家长治久安的重要保障，是发展社会主义民主政治的必然要求。

首先，依法治国是我们党治国理政观念的重大转变。法治是迄今为止人类社会探索出来的治理国家的最理想模式。新中国成立后，由于种种原因特别是传统的封建人治思想的影响，我们党选择确定依法治国方略经历了一个曲折、发展的过程。党的十一届三中全会拨乱反正，明确提出了发展社会主义民主，健全社会主义法制的战略方针。邓小平强调指出，要"一手抓建设，一手抓法制"，把法制建设与经济建设放到了同等重要的战略地位。1997年，党的十五大报告把"依法治国，建设社会主义法治国家"确立为治国基本方略；1999年，九届全国人民代表大会第二次会议将"依法治国，建设社会主义法治国家"写入了宪法修正案；2007年，党的十七大报告从坚持和发展中国特色社会主义的战略高度，提出"全面落实依法治国基本方略，加快建设社会主义法治国家"；2012年，党的十八大报告再次强调"全面推进依法治国"。2013年，党的十八届三中全会提出，全面深化改革的总目标是完善和发展中国特色社会主义制度、推进国家治理体系和治理能力现代化。2014年，十八届四中全会首次将"依法治国"确定为会议主题。依法治国方略的确立，标志着我们党最终战胜和彻底抛弃了封建"人治"思想的羁绊，坚定不移地选择了社会主义法治的治国道路，从而完成了我们党执政治国理念的一次深刻而重大的转变。

其次，依法治国是实现国家长治久安的重要保障。国家长治久安，是发展中国特色社会主义事业的前提和基础，也是全国各族人民最大利益之所在。搞建设、谋发展，必须始终保持稳定的政治环境和社会秩序。这是中国共产党和中国人民建设中国特色社会主义长期实践经验的总结。法律具有权威性、稳定性和可预期性，只有厉行法治，实行依法治国，才能为国家的长治久安提供有力的法治保障。改革开放以来，我们党和国家大力加强法制建设，有力地保障了我国社会的持续稳定，为发展中国特色社会主义事业创造了长期稳定和谐的社会环境。依法治国方略实施以来的实践证明，实行依法治国，才能确保国家长治久安、实现国泰民安。

再次，依法治国是发展社会主义民主政治的必然要求。发展社会主义民主政治，建设社会主义政治文明，是全面建设小康社会的重要目标。民主是法制的前提和基础，法制是民主的确认和保障。发展社会主义民主，必须加强社会主义法制，才能使人民群众的民主权利得到制度保障，使人民群众在法治的轨道上正确行使自己的民主权利，保障社会主义民主的健康发展。邓小平曾经指出："为了保障人民民主，必须加强法制。必须使民主制度化、法律化，使这种制度和法律不因领导人的改变而改变，不因领导人的看法和注意力的改变而改变。"实行依法治国，就是把社会主义民主与社会主义法制紧密结合起来，实现民主的制度化、法律化，从而保证人民群众在党的领导下，依法通过各种途径和形式管理国家事务，管理经济文化事业，管理社会事务，真正当家做主。全面落实依法治国方

略，必将有力推动社会主义民主的不断发展。

依法治国的理念包含着人民民主、法制完备、树立宪法法律权威、权力制约等内容。党的十八大报告指出："法治是治国理政的基本方式。要推进科学立法、严格执法、公正司法、全民守法，坚持法律面前人人平等，保证有法必依、执法必严、违法必究。"这是依法治国的基本要求。

三、正确理解法治思维方式的基本内涵

2012 年 11 月，党的十八大报告做出了"全面推进依法治国"的重大决策和战略部署，指出"法治是治国理政的基本方式"，并将"法治思维和法治方式"首次写入党代会的报告中。

法治思维是相对于人治思维来讲的。它要求人们按照法治的理念、原则和标准，来判断、分析和处理问题。法治思维方式的基本内涵主要包括以下几个方面。

一是法律至上。俗话说：没有规矩不成方圆。规矩就是规则，法治就是规则之治。而法律是社会治理的最高规则。因此，法治思维就是要坚持法律至上。任何社会活动的主体都必须遵守法律，任何个人和组织都不能享有法律之外的特权。早在美国建国初期，托马斯·潘恩便指出，在法治国家里，法律是国王，而非国王是法律。英国学者戴西也认为，"法律至上"是法治的主要特征。法律能否成为"国王"，这是法治和人治的根本区别。法律的至上性，具体表现为法律的普遍适用性、优先适用性和不可违抗性。

二是权力制约。国家权力是人民所赋予的，应为人民而行使。因此，权力的运行必须受到有效的制约和监督。在法治社会中，国家和人民的关系是以法的形式来界定的，最高的和最终的支配力量不是国家机关的权力而是法律。职权由法定，有权必有责，用权受监督，违法受追究，这是法治对国家权力的基本要求。一方面，任何国家机关的职权都必须来自法律的明确授予，并按照法定的权限范围和法定的程序履行职责；另一方面，国家权力的行使必须公开透明，接受来自各方面的监督，违法行使权力必须受到法律的追究和制裁。

三是人权保障。马克思主义认为，人的本质"在其现实性上"是"一切社会关系的总和"。因此，人权是人在一切社会关系和社会领域中地位和权利的"总和"，包括社会权利、经济权利、文化权利、政治权利以及人身权利。在此意义上，人权实质上就是人的主体地位象征，而法治只有建立在充分尊重和保障个人人权的基础上，才能肯定人在法律上的主体地位，法律的存在才具有合目的性。在我国，人权作为人最基本的权利集合，体现了人民群众的根本利益。构建法治社会的终极目的是为了实现广大人民群众的福祉，因而法治必然要以保护人权作为其重要内容，而人权的保障状况也成为在现代社会中区别法治国家和非法治国家的重要标志。

四是正当程序。古人说："徒法不足以自行"。法律必须在实践中得到严格的适用才能发挥其效力，否则再好的法律也只能形同虚设。而法律要准确适用，离不开司法公正。法治不仅意味着法律的至高无上和依靠良法治理，还应经由公正的司法活动来贯彻实施。司法公正不仅需要有司法的独立和实体上的公正，还需要正当程序。程序是看得见的正义，是实现实体正义的根本保障。中立性、参与性、公开性、时限性是程序正当的基本通则。只有按照正当程序处理问题，处理结果才具有公信力和权威性。

标榜爱国砸坏日系车　江阴两小伙被判刑

2012 年 9 月 18 日，正值钓鱼岛问题不断升温，民众反日情绪高涨之际，两名江阴小伙借爱国之名任意损毁他人日系车辆，造成他人损失近 4 万元。两被告人被江苏省江阴市人民法院以故意毁坏财物罪分别判处有期徒刑三年九个月和三年。

9 月 18 日晚上，被告人钱某和曹某在小酒吧里喝酒，至凌晨时分醉醺醺地走出酒吧。看到路边停了一辆丰田车，钱某便提议说，把那辆车砸了吧，这算爱国的，抓起来也不要紧。曹某想到最近钓鱼岛问题闹得厉害，到处都有砸日系车的事发生，便同意了。两人分别对着丰田车的两个反光镜各踢了一脚，扬长而去。踢了一辆不够"解气"，钱某又提议到小区里去砸车。在钱某保证"砸了也没关系"之后，曹某放心地跟着他往附近的小区走去，路上，钱某还顺手从地上捡了根毛竹以备砸车用。进入小区后，二人只要看到日本牌子的车便进行破坏，用毛竹打，用脚踢，直到民警来时，二人已损坏 13 辆车。

尽管作案时，二人豪气干云，认为这是抵制日货爱国之举，庭审中，钱某回答法官的提问却常常出现"喝多了，不记得"之语。经过教育，二人最终都认识到自己的错误，当庭自愿认罪。

法官说法：爱国首先要理智守法。2012 年下半年以后，因钓鱼岛问题升温，国内反日情绪浓烈，以抵制日货为名，多地出现打砸同胞日系车的现象。这些日系车是车主的私有财产。刑法规定，故意毁坏公私财物，数额较大或者有其他严重情节的，处三年以下有期徒刑、拘役或者罚金；数额巨大或者有其他特别严重情节的，处三年以上七年以下有期徒刑。爱国热情过激表达以致触犯法律必会受到法律的制裁。

（摘自：中国法院网 2013 年 1 月 17 日／夏　瑾、戴　琳）

【思考与讨论】

1. 爱国是一种美好的情操，守法是每个公民的义务。爱国和守法是矛盾的吗？

2. 钱某和曹某以"爱国"为理由，损害他人合法财产的行为，说明了什么？谈谈大学生应当如何理性爱国。

【案例导读】

近年来，日本政府在钓鱼岛问题上不断挑起事端，特别是 2012 年 9 月以来姑息纵容右翼势力掀起"购岛"风波，激起了中国政府和人民的坚决反对和强烈愤慨，包括大学生在内的许多年轻人通过各种方式表达了不满和抗议。广大青年的爱国热情和血性方刚值得肯定和赞赏，然而，值得我们思考的是：爱国是"打砸抢烧"的合法理由吗？爱国与守法是相冲突的吗？爱国就可以僭越法律的底线吗？

一个国家拥有爱国的民众是极大的幸事，民众也有权利表达爱国的热诚。爱国是一种美好的情操，但也是一种有边界的行为，它和守法本身并不矛盾。在一个文明国度和法治国家里，爱国不是一时冲动，而应是理性的正义之声。因此，表达爱国热情不能悖逆公序良俗，更不能脱离法制的轨道。正当、合法地表达爱国热情，是一个国家强大的内在力量的展示，也是中华儿女文明素质的体现。否则，就会使亲者痛、仇者快。钱某和曹某标榜"爱国"而打砸他人日系车辆的行为，最终被绳之以法。它告诉我们，爱国就应做理性守法的公民，爱国热情不能与戾气同行；爱国不能以牺牲国内正常社会秩序和同胞合法财产为代价，不能变成"流氓"的庇护所和暴行的赦免牌。

钓鱼岛及其附属岛屿自古以来就是中国固有的领土，中方对此有充分的历史和法理依据。日本政府的"购岛"闹剧是对中国领土主权的严重侵犯，我们必须亮出自己的态度，发出正义的吼声，表明中国人不容侵犯的尊严。公民的爱国热情应当得到尊重和保护，但绝不能迁就和容忍以"爱国"为借口损害公私合法财物的不法行为。我国《宪法》第十二、十三条明确规定：社会主义的公共财产神圣不可侵犯，禁止任何组织或者个人用任何手段侵占或者破坏国家的和集体的财产；公民的合法的私有财产不受侵犯，国家依照法律规定保护公民的私有财产权。无论是中国公民的合法私有财产，还是在华日本人的财产和安全，都是受中国法律保护的。维护国家法律的尊严，是爱国的应有之义，相反，僭越法律底线的所谓"爱国"行动，只会授人以柄，损害国家形象。

守法是爱国的前提。面对日本政府和右翼势力的挑衅，以破坏国内社会秩序、侵犯同胞合法财产来表达爱国热情，其行事逻辑不仅荒唐滑稽，而且涉嫌违法犯罪。这样的"爱国"永远无法得到喝彩，而只会让真正的爱国者感到羞愧。

拓展探究

一、深度阅读

1. 胡锦涛：《关于建设社会主义政治文明》，《十六大以来重要文献选编》（上），中央文献出版社 2005 年版

2. 习近平：《在首都各界纪念现行宪法公布实施 30 周年大会上的讲话》，人民日报 2012 年 12 月 5 日

3. 中宣部、司法部编写组：《邓小平论民主法制建设》，法律出版社 1994 年版

4. 《中共中央关于加强党的执政能力建设的决定》（2004 年 9 月 19 日中国共产党第十六届中央委员会第四次全体会议通过），人民出版社 2004 年版

5. 国务院新闻办公室：《中国的法治建设》（2008 年 2 月 28 日），外文出版社 2008 年版

6. 国务院新闻办公室：《中国的民主政治建设》（2005 年 10 月 19 日）

7. 习近平：《促进社会公平正义，保障人民安居乐业》，《习近平谈治国理政》，2014 年 10 月版

二、主题研讨

主题：警钟长鸣

目　的：
以案说法，以法解案，正反对照，警钟长鸣。

提　纲：
搜集大学生违法犯罪的典型案例；

搜集大学生依法维权的典型案例；

要　求：

以小组为单位，分析大学生违法犯罪的原因，讨论大学生成功维权的经验，撰写案件启示或心得体会，并在班级进行交流。

三、课外实践

主题一：大学生法律意识调查

目　的：

了解大学生法律意识现状，分析大学生违法犯罪成因，提出大学生法制教育对策。

提　纲：

设计、印刷调查问卷；

统计、分析调查结果；

讨论、提出教育对策。

要　求：

以小组为单位，在调查、分析的基础上，撰写一篇调查报告，进行班级交流。

主题二："12·4"普法宣传

目　的：

参加普法宣传活动，增强公民法律意识，提高自身法律素质。

提　纲：

时间：12月4日全国法制宣传日前后；

地点：校园、社区、街道、厂矿、农村；

内容：依不同的普及对象确定相应的法律宣传内容；

形式：法制讲座、板报展览、散发材料、法律咨询；

准备：与当地司法局和普法地点联系，印制相关宣传材料，制作普法宣传板报，邀请法学专业教师或学生。

要　求：

以小组为单位，参加普法宣传，并撰写普法宣传总结或心得体会，在班级进行交流。

思考与练习

一、单项选择（在每小题列出的四个备选项中只有一个是符合题目要求的，请将其代码填写在题后的括号内）

1. 指导人们进行法治实践的思想基础、基本原则和价值追求，是（　　）。

A. 法律意识　　　　B. 法治理念　　　　C. 法律权威　　　　D. 法治方式

2. 社会主义法治理念包含"依法治国、执法为民、公平正义、服务大局、党的领导"五个方面的基本内涵。其中，依法治国是社会主义法治的（　　）。

A. 本质要求　　　　B. 核心内容　　　　C. 价值追求　　　　D. 重要使命

3. 社会主义法治理念包含"依法治国、执法为民、公平正义、服务大局、党的领导"

五个方面的基本内涵。其中，执法为民是社会主义法治的（   ）。

    A. 本质要求　　　　B. 核心内容　　　　C. 价值追求　　　　D. 重要使命

4. 社会主义法治理念包含"依法治国、执法为民、公平正义、服务大局、党的领导"五个方面的基本内涵。其中，公平正义是社会主义法治建设的（   ）。

    A. 本质要求　　　　B. 核心内容　　　　C. 价值追求　　　　D. 重要使命

5. 社会主义法治理念包含"依法治国、执法为民、公平正义、服务大局、党的领导"五个方面的基本内涵。其中，服务大局是社会主义法治的（   ）。

    A. 本质要求　　　　B. 核心内容　　　　C. 价值追求　　　　D. 重要使命

6. 社会主义法治理念包含"依法治国、执法为民、公平正义、服务大局、党的领导"五个方面的基本内涵。其中，党的领导是社会主义法治的（   ）。

    A. 本质要求　　　　B. 核心内容　　　　C. 价值追求　　　　D. 根本保证

7. 下列关于社会主义法治理念与中国传统法律思想的关系，错误的是（   ）。

    A. 中国传统法律思想是社会主义法治理念产生的文化背景和历史土壤

    B. 中国传统法律思想为是社会主义法治理念提供了思想元素和文化资源

    C. 社会主义法治理念是中国传统法律思想的直接延伸

    D. 社会主义法治理念是对中国传统法律思想的批判吸收

8. 所有国家机关、社会组织和公民个人都必须遵守法律，依法享有和行使法定职权与权利，承担和履行法定职责与义务。这体现了（   ）。

    A. 法律的普遍适用性　　　　　　　　B. 法律的优先适用性

    C. 法律的万能性　　　　　　　　　　D. 法律的不可违抗性

9. 人权保障的关键环节是（   ）。

    A. 宪法保障　　　　B. 立法保障　　　　C. 行政保护　　　　D. 司法救济

10. 人们应当通过正当程序追求实体公正的结果。正当程序的底线标准是（   ）。

    A. 中立性　　　　B. 参与性　　　　C. 公开性　　　　D. 时限性

11. 只有按照正当程序处理问题，处理结果才具有公信力和权威性。正当程序的核心要素是（   ）。

    A. 中立性　　　　B. 参与性　　　　C. 公开性　　　　D. 时限性

12. 只有在合理的期限内及时做出正义的裁判，才是完全意义上的正义。因此，时限性是程序正当的（   ）。

    A. 底线标准　　　　B. 关键环节　　　　C. 核心要素　　　　D. 内在要求

13. 法律上的自由观念最为核心的内容是（   ）。

    A. 可以超越法定的范围和界限　　　　B. 依法享有和行使自由的观念

    C. 在法律面前人人平等的观念　　　　D. 随心所欲地行使个人的权利

14. 法律上的平等观念最为核心的内容是（   ）。

    A. 人人均可以享有法外特权　　　　B. 适用法律因性别有所差异

    C. 法律面前人人平等的观念　　　　D. 人人均可自由地行使权利

15. 法律的外在强制力是法律权威的外在条件，主要表现为（   ）。

    A. 法律本身的内在合理性　　　　B. 法律实施过程的合理性

    C. 国家对违法行为的制裁　　　　D. 公民对法律的自觉遵守

二、多项选择（在每小题列出的四个备选项中至少有两个是符合题目要求的，请将其

代码填写在题后的括号内)

1. 社会主义法治理念的基本特征是( )。

A. 鲜明的政治性　　　　　　　　B. 彻底的人民性

C. 系统的科学性　　　　　　　　D. 充分的开放性

2. 依法治国，就是以宪法和法律作为党领导人民治理国家的基本方式，其基本要求包括( )。

A. 科学立法　　　B. 严格执法　　　C. 公正司法　　　D. 全民守法

3. 下列关于社会主义法治理念与中国传统法律思想的关系，正确的是( )。

A. 中国传统法律思想是社会主义法治理念产生的文化背景和历史土壤

B. 中国传统法律思想为是社会主义法治理念提供了思想元素和文化资源

C. 社会主义法治理念并不是中国传统法律思想的直接延伸

D. 社会主义法治理念是对中国传统法律思想的批判吸收

4. 党的领导与依法治国是有机统一的关系，具体表现为( )。

A. 依法治国是党领导人民治理国家的基本方略

B. 坚持党的领导是社会主义法治的根本保证

C. 依法执政是党执政的基本方式

D. 党领导人民制定宪法和法律，又必须自觉遵守宪法和法律，带头维护宪法和法律的权威

5. 下列关于法治思维方式的说法，正确的是( )。

A. 人们按照法治的理念、原则和标准判断、分析和处理问题的理性思维方式

B. 判断、分析和处理问题的基点个体的人或少数人的感性，具有任意性和个体性

C. 强调法律是治国理政的最高准则，治国理政必须奉守法律至上原则

D. 与人治思维方式与着根本的区别

6. 法治思维方式是人们按照法治的理念、原则和标准判断、分析和处理问题的理性思维方式。其基本特征是( )。

A. 法律至上　　　B. 权力制约　　　C. 人权保障　　　D. 正当程序

7. 法律的至上性，具体表现为( )。

A. 法律的普遍适用性　　　　　　B. 法律的优先适用性

C. 法律的万能性　　　　　　　　D. 法律的不可违抗性

8. 权为民所赋，权为民所用。权力制约原则可概括为以下几项要求，即( )。

A. 职权由法定　　　　　　　　　B. 有权必有责

C. 用权受监督　　　　　　　　　D. 违法受追究

9. 人权是人作为人所享有或应当享有的权利。人权的法律保障包括( )。

A. 宪法保障　　　B. 立法保障　　　C. 行政保护　　　D. 司法救济

10. 程序问题与实体问题同等重要。正当程序的基本特征是( )。

A. 中立性　　　B. 参与性　　　C. 公开性　　　D. 时限性

11. 下列关于社会主义民主与社会主义法治的关系，正确的是( )。

A. 社会主义民主和法治是社会主义的重要特征，同属社会主义政治文明范畴

B. 发展社会主义民主、健全社会主义法治、建设社会主义法治国家，是中国特色社会主义建设事业的重要组成部分

C. 社会主义民主是社会主义法治的基础，决定着社会主义法治的性质和内容

D. 社会主义法治是社会主义民主的保障，是社会主义民主的重要实现途径

12. 按照法治思维，权利与权力的关系主要表现为（ ）。

A. 权力来源于权利
B. 权力服务于权利

C. 权力应当以权力为界限
D. 权力必须受到权力的制约

13. 法律问题的核心是法律权利义务问题。法律权利与法律义务的关系主要表现为（ ）。

A. 结构上的相互关系
B. 总量上的等值关系

C. 功能上的互补关系
D. 两者是对立的关系

14. 法律权威的树立主要依靠（ ）。

A. 公民的法律实践
B. 全体社会成员的自觉性

C. 法律的外在强制力
D. 法律的内在说服力

三、材料分析

1. 结合材料回答问题。

材料1

法治是政治文明发展到一定历史阶段的标志，凝结着人类智慧，为各国人民所向往和追求。

中国人民为争取民主、自由、平等，建设法治国家，进行了长期不懈的奋斗，深知法治的意义与价值，倍加珍惜自己的法治建设成果。

一国的法治总是由一国的国情和社会制度决定并与其相适应。依法治国，建设社会主义法治国家，是中国人民的主张、理念，也是中国人民的实践。

（摘自：《中国的法治建设白皮书》2008 年 2 月 28 日/国务院新闻办公室）

材料2

20 世纪 90 年代，中国开始全面推进社会主义市场经济建设，由此进一步奠定了法治建设的经济基础，也对法治建设提出了更高的要求。1997 年召开的中国共产党第十五次全国代表大会，将"依法治国"确立为治国基本方略，将"建设社会主义法治国家"确定为社会主义现代化的重要目标，并提出了建设中国特色社会主义法律体系的重大任务。1999 年，将"中华人民共和国实行依法治国，建设社会主义法治国家"载入宪法。中国的法治建设揭开了新篇章。

（摘自：《中国的法治建设白皮书》2008 年 2 月 28 日/国务院新闻办公室）

材料3

全面推进依法治国。法治是治国理政的基本方式。要推进科学立法、严格执法、公正司法、全民守法，坚持法律面前人人平等，保证有法必依、执法必严、违法必究。

（摘自：胡锦涛：《坚定不移沿着中国特色社会主义道路前进　为全面建成小康社会而奋斗——在中国共产党第十八次全国代表大会上的报告》，人民日报 2012 年 11 月 18 日）

请回答：

（1）"法治"与"法制""人治"有何区别？

（2）如何正确理解依法治国的涵义？

（3）简述依法治国的基本要求。

2. 结合材料回答问题。

材料 1

实行依法治国，建设社会主义法治国家，成为国家基本方略和全社会共识。以依法治国为核心内容、以执法为民为本质要求、以公平正义为价值追求、以服务大局为重要使命、以中国共产党的领导为根本保证的社会主义法治理念逐步确立。全社会法律意识和法治观念普遍增强，自觉学法守法用法的社会氛围正在形成。

（摘自：《中国的法治建设白皮书》2008 年 2 月 28 日/国务院新闻办公室）

材料 2

行政机关工作人员特别是领导干部要带头学法、尊法、守法、用法，牢固树立以依法治国、执法为民、公平正义、服务大局、党的领导为基本内容的社会主义法治理念，自觉养成依法办事的习惯，切实提高运用法治思维和法律手段解决经济社会发展中突出矛盾和问题的能力。

（摘自：《国务院关于加强法治政府建设的意见》国发〔2010〕33 号）

材料 3

深入开展法制宣传教育，弘扬社会主义法治精神，树立社会主义法治理念，增强全社会学法尊法守法用法意识。提高领导干部运用法治思维和法治方式深化改革、推动发展、化解矛盾、维护稳定能力。党领导人民制定宪法和法律，党必须在宪法和法律范围内活动。任何组织或者个人都不得有超越宪法和法律的特权，绝不允许以言代法、以权压法、徇私枉法。

（摘自：胡锦涛：《坚定不移沿着中国特色社会主义道路前进　为全面建成小康社会而奋斗——在中国共产党第十八次全国代表大会上的报告》，人民日报 2012 年 11 月 18 日）

请回答：

（1）什么是法治理念？简述社会主义法治理念的基本内容

（2）树立社会主义法治理念有何重要意义？

（3）如何理解"党领导人民制定宪法和法律，党必须在宪法和法律范围内活动"？

（4）如何理解法治思维方式的基本含义和特征？

3. 结合材料回答问题。

材料 1

人民民主是社会主义的本质要求和内在属性。没有民主和法制就没有社会主义，就没有社会主义的现代化。

（摘自：江泽民：《加快改革开放和现代化建设步伐　夺取有中国特色社会主义事业的更大胜利——在中国共产党第十四次全国代表大会上的报告》，人民出版社 1992）

加强公民意识教育，树立社会主义民主法治、自由平等、公平正义理念。

（摘自：胡锦涛：《高举中国特色社会主义伟大旗帜　为夺取全面建设小康社会新胜利而奋斗——在中国共产党第十七次全国代表大会上的报告》，人民出版社 2007）

材料 2

社会公平正义是社会和谐的基本条件，制度是社会公平正义的根本保证。必须加紧建设对保障社会公平正义具有重大作用的制度，保障人民在政治、经济、文化、社会等方面的权利和利益，引导公民依法行使权利、履行义务。

（摘自：《中共中央关于构建社会主义和谐社会若干重大问题的决定》，人民出版社2006）

材料3

中国宪法确立了公民在法律面前一律平等的原则。任何公民都平等地享有宪法和法律规定的权利，同时平等地履行宪法和法律规定的义务；在适用法律时，对于任何人的保护或者惩罚，都是平等的，不因人而异；任何组织或者个人都不得有超越宪法和法律的特权，一切违反宪法和法律的行为都必须予以追究。《宪法》和《民族区域自治法》规定，各民族一律平等，国家保障各少数民族的合法权利和利益，禁止对任何民族的歧视和压迫。各民族都有使用和发展自己的语言文字的自由，都有保持或者改革自己的风俗习惯的自由。《宪法》和《妇女权益保障法》等法律规定，妇女在政治的、经济的、文化的、社会的和家庭的生活等方面享有同男子平等的权利。

（摘自：《中国的法治建设白皮书》2008年2月28日/国务院新闻办公室）

材料4

没有无义务的权利，也没有无权利的义务。

（摘自：《马克思恩格斯全集》第16卷，人民出版社1964）

请回答：

(1) 简述社会主义民主与社会主义法治的关系。

(2) 如何理解公平正义？其基本要求是什么？

(3) 如何理解法律权利与法律义务的关系？

(4) 如何理解"公民在法律面前一律平等"？

四、简答题

1. 如何正确理解社会主义法治理念？

2. 简述依法治国的涵义及基本要求。

3. 如何正确理解党的领导与依法治国的关系？

4. 简述法治思维方式的基本含义及特征。

5. 简述社会主义民主与社会主义法治的关系。

6. 简述权力与权利的关系。

7. 简述法律权利与法律义务的关系。

8. 简述大学生培养法治思维方式的途径。

9. 如何保障法律的至上地位？

10. 联系实际，谈谈如何维护法律权威。

项目十二 遵守行为规范 锤炼高尚品格

项目要点

1. 正确认识公共生活有序化对经济社会发展的重要意义，把握社会公德的主要内容，了解公共生活中的主要法律规范；

2. 理解和把握职业道德的基本要求和职业生活中的主要法律，正确认识我国当前的就业形势，树立正确的择业观和创业观；

3. 正确理解爱情的本质与真谛，摆正爱情在人生发展中的位置，把握恋爱、婚姻家庭中的道德要求和法律规范；

4. 深刻理解个人品德及其作用，自觉加强个人品德与修养。

知识梳理

一、深刻理解社会公德的含义，自觉增强社会公德意识

社会公德有广义和狭义之分。广义的社会公德是指反映阶级、民族或社会共同利益的道德。它包括一定社会、一定国家特别提倡和实行的道德要求，甚至以法律规定的形式，使之得以重视和推行。狭义的社会公德特指人类在长期社会生活实践中逐渐积累起来的、为社会公共生活所必需的、最简单、最起码的公共生活准则，是人类社会生活最基本、最广泛、最一般关系的反映。

社会公德作为社会全体成员都必须遵守的维护社会正常生活秩序的最基本的公共生活

准则，涵盖了人与人、人与社会、人与自然之间的关系，其基本特征主要表现为以下几个方面。

一是继承性。社会公德是人类在数百年乃至数千年的社会生活中逐渐积累、总结的维护正常生活秩序经验的结晶，是人类文明、社会进步的标志之一。每个时代的社会公德观念总是在继承过去公共道德有益方面的基础上，随着社会发展而不断创新、丰富、发展。

二是基础性。社会公德是社会道德体系的基础层次，在每一个社会都被看作是最起码的道德准则，是为维护社会公共生活的正常进行而提出的最基本的道德要求。社会公德水平的高低昭示着一个社会道德风气好坏的程度。

三是全民性。社会公德是社会全体成员都必须遵守的道德规范，具有最广泛的群众性和适用范围。在同一社会中，任何社会成员无论具有何种身份、信仰或从事何种职业，都必须在公共生活中遵守社会公德，受到社会公共生活规则的约束。

四是简明性。社会公德大多是生活经验的积累和风俗习惯的提炼，往往不需要用高深理论去讲解和论证，或者做更多的说明就能被人们所理解。

此外，社会公德还具有层次性、相对稳定性等。

社会公德的主要内容主要包括：文明礼貌、助人为乐、爱护公物、保护环境、遵纪守法。

社会公德作为人类社会生活中最起码、最简单的行为准则，是和广大人民群众的切身利益密切相关的，是适应社会和人的需要而产生的。它对人们的社会生活具有特殊且广泛的社会作用。每个社会成员都应该自觉遵守社会公德。

首先，遵守社会公德是维护社会公共生活正常秩序的必要条件。社会公德适用于公共生活领域，反映的是整个社会对良好公共秩序的共同愿望和诉求。由于社会公德是对社会公共关系的调节，是人们必须遵守的维护现实社会生活的最低准则，因而是人们现实社会生活稳定发展的基本条件。

其次，遵守社会公德是成为一个有道德的人的最基本要求。社会公德发挥着维护现实的稳定、公道、扬善惩恶的功能，在社会生产和生活中起着强大的舆论监督作用和精神感召作用。这种作用主要是通过社会公德的规范方式来促进社会和个人弃恶扬善、扶正祛邪，从而指导人们的思想和行为，非强制性地调节和规范着社会生活中人们的言论和行动，维护社会公共生活秩序，有效地为满足社会与社会成员的需要服务。

再次，社会公德建设是精神文明建设的基础性工程，也是精神文明程度的"窗口"。社会公德是社会道德的基石和支柱之一，社会公德对社会道德风尚的影响稳定而深刻、广泛而持久。社会道德又是社会精神文明的重要组成部分，所以从人们实践社会公德的自觉程度和普及程度，可以看出整个社会精神文明建设的状况。如果社会公德遭到了践踏和破坏，整个社会的道德体系就可能会瓦解，整个社会的安定团结也将被破坏，社会主义精神文明建设也就不可能真正搞好。在一定的历史发展阶段，社会公德状况通常是衡量一个社会的精神文明发展水平的最直接、最主要的依据。每个社会成员都应该增强社会公德意识，自觉地以社会责任感考虑自己的行动，遵循体现社会群体利益和他人利益的公共规范。

大学生是社会整体文化素质水平较高的青年群体，社会对大学生社会公德的修养和实践水平有更高的期望与要求，大学生理应成为我国传播社会公德意识和践行社会公德规范的重要力量。为此，大学生要在实践中不断增强社会公德意识，树立遵守社会公德的良好形象,努力做社会公德规范的传播者和践行者。具体可参照下面三点内容。

第一,加强学习,形成对社会公德的认知,培养社会公德的情感。通过对社会公德相关知识和规范进行认知和体验,可以逐步形成公德判断意识和是非评价标准,从而培养社会公德的情感,养成自觉遵守社会公德的良好习惯。

第二,强化实践,在积极参与各种社会活动中培养社会公德意识和责任意识。大学生培养社会公德意识的实践活动有很多具体方式,既可以参加社会公德规范的宣传活动,传播文明新风,也可以结合自身的专业特点服务社会、回报社会;既可以参加学校组织的各种社会公益活动,也可以结合自己的兴趣爱好加入各种社会公益组织。大学生可以从实践中体会到什么是符合社会公德规范的言行,什么是不符合社会公德规范的言行,从而在实践中不断提高自身的社会公德素养,并带动他人、影响社会。

第三,从小事做起,从小节改起,带头践行社会公德规范。社会公德所规范的行为包括社会公共生活中最微小的行为细节,这些细节极容易被人们忽略,而它一旦被社会群体中的大多数人所忽视,往往就可能形成不良的社会风气。因此,社会公德意识要在点点滴滴的日常小事中培养。

二、社会主义职业道德的基本特征及其基本要求

职业活动是人类社会生活中最普遍、最基本的活动。随着现代社会分工的发展和专业化程度的增强,市场竞争日趋激烈,整个社会对从业人员的职业观念、职业态度、职业技能、职业纪律和职业作风的要求越来越高。每个从业人员,不论是从事哪种职业,都要遵守职业特点所要求的道德规范和行为准则,即职业道德。它涵盖了从业人员与服务对象、职业与职工、职业与职业之间的关系。要理解职业道德,需要把握以下四点。

其一,在内容上,职业道德总是鲜明地表达职业义务、职业责任以及职业行为上的道德准则。它不是在一般意义上的社会实践基础上形成的,而是在特定的职业实践的基础上形成的,因而它往往表现为某一职业特有的道德传统和道德习惯,表现为从事某一职业的人们所特有的道德心理和道德品质。

其二,在形式上,职业道德往往比较具体、灵活、多样。它总是从本职业的交流活动的实际出发,采用制度、守则、公约、承诺、誓言、条例,以至标语口号的形式,这些灵活的形式既易于为从业人员所接受和实行,也易于形成一种职业的道德习惯。

其三,在调节范围上,职业道德主要用来约束从事本职业的人员。概括地说,主要是调整两个方面的关系:一方面,用来调节从业人员内部关系,加强职业、行业内部人员的凝聚力;另一方面,调节从业人员与其服务对象之间的关系,用来塑造本职业从业人员的形象。

其四,在功效上,职业道德一方面使一定社会或阶级的道德原则和规范"职业化";另一方面又使个人道德品质"成熟化",对整个社会道德水平的提高发挥着重要作用。

社会主义职业道德是在新的经济基础上,适应社会主义物质文明和精神文明建设的需要,在马克思主义理论指导下,批判地继承了人类历史上优秀职业道德遗产,并总结社会主义条件下各行各业的实践,而逐渐形成和发展起来的。它不仅具有职业道德的一般特点,还表现出其自身的基本特征:

第一,社会主义职业道德是社会主义道德体系的组成部分。社会主义社会的道德要求

是一个复杂的、多层次的、交叉的规范结构。从横向的领域看，人们的社会生活可分为家庭生活、职业生活和公共生活三大领域。与此相适应，用以指导和调整个人与社会之间的关系的社会主义道德规范分为婚姻家庭道德、职业道德和社会公德三大部分。在这个意义上说，社会主义职业道德是社会主义道德在职业生活中的具体体现。

第二，社会主义职业道德以为人民服务为核心。社会主义职业道德建立在社会主义制度基础上。社会主义公有制的建立，消除了剥削制度，人与人之间、各行各业之间建立了平等互助的新型关系，各种职业都是整个社会主义事业的一个有机的组成部分，每个劳动者和建设者都在为社会、为他人同时也是在为自己而劳动和工作，这在根本上使职业利益同整个社会的利益一致起来，因而各行各业可以形成共同的道德要求，其核心就是为人民服务。

第三，社会主义职业道德的重点是树立新的劳动态度。在社会主义社会里，劳动是每个有劳动能力的公民应尽的义务和光荣的职责；决定每个公民社会地位的，不再是私人占据财产的状况、传统门第和民族、出身、性别、职业，而是个人的能力和个人的劳动及其对社会所做出的贡献；劳动成了社会生活中重要的道德标准。此外，职业生活在社会主义社会已经成为最基本的实践形式，职业道德所倡导的"爱岗敬业""忠于职守"，其核心恰恰就是劳动态度。因此，树立新的劳动态度，就从根本上解决了社会主义职业道德问题。

此外，社会主义职业道德具有相对独立的规范体系。

社会主义职业道德的基本要求是：爱岗敬业、诚实守信、办事公道、服务群众、奉献社会。

爱岗敬业，反映的是从业人员热爱自己的工作岗位，敬重自己所从事的职业，勤奋努力，尽职尽责的道德操守。这是社会主义职业道德的最基本要求；诚实守信，既是做人的准则，也是对从业者的道德要求，即从业者在职业活动中应该诚实劳动，合法经营，信守承诺，讲求信誉；办事公道，就是要求从业人员在职业活动中做到公平、公正，不谋私利，不徇私情，不以权损公，不以私害民，不假公济私；服务群众，就是在职业活动中一切从群众的利益出发，为群众着想，为群众办事，为群众提供高质量的服务；奉献社会，这是社会主义职业道德中最高层次的要求，体现了社会主义职业道德的最高目标指向，它要求从业人员在自己的工作岗位上树立奉献社会的职业精神，并通过兢兢业业的工作，自觉为社会和他人做贡献。

三、正确认识就业形势，积极做好就业准备

近年来，随着我国经济的快速发展和国家积极就业政策的实施，大学生就业工作取得了明显成效，但就业压力依然较大，其原因主要在于：我国人口基数大，需要就业的人员较多，就业高峰持续时间长；就业机制有待完善，劳动力市场发育不全；大学生自身定位偏颇，就业期望值过高，就业准备不足，就业观念有待更新等。面对当前我国的就业形势，大学生既要看到问题的紧迫性，但也无须持悲观态度。较好地解决目前的就业问题，固然需要党和政府为大学生就业创造良好的条件和环境，但同时也需要大学生积极做好多方面的准备。

首先，要认真做好职业生涯规划，树立正确的择业观。大学生职业生涯规划，就是根据自己的人生目标和社会需求，在认真进行自我分析和评估的基础上，结合自己专业特长

和知识结构，对将来从事工作所做的方向性的方案。大学生在走向社会前，将现实环境和长远规划相结合，给自己的职业生涯一个清晰的定位，是求职就业乃至将来职业发展的关键一环。职业生涯规划既是择业观的体现，又要受到择业观的指导。为此，大学生做好职业生涯规划，要树立正确的择业观：一是要重视人生价值的实现。职业活动是人谋生的方式和手段，更是人奉献社会、完善自身的必要条件。明确职业生涯规划、树立崇高的职业理想，不仅是为了拓展职业的价值领域，更是为了提升人生观、价值观的境界。二是要服从社会需要，追求长远利益。择业固然要考虑个人的兴趣和意愿，但社会需求对择业有很大的制约性。从当前我国的就业形势来看，大学生在就业问题上要把自己对职业的期望与社会的需要统一起来，着眼现实，面向未来，既不好高骛远，也不消极被动，以积极主动的态度面对就业问题。

其次，要注重自身综合素质的培养，为顺利就业做好充分的知识和能力准备。正确的职业生涯设计不仅是大学生职业理想和努力方向，更应成为大学生朝着发展目标奋斗的行动纲领。这就要求大学生必须树立独立生活意识，克服消极依赖思想，充分利用大学的美好时光，努力学习科学文化知识，打牢专业基础，锻炼自身能力，提高综合素质，使自己的知识、技能与社会需求和将来职业发展能够同频共振。一个人有了真才实学，能够适应多种岗位，就更有利于自己的就业。

再次，要着眼长远，勇于开拓，树立正确的创业观。择业不是职业生活的一个孤立的环节，它与创业总是紧密相联的。大学生除了要树立正确的择业观外，还应当树立正确的创业观：一是要有积极创业的思想准备。创业是拓展职业生活的关键环节，在就业压力较大的社会环境中，创业意识强烈并且思想准备充分就能获得更好的发展机会，甚至还能帮助别人就业。二是要有敢于创业的勇气。创业是一个艰苦的过程，还需要具有创业的勇气。有勇气者才敢于创业、善于创业和成功创业。三是要提高创业的能力。创业不是蛮干。大学生在创业的问题上除了要具有立足创业、勇于创业的思想准备之外，还要努力提高自己的创业能力。既要不拘泥于陈式，又要充分考虑自身的条件、创业的环境等各种现实的因素。打破"学历本位"的观念，树立"能力本位"的意识，努力提高自主创业的能力，是需要大学生在大学阶段破解的一道难题。

四、大学生要努力锤炼个人品德

个人品德是指通过社会道德教育和个人自觉的道德修养所形成的稳定的心理特征、价值趋向和行为习惯。它表现为个体对某种道德要求的强烈认同，对道德情感的充分表达，对社会道德规范的执着践履。党的十七大报告指出，"大力弘扬爱国主义、集体主义、社会主义思想，以增强诚信意识为重点，加强社会公德、职业道德、家庭美德、个人品德建设。"其中，加强个人品德建设首次在中央文件中正式提出，具有重要的理论意义和实践意义。

首先，加强个人品德建设的提出，为社会主义道德理论体系增添了新的内容。2001年9月，中共中央颁布的《公民道德建设实施纲要》，就社会主义道德建设体系做出了概括。2007年10月，党的十七大报告在社会公德、职业道德、家庭美德建设的基础上，增加了个人品德建设，无疑丰富了社会主义道德建设的内涵。

其次，良好的个人品德形成是社会主义道德体系的基础。个人品德是"内在的法"，社会公德、职业道德、家庭美德的实现最终都要诉诸个人品德。个人品德既是社会道德原则和规范的内化，也是个体作为主体对社会道德的认识、选择以及实践的结果，是个人在社会生活中的行为活动个性化了的道德特质。个人品德提高了，就可以"内德于己，外德于人"，促进社会道德进步。个人品德如果缺失，社会公德、职业道德、家庭美德也就成了无源之水，无本之木。

再次，良好的个人品德形成是个人安身立命的重要条件。一个人要想在社会中生存发展，有所作为，体现价值，就必须具有良好的品德，这是我们祖先早已言之凿凿的大道理。而今，建设中国特色社会主义，构建社会主义和谐社会，对个人品德建设提出了更高的要求。

个人品德形成一般经过三个阶段：一是学习。这是个人品德形成的起点和基础，包括道德知识、道德典范、道德经验的学习。人通过学习不断增强道德认识，提升道德境界。二是自省。这是外在道德规范内化的必经之路。一个具备了道德责任感和使命感的人，会努力促使自己按照社会公共的道德规范和要求去行动，并能随时警醒和调整自己的行为，以保证正确的方向，学会自省是道德主体成熟的表现。三是践履。人的道德修养并不是脱离具体实践的"闭门造车"的结果，只有在丰富社会实践中，才能锻造出高尚的人格。当一个人具有了道德认知，就会在实践中躬行。

个人品德是个人道德自觉的结晶，也是社会道德规范、道德原则在个人身上的综合体现，它涵盖道德认知、道德情感、道德意志、道德行为等各个方面。为此，大学生锤炼个人品德，须多管齐下。一是提高道德认识。要使自己具备高尚的品德，就必须首先了解和把握社会各个领域的道德规范，了解和认识什么是善、什么是恶，什么是荣、什么是辱，然后才能有一个明确的道德实践方向。二是陶冶道德情操。有了某种道德认识，还需要炽热的道德情感，需要有一种对善的执着追求，在实践中形成稳固的道德情感。三是锻炼道德意志。如果没有坚强的道德意志，就不能在道德实践中克服困难，坚持善良和正义，抵制邪恶和私欲，也就难以形成高尚的品德。四是养成良好的道德行为习惯。如果每个人对于道德规范能够自觉遵守，乃至达到从心所欲而不逾矩的境界，个人品德自然能不断提升。

案例升华

中国乘客在国际航班上打架斗殴

2012年9月7日，在四川航空塞班飞上海的航班上，出现多位乘客互殴的场面。四川航空回应称，事发后，空保人员立即制止闹事乘客，控制住了航班上的局势。

网友转发多人打架视频

9月11日，一段时长50多秒的视频在微博上被不少网友转发：这段视频的场景为民航客机机舱，一名穿黑色上衣的男子与另一位穿红白相间上衣的男子激烈互殴，周围旅客试图劝架，大喊"别打了、别打了"，机上广播也大声呼吁乘客回到座位。但是，另一名穿灰色上衣的男子又加入战团。眼看黑色上衣男子被打倒在座位上，又引发了双方多位好友加入互殴行列。混乱持续了约半分钟后，一名空保人员将乘客拉开。

有网友指出，事件发生地应该是四川航空的航班上。记者从四川航空相关人士处得到证实，该视频拍摄的打架事件的确发生在川航的航班上，"并非国内航线，而是9月7日从塞班飞往上海的3U8648次航班，机型为A330"。

关于这群乘客打架的原因，微博上说法不一，流传得最广的一个说法是"双方为争夺一杯饮料而开战"。在采访中，蔡先生澄清了这种说法："这几位乘客是在换座位过程中发生口角，进而发展到斗殴，并不是网上所说为饮料起争执。"

肢体冲突破坏飞机平衡

四川航空相关人士表示，一旦空中发生乘客冲突，空保人员首先进行劝阻，然后隔离双方，并向目击的乘客收集证言；如果有受伤的情况出现，将询问受伤者是否谅解，是否报警，报警则通知机场警方。安保人员也会根据现场情况，乘客的行为是否已经严重扰乱了飞行秩序，来决定是否交由警方处理。由于空保人员已经控制住了飞机上的局势，因此该航班并没有采取返航的做法。

在微博上，很多网友批评斗殴的乘客"丢人现眼"，但实际上，在飞机上打架，后果并不只是"丢人"这么简单。中国民航管理干部学院教授邹建军表示，飞机上发生肢体冲突不是一件小事，而是影响飞行安全的一件大事。每一架飞机在起飞前，人员配比、货物装载都要严格测算，尽量让飞机在飞行时保证完美的平衡姿态。一旦飞机上乘客发生激烈的肢体冲突，如果再加上五六个人劝架，飞机的平衡姿态就会受到影响，严重时甚至可能导致飞机失事。

折射乘客公共道德缺失

据外媒称，本次事件是中国乘客在不到一周的时间内第二次在飞机上斗殴。9月2日，由苏黎世飞往北京的LX196航班一架客机因两名中国籍乘客在机上斗殴而被迫返航。这家空客A340飞机当时载有200名乘客，在返航时已经飞行超过6小时。据乘坐该机的乘客表示，斗殴开始前乘务员正在发放晚餐，坐在前排的年轻乘客调整了座椅靠背，引起了后排正在进餐的年长乘客的不满，年长者随即对前排乘客叫嚷，并打了前排乘客的头部。前排年轻乘客随即起身同后排乘客发生打斗。在乘务长前来劝架时，年长的乘客甚至掐住了乘务长的脖子。随后年长乘客被多名乘务人员制服，戴上手铐，扣押在后排座椅，但他依然大声叫嚷。还有乘客表示，在斗殴发生后，还有其他乘客也参与其中。从乘坐该航班的乘客录制的视频来看，年轻乘客的头部受伤，有数名乘务人员在现场维持秩序。

飞机上出现乘客互殴的混乱场面，短短一周内已经出现了两次。对此，四川大学社会学教授王卓表示，飞机斗殴事件频发，折射的是当事乘客公共道德感的缺失。现在普通人也能坐飞机出国旅行，反映出大家的生活水平普遍提高了，但国民素质的提高赶不上生活水平的增长速度，"机舱是一个公共场所，乘客必须具有公共道德意识，不能由着自己的性子来，不光是飞机，乘坐火车、公交等公共交通工具的乘客，也同样需要这种公共道德意识，而这正是许多乘客所缺少的意识"。

（摘编自：不到一周又有乘客空中互殴，新闻晨报2012年9月11日/毛懿；飞机上争座位国内乘客又打架，重庆商报2012年9月12日/肖腾；瑞航客机因中国乘客斗殴返航细节实录，人民网2012年9月5日/人民网驻比利时记者张杰）

【思考与讨论】

1. 一周之内两次出现中国乘客在国际航班上打架斗殴的现象，你对此作何评价？

2. 如何理解公共生活需要公共秩序？为什么说遵守社会公德是社会公共生活的必然要求？

3. 维护良好社会秩序，推动社会公德建设，大学生作为社会整体文化素质水平较高的群体，应该扮演什么样的角色？

用诚信画好人生句号

在南京河西的汉江路上，有一家营业了11年的小小理发店——"秀作发型坊"。这两天，在几乎搬空的小店玻璃门外，店主贴出了通知："秀作在11月10日、11日两天办理退卡，请互相转告，谢谢。"居民们开始只觉得奇怪，当得知事情原委后，感动得直想流泪。原来，店主最近被查出了肺癌晚期，治疗一周后，坚持回到店里，为客人们办理退卡。

查出肺癌晚期，首先想到的是给顾客退卡

记者联系到马玉剑时，他正止不住地低声咳嗽，"对不起，"他的嗓音沙哑，"话讲多了，会喘不过来气。"10月底，马玉剑查出了肺癌。此前，他因腿部静脉曲张，做过一次手术。没想到开刀后很久，身体都没缓过来。连续发了十几天低烧，加上右胸疼痛，"逼"着马玉剑又进了医院，没想到，一查居然是晚期肺癌。

最崩溃的几天过去了，马玉剑平静了许多，"人迟早都有这么一天的，关键在于怎么过好之前的日子。"他开始着手办一些"必须做的事"。这样那样的头绪不少，然而头一件事，就是把自家理发店储值卡里的钱退给客人。"我一辈子做事没亏待过人，我不想人家认为，我是为这点钱逃走的。"马玉剑的妻子姜女士开始很不理解，"正是处处花钱的时候"。但后来，她也就想通了："他就是直性子，他说，我们做什么事情都不能对不住内心。"

得到家人的理解和支持后，马玉剑一边看病一边和妻子开始联系顾客，还在店铺的门上贴了通知。在病痛的折磨下，不到40岁的他已十分消瘦。这个场景令前来退款的顾客和邻里都大吃一惊。

姜女士说："退卡前，消费卡的余额也就1万多，陆陆续续退了几千块钱。等他身体情况稳定一些，我们再到店附近贴通知，让其他之前没看到通知和联系不上的顾客过来。"

诚信十年：不劝生意、不劝办卡

据邻里们介绍，马玉剑夫妇的"秀作发型坊"在汉江路上已经开了11年。十余年间，这条路上先后开过十几家理发店，但坚持至今的只有他们一家。这一点也让马玉剑夫妇十分自豪，他们在门上贴了四个字——"诚信十年"。

马玉剑做生意有着自己的原则，"我不偷、不骗，光明正大地做生意。"虽然在理发行业，但周围的居民都知道，老马从来不劝生意、不劝办卡。"本来没打算弄卡的，"马玉剑的妻子姜女士回忆，"但老顾客多了，他们觉得办卡用起来方便，于是我们就弄了。"最贵的一张卡400元，最便宜的只有170元。面对市面上动辄上千元的储值卡，马玉剑一点没

动过心思，"400 元对于一家来说，够用一年了。"如果只是一个人剪发，马玉剑会劝他们只办 100 元或 200 元的卡。

同样，他也不喜欢劝生意。客人有时问，"需要焗油吗?"除非头发白得太严重，他一般都回答，"别焗。"然后用剪子一根一根地挑，一挑就是三五十根。

就这样，11 年来，这家装修不起眼的小店，拥有了众多忠实客户。但十余年的生意突然走到了终点，这让夫妇俩难以割舍，因此，他们想让"诚信十年"有一个"完美"的结局。

"老马很实诚""服务态度好""一天到晚笑眯眯的"……这些是顾客和邻里们给马玉剑最多的评价。在理发店附近做服装生意的丁丁与马玉剑夫妇俩相识已经 6 年多。"老马生病正是需要钱的时候，夫妇俩能主动给顾客退卡，真的很不容易!"丁丁说。

汪先生也是老顾客之一，前两天，他接到了马玉剑退卡的电话，才得知了他得病的消息。汪先生说，上周末的两天里，老马一直都在认真地为每位顾客退卡，一直到周日晚上八点多。"当时一下子，感动得我直想流泪。祝好人一生平安。"

熟客被感动，自愿放弃退款

本想 10 日一大早就应该来店里的，但天气实在太冷，马玉剑咳得厉害，因此下午才来到店里。查出肺癌后没几天，他就将店转了手。但由于对方还没搬来，因此临时借用一下这个地方，方便为客人们办理退卡。

从下午到晚上，马玉剑一共退了十几张卡，共几千元钱。客人们看着心疼:马玉剑瘦了一圈，戴着大大的口罩，不停地咳嗽。"能如此诚实地做人，实在太不容易。""这两年看了这么多报道，身体没毛病的人还卷着客人的欠款跑路呢，何况这个生了重病的人……"为马玉剑的行为感慨着，前来的大部分老顾客，都自愿放弃了退款。"还有两千多没退出去，客人不要。"马玉剑心中有说不出的滋味。

实际上，从刚查出肺癌开始，马玉剑就和妻子陆陆续续地开始了退卡的工作，整理好资料、带上钱在小区里一遇到客人，便把钱退给对方。但很多熟客听到消息后，坚决不肯要。"留给你治病。"他们都这样说。还有的当时收下了卡费，但到了晚上，却包了个更大的红包送来，一定要塞给马玉剑。"我的客人，无论人品素质，都很好! 我们是人心换人心。"马玉剑很骄傲，但他同时也不安心，"不管是几十元，还是几百元，他们收下是本分，不收下，我又担了个人情。"

还有顾客没退卡，他还要继续等

再过几天，马玉剑就要正式开始接受化疗，可他心里有个疙瘩，"还有一半的卡没退出去。"马玉剑猜想，可能是前几天下雨，居民们没出门，不知道退卡的消息。所以，他打算等化疗一段时间，身体情况稳定了，再到店旁的空地上贴上通知，让其他之前没看到的客人赶紧来。

十几年干下来，马玉剑和妻子有一定的存款，能用来应急。他计划，万一不够，再问兄弟姐妹借，但是，如果几十万元还看不好，就打算放弃了。"钱花得没有意义。"马玉剑夫妇的女儿正在扬州上高三，妻子已经将这个消息告诉了她，以免高考时突然发生什么事，反而更加分心。"孩子正是花钱的时候，钱留给她。"马玉剑这么想。但该退的钱，他一个子儿不落，"我不想，离开这个世界的时候，还欠别人东西。"

马玉剑夫妇的事迹经网络传播后感动了无数网民。有很多人慕名而来，有的要伸出援助之手，帮助马玉剑渡过难关，有的要提供保健配方，帮助他治疗。在一家微博网站的首页，关于"患癌理发店老板主动通知顾客退卡感动网友"的讨论被置顶。

"马玉剑的事迹之所以受到社会关注，是因为他展现了一个平凡私营店主不平凡的一面，体现了中华民族传统美德的道德追求。"苏州大学政治与公共管理学院方世南教授说，我们的社会需要这种小人物的大感动、坚守诚信的大境界。

（摘编自：理发店小老板诠释诚信：查出肺癌后，为顾客办退卡，现代快报 2012 年 11 月 12 日/王颖菲；用诚信画好人生句号，解放日报 2012 年 11 月 14 日/孔祥鑫、潘　晔）

【思考与讨论】

1. 在被查出肺癌晚期、理发店被迫停业转让的情况下，马玉剑首先做的是通知老顾客前来退储值卡，这一举动体现了职业道德的哪些要求？

2. "诚信理发哥"马玉剑的故事对于大学生培育职业精神、加强职业道德修养有何启示？

【案例导读】

这是一个在商业社会发生的真实的诚信故事，一个因恪守诚信而使正能量无限传递的故事。罹患癌症的店主首先想到的不是自己，而是为顾客办理退卡，很多熟客自愿放弃退卡，甚至包个更大的红包来帮助他。故事也许普通，并不惊天地、泣鬼神，但足以令我们感动、给我们启迪。

"我不想，离开这个世界的时候，还欠别人东西。"就是这样一个朴素的想法，让南京"秀作发型坊"店主马玉剑遵守了一个商人最基本的诚信，也使他将做人和赚钱分得十分清楚。尽管他治病、孩子上学这些现实问题都需要钱，但他恪守了"取之有道"的基本道德。

马玉剑能有这样的信义举动，绝不是一朝一夕而来，而是源于 11 年的承诺与坚守："我不偷、不骗，光明正大地做生意。"11 年来，他从来不劝生意、不劝办卡。"本来没打算弄卡的""但老客多了，他们觉得办卡用起来方便，就提议让我们弄。"面对市面上动辄上千元的储值卡，马玉剑并不动心，"400 元对于一家来说，够用一年了。"如果只是一个人剪发，马玉剑会劝他们只办 100 元或 200 元的卡。他就是这样设身处地为顾客着想，靠手艺挣钱，用诚信践诺，靠信义揽客。

"孔雀爱惜自己的羽毛，好人爱惜自己的名声。"这是西方一句非常古老的谚语。在乎外界的评价，在意自己的名节，这是人性的基础，良知的外化。所以，即使舍弃一些自身利益，人们还是希望自己能够以诚信示人，被人们称颂，而不愿意做违背道德的事情，背负愧疚生活。古往今来，这样的事例不在少数。马玉剑的行为正是如此，它闪现着人性的光辉，辉映着社会的亮色，令人感动理所当然。

马玉剑"患病退卡"的意义在于，它不仅体现了做人的良知与品格，让人们感到了"诚信经营"这一传统美德的力量，更反映和呼唤着这个时代最珍贵、最稀缺和最需要的东西：诚信。相比近年来媒体曝光的"陈馅月饼""染色馒头"、毒大米、毒胶囊、地沟油等不良事件，马玉剑的坚守在物欲横流、信任危机的当下，显得尤为难能可贵与可敬。正因如此，"诚信理发哥"的教育感化意义，也就显得更为重大。

让我们记住马玉剑——一个视诚信比生命还重要的人,一个以道德自觉引领时代风尚的人。道德的进步,从来不是单向的。我们有理由相信,马玉剑带给我们的感动,会凝聚起更多的温暖和能量,会让这个社会的诚信大厦熠熠生辉。

孟佩杰:带母上学的 90 后孝女

"一、二、三。"体重 46 公斤的孟佩杰轻声念着,把 65 公斤的养母从病床上背到轮椅上,再从轮椅抱到康复器械上做康复训练。帮养母做康复训练,是她每天的必修课。从 8 岁到 20 岁,4000 多个日子里,孟佩杰做了整整 12 年,从来没有抱怨过一声。

孟佩杰,山西师范大学临汾学院的学生。她很低调,多次表示不愿意让人们知道她的故事。但是,当"久病床前有孝女"的故事在网上流传,大家亲切地称她为"临汾最美女孩"。

8 岁,她担起照顾瘫痪养母的重担

出生于 1991 年的孟佩杰是山西临汾隰县人,有着不幸的童年。

从小体弱多病的她,5 岁时父亲被车祸夺去了生命,迫于生计,她的生母无奈地将她寄养给刘芳英。天有不测风云,1998 年养母刘芳英患上了椎管狭窄症,虽然保住了性命,但只能依靠双拐勉强走路。这期间,她的生母也因病去世。一年后,养父不堪生活压力离家出走,从此杳无音讯。

这一年,孟佩杰只有 8 岁。

8 岁的女孩,本应是父母的掌上明珠,但对孟佩杰来说,从那时起便承担起了照顾瘫痪养母的重任,用孝心和毅力支撑起了一个家。

冬天要烧炉子,孟佩杰每天早早起来给炉子添炭、掏灰。身子小,够不着就站在小凳子上,摔伤、烧伤已记得多少次;为养母洗衣服、擦洗身子,手冻得又红又肿,膝盖不知磨破几层皮;到市场去买菜,不认识葱、姜、蒜,她就按妈妈编的顺口溜记:"圆圆的是蒜,长长的是葱,扁扁的豆角绿茵茵……"

2007 年,孟佩杰初中毕业,刘芳英的病情逐渐恶化,最终瘫痪并完全丧失了自理能力。孟佩杰决定,在临汾学院隰县基础部学习,这样她可以既不耽误学业,又能就近照顾养母。2009 年,按照学校的安排,孟佩杰必须到临汾学院(总校)再接受 3 年教育。

可是如果去临汾上学,躺在床上的母亲怎么办?经过反复考虑,孟佩杰决定带着妈妈去上学!当孟佩杰把这个决定告诉妈妈时,刘芳英坚决不同意,她说不能因为自己耽误了女儿的前程,但最终拗不过倔强的女儿。

"我所做的一切都是做女儿的本分"

为了及时照顾母亲,孟佩杰在学校附近租了一间不足 10 平方米的小屋,并向学校申请了走读。从此,孟佩杰每天奔波在课堂和出租屋之间,把时间安排得满满当当。

"她每天早上 6 点起床,帮我穿衣服、刷牙、洗脸、换尿布、喂早饭,然后一路小跑去上学;中午放学,回家做饭、喂饭,给我擦洗身子、活动筋骨、敷药按摩、洗漱更衣、倒屎倒尿,换洗床单、被褥,再匆匆忙忙去上课;放学后,又匆匆赶回家做晚饭、做家务,服侍我睡觉。每次全部收拾完都 9 点以后了,然后她才歇下来做自己的功课。"说起往事,刘芳英泣不成声,"我照顾了她 3 年,她却要照顾我一辈子。要不是我这闺女,我

活不到今天!"

由于瘫痪在床，养母每每排便不畅时，孟佩杰就用手指一点点抠出粪便。女儿做的一切，养母看在眼里，疼在心里："像她这个年龄的孩子不该做这些事的，真是苦了女儿了!"

刘芳英说，多年来，孟佩杰的乐观感染了她，让她找回了生活下去的勇气。"刚瘫痪那几年我心情不好，常发脾气，但她从来没和我争吵过，而是笑着给我讲故事。她还常鼓励我说'妈妈别怕，有我呢，只要精神不滑坡，办法总比困难多'。"

"没有妈妈就没有今天的我，我所做的一切都是做女儿的本分。"谈起这些年的艰辛，孟佩杰语气很平静。

"自己少吃顿好饭，就能给妈妈多买一些好药"

中午12点，孟佩杰拎着几个西红柿回到了住处。一锅米饭、一盘西红柿炒鸡蛋，就是母女俩的午饭。懂事的孟佩杰从来不乱花钱："自己少买件衣服，少吃顿好饭，就能给妈妈多买一些好药，就能减轻妈妈的痛苦。"

虽然对自己极为吝啬，但她对养母却很大方。吃一顿肉，对大多数人来说，可能很平常。但对孟佩杰母女来说，却很奢侈。有一次养母随口说了句"电视上说的红烧肉肯定好吃"，这被孟佩杰记在了心里。

2010年暑假，孟佩杰一边照顾养母，一边在城里找了一份发广告传单的工作。领到工资后，孟佩杰做的第一件事就是到餐馆买一盘红烧肉。看着香喷喷的红烧肉和晒得黑瘦的女儿，养母泪流满面。

一次同学过生日请客，孟佩杰也在被邀之列。吃饭时，孟佩杰把自己那瓶饮料悄悄地装起来，找了个借口提前离开，急匆匆地跑回家给母亲喝。

为了能照顾好养母，孟佩杰还托同学买来医学护理方面的书籍，照书上说的一一实践，年纪轻轻的孟佩杰成了"护理专家"。为配合医院治疗，孟佩杰每天要帮养母做240个仰卧起坐、拉腿200次、捏腿15分钟……

这样的生活一过就是12年。"人要追求快乐，我苦不苦，苦，但我要在苦中创造快乐，苦中求乐。"孟佩杰说。

多年来，要强的孟佩杰拒绝了不少好心人的帮助，坚持自己照顾养母。她的孝行被网友发到了网上，感动了无数人。一位网民写道："尽孝，是一切善德之始，也是一切幸福之源。在多舛的命运前，我们不能失掉孟佩杰这般面对生活的态度。"

2011年，孟佩杰入选第三届全国道德模范、CCTV感动中国人物。

（摘编自：用孝心为母亲撑起一片天，中国教育报2011年7月20日/赵文泓、张春明；孟佩杰：苦中乐的90后孝女，中国青年报2012年1月4日/邱晨辉；孟佩杰：带着母亲去上学，中国青年报2011年9月11日/隋笑飞）

【思考与讨论】

1. "临汾最美女孩"孟佩杰知孝感恩、12年如一日照顾养母的感人事迹，体现了怎样的家庭美德？请谈谈你的感受与思考。

2. 反省一下自己对父母的态度，请你给父母写一封感恩的信，并让父母回信。

【案例导读】

12年光阴、4300多个日夜，童稚的年岁，撑起几经风雨的家——孟佩杰用刚强的毅力和传统的孝道，演绎出一曲感天动地的人间大爱。她的存在，是养母生存的勇气，更是激起了千万人心中的涟漪。

从孟佩杰平凡的故事中，我们看到了她对养母的爱之深、情之真。这一份家的责任和爱的坚守，让孟佩杰成为人们心中最美女孩。一位诗人曾这样饱含深情地写到：我惊叹你稚嫩的肩膀，怎能担得起母亲心头的沉重；我惊叹你纯真的眼眸，怎给娘亲传递生活的希望……你用行动证明，爱的力量是这样强大，撼动山河，爱的奉献是这样高尚，大地飞歌。

孟佩杰的"美"，美在一种美德。小佩杰五岁时父亲因车祸去世，母亲将她送人领养，可以说她是不幸的，然而她又是幸福的——她遇到了疼她、爱她的养母刘芳英；养母刘芳英是不幸的，在收养了小佩杰不久便因病瘫痪在床，然而她也是幸福的——她拥有了一个疼她、爱她的女儿孟佩杰。当不堪艰辛的养父离家后，八岁的小佩杰以稚嫩的肩膀为养母撑起了一片天。她站在小凳上做饭、烧菜；她学会了买菜，砍价；面对妈妈的褥疮，她学会了给妈妈清洗，换药；为妈妈擦屎、擦尿是每天的必修课；妈妈便秘，她用小手一点点的抠，妈妈拉痢疾，她一次次地擦洗；她还要上学，打理全部家务……她以真挚的爱伺奉着妈妈，以行动实践着中华民族传统的孝道。她被山西师大临汾分校录取后，毅然决定背着妈妈上大学！在全国道德模范颁奖典礼上，孟佩杰道出了选择男友的"三好"标准："人好，心好，对我妈好！"人们为她的孝心感动、为她的善良感动。谁说"久病床前无孝子"？孟佩杰以大爱行动颠覆了这千古不变的信条，以知孝感恩诠释着中华民族的传统美德。

孟佩杰的"美"，美在一种力量。刘芳英多次说，是女儿的孝心和乐观让她找回了生活下去的勇气："我照顾了她3年，她却要照顾我一辈子。要不是我这闺女，我活不到今天！"而当谈起12年的艰辛，孟佩杰却平静地说："没有妈妈就没有今天的我，我所做的一切都是做女儿的本分。"正是这种"知恩图报"的朴素情怀，让她对养母"衔环结草"、不离不弃。这是一种力量——一种支撑孟佩杰12年如一日对养母付出孝心的肺腑之力，一种支撑刘芳英坚强活下去的精神动力。这种力量更应成为社会的一面旗帜、一根标杆，成为加强社会主义道德建设、构建社会主义和谐社会的助推力量——让敬老、爱老、孝老成为社会风尚，让中华民族传统美德继承、发扬。

"尽孝，是一切善德之始，也是一切幸福之源。在多舛的命运前，我们不能失掉孟佩杰这般面对生活的态度。"一位网友如是说。

拓展探究

一、深度阅读

1.《公民道德建设实施纲要》（2001年9月20日），人民出版社2001年版

2.《中共中央关于加强社会主义精神文明建设若干重要问题的决议》（1996年10月10日），人民出版社1996年版

3.《中共中央关于构建社会主义和谐社会若干重大问题的决定》（2006年10月11

日），人民出版社 2006 年版

4. 马克思：《青年在选择职业时的考虑》，《马克思恩格斯全集》第 1 卷，人民出版社 1995 年版

5. 胡锦涛：《在同中国农业大学师生代表座谈时的讲话》（2009 年 5 月 2 日），人民日报 2009 年 5 月 3 日

6.《中华人民共和国治安管理处罚法》

7.《中华人民共和国集会游行示威法》

8.《中华人民共和国环境保护法》

9.《中华人民共和国道路交通安全法》

10.《全国人民代表大会常务委员会关于维护互联网安全的决定》

11.《中华人民共和国劳动法》

12.《中华人民共和国劳动合同法》

13.《中华人民共和国就业促进法》

14.《中华人民共和国婚姻法》

15.《中华人民共和国继承法》

16.《中华人民共和国收养法》

二、主题研讨

主题一：文明校园　你我同行

目　的：

增强社会公德意识，践行社会公德规范。

提　纲：

进行校园文明状况调查；

开展校园文明行为督察；

悬挂校园文明宣传横幅；

举办校园文明图片展览；

……

要　求：

（1）以小组为单位，撰写《校园文明状况调查报告》，在班级进行交流。

（2）以班级为单位，起草《争做文明大学生倡议书》，利用校报、广播台或通过张贴、散发传单等形式，向全校同学进行宣传。

主题二：我为校园公德建设献一策

目　的：

公德建设，从我做起。

提　纲：

了解校园公德建设现状；

分析校园公德建设不足；

提出校园公德建设思路；

细化校园公德建设举措。

要　求:

针对校园公德建设的某一方面，撰写一份《校园公德建设方案》，在班级交流、修改后，上报学院（或学校）有关部门。

主题三: 倡导文明　传递和谐

目　的:

倡导文明短信，抵制不良信息。

提　纲:

组织"手机公益短信大赛"；

征集《手机短信文明公约》；

举办主题班会或板报展览。

要　求:

以小组为单位进行设计和征集，然后以班级为单位，评选"公益短信大赛"优秀作品，拟定《手机短信文明公约》，并通过校报、广播台、板报等形式向全校发布。

主题四: 我的父亲母亲

目　的:

常怀感恩心，常系父母情。

提　纲:

看一部电影——《漂亮妈妈》《和你在一起》《美丽人生》《我的兄弟姐妹》……；

听一首歌曲——《白发亲娘》《烛光里的妈妈》《天下父母心》《天之大》……；

算一笔账目——算一算大学的成本，想一想父母的付出；

写一封家书——鸿雁传亲情，把爱说出口；

做一件事情——回报父母之恩，不必毕业之后。

要　求:

（1）以班级为单位，组织观看或收听，班长作为召集人；

（2）大学成本可参照自己家庭经济状况、学费、住宿费、书费、生活费等来计算；

（3）以书信的形式，把自己入学后的所见所闻、所思所感、所作所为与父母交流，并让父母给自己写一封回信。

主题五: 我的职业生涯规划

目　的:

适应社会需要，树立职业理想，提高自身素质。

提　纲:

职业生涯规划的意义；

自我现状评价（个性、需求、专业、能力、优势、劣势、机遇、挑战……）；

环境条件考察（社会环境、行业环境、地区环境、单位环境……）；

成就因素分析（人脉、金脉、知脉）；

职业目标确立（长期、短期；事业、家庭；个人、社会）；

职业生涯规划（现实基础、条件分析、职业定位、发展策略、提升计划……）

要　求：

撰写"我的职业生涯规划书"，以班级为单位进行交流；或以学院为单位，举办"大学生职业生涯规划设计大赛"或"大学生职业生涯设计演讲比赛"。

三、课外实践

主题一：校园不文明行为排行榜

目　的：

曝光不文明现象，抨击不道德行为。

提　纲：

拟定调查问卷（内容可包含课堂纪律、食堂就餐、乘车秩序、公共设施、花草绿地、图书资料、公共卫生、课程考试、言行举止、手机短信、网络文明等方面）；

统计调查结果，并进行"校园十大不文明行为"排序。

要　求：

通过校报、广播台公布"校园十大不文明行为"排行榜，并以漫画、图片、视频等形式进行曝光。

主题二：文明自律　健康上网

目　的：

构建网络道德，树立网络新风，促进健康成长。

提　纲：

调查网络文明状况；

评选网络不文明行为；

讨论网络文明规范。

要　求：

以小组（或宿舍）为单位进行讨论，在此基础上评选"网络十大不文明行为"，制定《班级网络文明公约》。

附：

"大学生网上十大不文明行为"调查问卷

请在以下问题中，选出您认为大学生网上最不文明的十种行为，用"√"标出

（　）通宵上网，夜不归宿

（　）沉迷于网络游戏、聊天

（　）传播谣言、散布虚假信息

（　）在论坛、聊天室对他人进行辱骂和人身攻击

（　）制作、传播迷信内容

（　）网络色情聊天

（　）"黑客"恶意攻击、骚扰

（　）传播、发送垃圾邮件

（　　）制作、传播网络病毒、"流氓"软件

（　　）窥探、传播他人隐私

（　　）网络欺诈行为

（　　）网上赌博行为

（　　）不正当"网恋"

（　　）刻意浏览色情内容

（　　）网络抄袭、剽窃、盗版等侵权行为

（　　）制作、传播色情信息

（　　）网上教唆违法、违纪、违反社会公德行为

（　　）盗用他人网络账号，假冒他人名义

（　　）网络调查恶意投票

（　　）使用庸俗网名

主题三：正方～反方

目　的：

通过辩论，明确维护公共秩序的基本手段，思考网络生活的道德要求。

辩　题：

1. 正方：社会秩序的维系主要靠法律

反方：社会秩序的维系主要靠道德

2. 正方：网聊有聊

反方：网聊无聊

要　求：

选择以上辩题，按照辩论比赛规则，以学院为单位，在班级对辩题进行讨论的基础上，推选辩手参赛。

主题四：一日交通协管员

目　的：

了解、宣传交通法规，自觉遵守交通秩序。

提　纲：

征得当地交警部门同意；

接受交警部门业务指导；

印制道路交通安全法规；

协助交警维持交通秩序；

……

要　求：

以小组为单位，协助维持交通秩序、散发交通法规宣传材料；撰写交通协管心得、体会，并在班级进行交流。

主题五：模拟招聘

目　的：

了解社会的选人观、用人观、育人观，树立正确的择业观、就业观、创业观；培养择业竞争意识，积累应聘面试经验。

提　纲：

邀请用人单位；

确定职位需求；

制定岗位条件；

印制宣传材料；

布置招聘展台；

……

要　求：

以学院或班级为单位，举办模拟招聘会；并以班级为单位交流收获、体会，或由用人单位进行点评。

主题六：正方～反方

目　的：

在辩论中思考职业精神，在交锋时揭示爱情本质，在赛场上锻炼综合能力。

辩　题：

1. 正方：当今时代，应当提倡"干一行，爱一行"

反方：当今时代，应当提倡"爱一行，干一行"

2. 正方：个人需要对于大学生择业更重要

反方：社会需要对于大学生择业更重要

3. 正方：在校大学生创业利大于弊

反方：在校大学生创业弊大于利

4. 正方：大学恋爱是必修课

反方：大学恋爱不是必修课

5. 正方：网络爱情是真正的爱情

反方：网络爱情不是真正的爱情

要　求：

选择以上辩题，按照辩论比赛规则，以学院为单位，在班级对辩题进行讨论的基础上，推选辩手参赛。

主题七：西部计划志愿者访谈

目　的：

树立时代需要的择业观念，把握实现价值的途径和条件。

提　纲：

寻访西部计划志愿者，了解他们的职业选择及奋斗故事；

举办西部计划志愿者校友报告会或座谈会。

要　求：
（1）撰写走访、座谈的心得、体会，以班级为单位进行交流。
（2）如走访或举办报告会有困难，也可观看相关的事迹介绍或报告录像。

思考与练习

一、单项选择（在每小题列出的四个备选项中只有一个是符合题目要求的，请将其代码填写在题后的括号内）

1. 由一定的规则维系的人们公共生活的一种有序化状态是（　　）。
A. 公共生活　　　　B. 公共秩序　　　　C. 公共场所　　　　D. 公共领域
2. 公民在社会交往和公共生活中应该遵循的行为准则是（　　）。
A. 社会公德　　　　B. 职业道德　　　　C. 家庭美德　　　　D. 个人品德
3. 文明礼貌、助人为乐、爱护公物、保护环境、遵纪守法，是我国社会主义道德建设中（　　）。
A. 环境道德的主要内容　　　　　　B. 职业道德的主要内容
C. 社会公德的主要内容　　　　　　D. 家庭美德的主要内容
4. 下列选项中，属于社会公德主要内容的是（　　）。
A. 助人为乐　　　　B. 爱岗敬业　　　　C. 夫妻和睦　　　　D. 勤俭持家
5. 人们在公共生活中应该团结友爱，相互关心、相互帮助、见义勇为。这是社会公德中（　　）。
A. 遵纪守法的要求　　　　　　　　B. 助人为乐的要求
C. 文明礼貌的要求　　　　　　　　D. 保护环境的要求
6. 乘车登机坐船应主动购票，自觉排队；出行应自觉遵守交通规则，不闯红灯；在图书馆、影剧院等公共场所，不喧哗吵闹，不抽烟吐痰。这是社会公德中（　　）。
A. 保护环境的要求　　　　　　　　B. 文明礼貌的要求
C. 助人为乐的要求　　　　　　　　D. 爱护公物的要求
7. 在公共场所人人都可能会遇到一些突发性灾祸，如车祸、溺水、意外病痛等，这就需要人们见义勇为，临危不惧，积极为他人排忧解难。这体现的是社会公德中（　　）。
A. 文明礼貌的要求　　　　　　　　B. 保护环境的要求
C. 助人为乐的要求　　　　　　　　D. 爱护公物的要求
8. 《集会游行示威法》规定，公民在行使集会、游行、示威权利的时候，必须遵守宪法和法律，不得反对宪法所确定的基本原则，不得损害国家、社会、集体的利益和其他公民的合法的自由和权利。这体现了该法基本原则中的（　　）。
A. 政府依法保障原则　　　　　　　B. 权利义务一致原则
C. 和平进行原则　　　　　　　　　D. 以人为本、与民方便原则
9. 《环境保护法》的基本原则中，主要目的在于明确环境污染和破坏者责任的是（　　）。
A. 经济建设与环境保护协调发展
B. 预防为主、防治结合、综合治理
C. 谁污染谁治理、谁开发谁保护

D. 保护和改善生活环境与生态环境

10. 下列选项中，属于职业道德的基本要求的是(　　)。

A. 保护环境　　　　B. 爱岗敬业　　　　C. 尊老爱幼　　　　D. 勤俭持家

11. 社会主义职业道德的最基本要求的是(　　)。

A. 爱岗敬业　　　　B. 诚实守信　　　　C. 办事公道　　　　D. 服务群众

12. 社会主义职业道德的最高层次要求的是(　　)。

A. 爱岗敬业　　　　B. 诚实守信　　　　C. 奉献社会　　　　D. 服务群众

13. 从业者在职业劳动中，有一分力出一分力，出满勤，干满点，不怠工，不推诿，不自欺，遵纪守法；对待他人严格履行合同契约，说到做到，不说谎，不欺人，不弄虚作假，不唯利是图，不做缺德事，不做亏心事。这是职业道德中(　　)。

A. 助人为乐的要求　　　　　　　　B. 办事公道的要求

C. 诚实守信的要求　　　　　　　　D. 勤俭自强的要求

14. 从业人员对待职业服务对象的态度不能有亲疏、贵贱之分，不管是领导还是群众、是熟人还是生人、是强者还是弱者，都应自觉遵守规章制度，一视同仁、周到服务。这是职业道德建设中(　　)。

A. 办事公道的要求　　　　　　　　B. 爱国守法的要求

C. 尊老爱幼的要求　　　　　　　　D. 助人为乐的要求

15. 从业人员在职业活动中尽力设法满足服务对象的要求，处处为他们的实际需要着想，尊重他们的利益，取得他们的信任和依赖。这是职业道德中(　　)。

A. 爱岗敬业的要求　　　　　　　　B. 服务群众的要求

C. 办事公道的要求　　　　　　　　D. 奉献社会的要求

16. 从业人员在职业活动中，自觉遵守规章制度，秉公办事、平等待人、清正廉洁，不谋私利、不滥用职权、不损人利己、不假公济私。这体现了职业道德中(　　)。

A. 精益求精的要求　　　　　　　　B. 奉献社会的要求

C. 办事公道的要求　　　　　　　　D. 互相服务的要求

17. 从业人员在职业活动中应该树立为社会、为他人作奉献的职业精神。这是职业道德基本要求中(　　)。

A. 办事公道的要求　　　　　　　　B. 服务群众的要求

C. 爱岗敬业的要求　　　　　　　　D. 奉献社会的要求

18. 无论从事什么职业的人，在职业活动中都应该表里如一、恪守诺言、讲求信誉、遵守职业纪律。这是职业道德中(　　)。

A. 诚实守信的要求　　　　　　　　B. 爱岗敬业的要求

C. 办事公道的要求　　　　　　　　D. 服务群众的要求

19. 有观点认为，那种只是出于异性吸引的感情冲动不是爱情，那种朝秦暮楚、见异思迁的行为和"只求曾经拥有，不求天长地久"的感情，不是真正的爱情。这强调了爱情的(　　)。

A. 强烈持久性　　　　　　　　　　B. 专一排他性

C. 平等互爱性　　　　　　　　　　D. 生物本能性

20. 恋爱道德要求中，体现了爱情本质的是(　　)。

A. 尊重人格平等　　　　　　　　　B. 自觉承担责任

C. 文明相亲相爱   D. 诚实纯洁专一

21. 正确地认识恋爱的道德责任，处理好恋爱关系十分重要。下列选项中，符合男女恋爱中基本道德要求的是（   ）。

A. 一方强迫或诱骗另一方接受自己的爱

B. 把恋爱当成游戏，"只求曾经拥有，不求天长地久"

C. 出于占有目的，不允许对方中断与自己的恋爱关系

D. 双方的交往文明端庄，持之以度，没有轻率和放荡的行为

22. 婚姻家庭关系是特定的人与人之间的特殊关系。婚姻家庭的本质属性是（   ）。

A. 自然属性   B. 社会属性   C. 两性结合   D. 人类繁衍

23. 家庭美德是调节人们在家庭生活方面的关系和行为的道德准则。下列选项中，属于家庭美德的基本要求的是（   ）。

A. 勇敢进取   B. 办事公道   C. 尊老爱幼   D. 服务群众

24. 我国婚姻法规定，女方法定婚龄不得早于（   ）。

A. 18 周岁   B. 22 周岁   C. 20 周岁   D. 23 周岁

25. 我国现行《婚姻法》规定的禁止结婚的亲属关系是（   ）。

A. 直系血亲和三代以内的旁系血亲

B. 直系血亲和五代以内的旁系血亲

C. 直系血亲和旁系血亲

D. 直系血亲和直系姻亲

26. "夫妻双方都有参加生产、工作、学习和社会活动的自由，一方不得对他方加以限制或干涉。"这一规定体现了我国《婚姻法》的（   ）。

A. 婚姻自由原则

B. 一夫一妻原则

C. 男女平等原则

D. 保护妇女、儿童和老人的合法权益原则

27. 《婚姻法》第 33 条规定，现役军人的配偶要求离婚，须征得军人同意，但（   ）。

A. 女方怀孕的除外   B. 双方感情破裂的除外

C. 离婚原因在军人一方的除外   D. 军人一方有重大过错的除外

28. 某甲与某乙已登记结婚，但未同居，也未举行婚礼。之后某甲后悔与某乙结婚，进行下列哪种行为后，婚姻关系才能解除？（   ）

A. 调解   B. 宣布婚姻无效

C. 离婚   D. 撤销结婚登记

29. 甲、乙夫妻双方经协商同意离婚，甲因出差，故委托丙去婚姻登记机关代为办理离婚登记手续。依我国相关法律规定，丙（   ）。

A. 经婚姻登记机关同意可以代理

B. 经乙同意可以代理

C. 在取得甲的授权委托书的情况下可以代理

D. 不能代理

30. 子女对父母有赡养扶助的业务义务。这种义务是（   ）。

A. 有条件的　　　　　　　　　B. 无条件的

C. 以父母有疾病为条件的　　　D. 以法院判决为条件的

31. 根据我国继承法的规定，兄弟姐妹是（　　）。

A. 第一顺序法定继承人　　　　B. 第二顺序法定继承人

C. 第三顺序法定继承人　　　　D. 第四顺序法定继承人

32. 根据我国继承法的规定，祖父母、外祖父母是孙子女、外孙子女的（　　）。

A. 第一顺序法定继承人　　　　B. 第二顺序法定继承人

C. 第三顺序法定继承人　　　　D. 第四顺序法定继承人

33. 我国现行婚姻法规定了离婚时的损害赔偿制度。因夫妻一方的法定过错导致离婚的、享有离婚损害赔偿请求权的主体为（　　）。

A. 离婚当事人无过错一方　　　B. 离婚当事人双方

C. 离婚当事人有过错一方　　　D. 离婚当事人无过错方的近亲属

34. 刘某与张某办理结婚登记后并未举行结婚仪式，两个月后刘某遇车祸死亡，则张某（　　）。

A. 经刘某的单位同意，可以继承刘某遗产

B. 经刘某的父母同意，可以继承刘某遗产

C. 能以配偶的身份继承刘某遗产

D. 能以共同居住人的身份继承刘某遗产

35. 遵守公共生活、职业生活、婚姻家庭生活中的道德规范和法律规范，锤炼高尚品格，最终要落实到（　　）。

A. 科学技术水平的提高上　　　B. 个人品德的养成上

C. 公民文化素养的提高上　　　D. 社会物质生活水平的提高上

36. 通过社会道德教育和个人自觉的道德修养所养成的稳定的心理状态和行为习惯，称为（　　）。

A. 社会公德　　B. 职业道德　　C. 家庭美德　　　D. 个人品德

37. 道德修养的实质是（　　）。

A. 在自己的头脑中进行不同道德观念之间的选择

B. 努力提升自身文化水平

C. 向道德模范学习

D. 在实践中严格要求自己

二、多项选择（在每小题列出的四个备选项中至少有两个是符合题目要求的，请将其代码填写在题后的括号内）

1. 公共生活是人类社会生活的一个重要方面。当代社会公共生活的主要特征表现在（　　）。

A. 活动范围的广泛性　　　　　B. 活动内容的公开性

C. 交往对象的复杂性　　　　　D. 活动方式的多样性

2. 活动内容的公开性是当代社会公共生活的主要特征之一，其公开性主要表现在（　　）。

A. 它能为社会全体成员所享有

B. 不具有排他性

C. 它涉及的内容是公开的，没有秘密可言

D. 具有一定的封闭性

3. 有序的公共生活的重要意义主要表现在（   ）。

A. 是构建和谐社会的重要条件

B. 是经济社会健康发展的必要前提

C. 是提高社会成员生活质量的基本保证

D. 是国家现代化和文明程度的重要标志

4. 我国《治安管理处罚法》的立法目的有（   ）。

A. 维护社会治安秩序

B. 保障公共安全

C. 保护公民、法人和其他组织的合法权益

D. 规范和保障公安机关及其人民警察依法履行治安管理职责

5. 违反治安管理行为是指（   ），情节轻微尚不够刑事处罚的行为。

A. 扰乱社会秩序　　　　　　　　　B. 妨害公共安全

C. 侵犯公民人身权利　　　　　　　D. 侵犯公私财产

6. 下列法律制裁属于治安管理处罚的是（   ）。

A. 警告　　　　　　　　　　　　　B. 行政拘留

C. 吊销公安机关发放的许可证　　　D. 逮捕

7. 我国《集会游行示威法》的基本原则有（   ）。

A. 维护社会安定和公共秩序　　　　B. 政府依法保障

C. 权利义务一致　　　　　　　　　D. 和平进行

8. 关于举行集会、游行、示威，下列说法中正确的是（   ）。

A. 必须依法向主管机关提出申请并获得许可

B. 必须有负责人

C. 公民可在其居住地以外任何城市发动、组织集会、游行、示威

D. 确因突然发生的事件临时要求举行集会、游行、示威的，可不必报告主管机关

9. 申请举行的集会、游行、示威，有下列情形之一的，不予许可（   ）。

A. 反对宪法所确定的基本原则的

B. 危害国家统一、主权和领土完整的

C. 煽动民族分裂的

D. 有充分根据认定申请举行的集会、游行、示威将直接危害公共安全或者严重破坏社会秩序的

10. 《道路交通安全法》的以人为本、与民方便原则的主要体现有（   ）。

A. 机动车行经没有交通信号的道路上，遇行人横过道路，应当避让

B. 在道路上发生交通事故，造成人员伤亡的，车辆驾驶人应当立即抢救受伤人员

C. 交通警察赶赴事故现场后，应先组织抢救受伤人员

D. 对交通事故中的受伤人员，医疗机构应当及时抢救，不得因抢救费用未及时支付而拖延治疗

11. 《维护互联网安全的决定》的立法目的是（   ）。

A. 抑制互联网经济的过热发展

B. 兴利除弊，促进我国互联网的健康发展

C. 维护国家安全和社会公共利益

D. 保护个人、法人和其他组织的合法权益

12. 爱岗敬业是职业道德的最基本要求。从业人员的下列表现中，体现了爱岗敬业要求的有（ ）。

A. 对本职工作马马虎虎，大错不犯，小错不断

B. 干一行爱一行，爱一行钻一行，精益求精，尽职尽责

C. 用一种恭敬的态度对待工作，勤奋认真，不偷懒，不怠工

D. 对于被动选择的职业岗位敷衍了事，消极应付，争取早日调换工作

13. 办事公道是职业道德的重要内容。从业人员的下列表现中，体现了办事公道要求的有（ ）。

A. 公平、公正，不谋私利，不徇私情，不假公济私

B. 以服务对象的不同而有所差异，富贵可重，贫贱可轻

C. 做事讲原则，对人对己坚持实事求是，出于公心

D. 信守承诺，讲求信誉，说到做到

14. 我国《劳动法》的基本原则包括（ ）。

A. 维护劳动者合法权益与兼顾用人单位利益相结合的原则

B. 按劳分配与公平救助相结合的原则

C. 劳动者平等竞争与特殊劳动保护相结合的原则

D. 劳动行为自主与劳动标准制约相结合的原则

15. 以下选项中，属于《劳动法》规定的劳动者权利的有（ ）。

A. 平等就业和选择职业

B. 从事科学研究、文学艺术创作

C. 执行劳动安全卫生规程

D. 依法参加和组织工会

16. 下列关于劳动合同的说法，正确的是（ ）。

A. 建立劳动关系应当订立劳动合同

B. 劳动合同应当以书面形式订立

C. 依法订立的劳动合同，自合同签订之日起生效

D. 劳动合同订立后，当事人可根据自身情况随时单方面解除

17. 下列属于处理劳动争议的法定途径有（ ）。

A. 申请调解　　　　B. 申诉控告　　　　C. 申请仲裁　　　　D. 提起诉讼

18. 以下关于择业与创业的关系，表述正确的有（ ）。

A. 择业是创业的基础

B. 创业是择业的内在要求

C. 择业是起点，创业是追求

D. 在实际生活中，择业与创业是截然分开的

19. 爱情的产生和发展通常表现为恋爱。下列选项中，符合男女恋爱中基本道德要求的有（ ）。

A. 追求高尚的情趣和文明的交往方式

B. 彼此真实真诚，自愿为对方承担责任

C. 对恋人以外的其他人际关系持排斥态度

D. 尊重对方的情感和人格，平等履行道德义务

20. 家庭美德是社会道德体系的重要组成部分。我国家庭美德的主要内容有尊老爱幼和(　　)。

A. 男女平等　　　　B. 夫妻和睦　　　　C. 勤俭持家　　　　D. 邻里团结

21. 就法律意义而言，婚姻自由的内容包括(　　)。

A. 恋爱自由　　　　B. 订婚自由　　　　C. 结婚自由　　　　D. 离婚自由

22. 我国《婚姻法》规定的结婚的必备条件是(　　)。

A. 男女双方完全自愿　　　　　　　B. 必须达到法定婚龄

C. 必须经过婚前体检　　　　　　　D. 必须符合一夫一妻制

23. 我国《婚姻法》规定的婚姻无效的法定事由有(　　)。

A. 重婚的　　　　　　　　　　　　B. 受胁迫结婚的

C. 未到法定婚龄的　　　　　　　　D. 有禁止结婚的亲属关系的

24. 下列离婚纠纷适用诉讼离婚的有(　　)。

A. 一方要求离婚，另一方不同意离婚

B. 夫妻双方都同意离婚，但在财产分割问题上达不成协议

C. 夫妻双方都同意离婚，并对子女抚养和财产分割问题达成协议

D. 夫妻双方都同意离婚，但在子女抚养问题上达不成协议

25. 根据我国《婚姻法》的规定，男方不得提出离婚的情形包括(　　)，女方提出离婚的，或人民法院认为确有必要受理男方离婚请求的，不在此限。

A. 女方怀孕期间　　　　　　　　　B. 女方分娩后一年内

C. 女方中止妊娠后六个月内　　　　D. 女方中止妊娠后一年内

26. 家庭成员关系包括(　　)。

A. 夫妻关系　　　　　　　　　　　B. 父母子女关系

C. 祖孙关系　　　　　　　　　　　D. 兄弟姐妹关系

27. 根据我国《婚姻法》规定，夫妻之间的权利义务关系有(　　)。

A. 夫妻双方都有各用自己姓名的权利

B. 夫妻对共同所有的财产，有平等的处理权

C. 夫妻有相互继承遗产的权利

D. 夫妻双方都有实行计划生育的义务

28. 根据我国《婚姻法》规定，父母子女之间的权利义务关系包括(　　)。

A. 父母对子女有抚养教育的义务

B. 父母有保护和教育未成年子女的权利和义务

C. 子女对父母有赡养扶助的义务

D. 父母和子女有相互继承遗产的权利

29. 有下列(　　)情形之一，导致离婚的，无过错方有权请求损害赔偿。

A. 实施家庭暴力的　　　　　　　　B. 重婚的

C. 虐待、遗弃家庭成员的　　　　　D. 有配偶者与他人同居的

30. 我国《继承法》规定的第一顺序法定继承人为( )。

A. 配偶·　　　　　B. 子女　　　　　C. 兄弟姐妹　　　　D. 父母

31. 根据我国《继承法》规定，遗嘱的有效条件是( )。

A. 遗嘱人必须具有完全行为能力

B. 遗嘱必须是遗嘱人真实的意思表示

C. 遗嘱的内容不得违反规律和公共利益

D. 遗嘱的订立必须有继承人在场见证方为有效

32. 根据我国《继承法》规定，遗嘱继承人包括( )。

A. 法定继承人中的一人　　　　　B. 法定继承人以外的一人

C. 法定继承人中的数人　　　　　D. 法定继承人以外的数人

33. 下列遗嘱形式中，须有见证人在场见证方为有效的遗嘱是( )。

A. 录音遗嘱　　　B. 自书遗嘱　　　C. 口头遗嘱人　　　D. 代书遗嘱

34. 继承人有下列( )行为之一的，丧失继承权。

A. 故意杀害被继承人的；

B. 为争夺遗产而杀害其他继承人的；

C. 遗弃被继承人的，或者虐待被继承人情节严重的；

D. 伪造、篡改或者销毁遗嘱，情节严重的。

35. 个人品德是通过社会道德教育和个人自觉的道德修养所养成的稳定的心理状态和行为习惯，具有以下鲜明的特点：( )。

A. 先天性　　　B. 实践性　　　C. 综合型　　　D. 稳定性

36. 个人品德是个体对某种道德要求认同和践履的结果，集中体现了( )内在统一。

A. 道德认知　　　　　　　　　B. 道德情感

C. 道德意志　　　　　　　　　D. 道德行为

37. 在现实生活中，个人品德的作用主要表现为( )：

A. 对道德和法律作用的发挥具有重要的推动作用

B. 对自身科学文化素质的提升具有巨大的促进作用

C. 个人实现自我完善的内在根据

D. 经济社会发展进程中重要的主体精神力量

38. 锤炼个人品德首先应加强个人道德修养的自觉性。除了学思并重的方法外，进行道德修养的方法还有( )。

A. 省察克己的方法　　　　　　B. 慎独自律的方法

C. 积善成德的方法　　　　　　D. 知行统一的方法

39. 加强法律修养，重在增强法律思维。其主要特征是( )。

A. 讲法律　　　　　　　　　　B. 讲证据

C. 讲程序　　　　　　　　　　D. 将法理

40. 证据是以法律规定的形式表现出来的、能够证明案件真实情况的客观事实。证据的基本特征是( )。

A. 合法性　　　　　　　　　　B. 客观性

C. 关联性　　　　　　　　　　D. 主观性

三、材料分析

1. 结合材料回答问题。

个人小节的不文明是一种耻辱

国际航班上，那些争先恐后登机、飞行途中在机舱内来回走动、为多要一份免费午餐争执、降落前不顾空姐的劝告若无其事地打手机向家人报平安、降落后不等安全指示灯熄灭就急着收拾行李……这些多半是自己人。

到了一个开放式空间，则更是花样百出。在国外，随地吐痰、乱丢杂物、大声喧哗的这些老毛病依旧。在西餐馆，除了刀叉发出矜持的碰撞之声，就是国人的高谈阔论。在宾馆，总想着搜罗一些一次性洗漱用具作为意外的收获，更别提因抽烟损坏旅馆的床单被褥，以致国外一些中档饭店不再接待来自中国的旅游团。在卢浮宫的《蒙娜丽莎》画像前，一些中国游客对"禁止拍照"的告示视而不见，对博物馆的保安也置若罔闻。

中国是一个国际化程度日渐提高的国家，国人的日常家居，国内的社会环境，也在不知不觉中展示着国家形象。旅居上海的老外，在享受新老上海的别致风情时，心中总是充满困惑。住在巨鹿路的老太太为什么大清早要到大街上倒马桶呢？要是个人生活条件的窘迫还不至损伤国家形象，但市民穿着花花绿绿的睡衣、头上戴满卷发器逍遥、自在地当街遛狗，就实在让老外"看不懂"了！可见，个人小节不仅需要走出国门后严加防范，更要事先在自己家里做好功课。

再拿文明乘车这条来说吧，在上海某地铁站有过这样一幕：一辆空车缓缓驶进站台，站台上原本排列还算规则的长队顿时骚动。最前列乘客中有一老外，只见他在车门徐徐打开之际，摆脱众人，拔腿跳进车厢，转身入座，似乎比中国人还要"中国人"。这位外国朋友的"本土化"行为至今都令我感慨难忘。这位老外在自己的国家也会这样吗？也许不能将个别外国人对我们的效仿，归结为是本土环境"污染"了人家，就像不能根据个别国人在国外举止不得体而给整个国家贴上不文明的标签一样。可是，即使人家老外规规矩矩不冲不抢，他周围的乘客为了寥寥无几的一席之地而争先恐后的场景又会给他造成怎样的印象呢？

个人，无论在国门内外，都是国家重要的形象窗口。国人理当从此时此地开始，多一点自律，多一点礼让，多一点知识，多一点理解，共同塑造优雅文明的社会环境，从而成为和谐大气的中国形象的坚固基石。

（摘自：《世界知识》2007年第8期/潘忠岐）

请回答：

（1）当代社会生活的主要特点及公共生活有序化的重要意义是什么？

（2）一些人在公共场所不拘小节的行为，说明了什么问题？作为礼仪之邦的中国人应展现怎样的国际形象？

（3）结合材料，谈谈如何维护社会公共生活秩序。

2. 结合材料回答问题。

快门三秒：将爱心与感动永恒定格

也许你想象不到，在一些偏远农村，有人一辈子没拍过一张照片……

也许一张记录生命年轮的照片，对他们来说非常珍贵……

这也许是他们一生的奢求。

他，一个生活并不富裕的大学生实现了他们的愿望。

2011 年 10 月 10 日出版的《中国青年报》、2011 年 12 月 7 日《新闻三十分》走基层栏目、2012 年 5 月 4 日 CCTV10 "五四特别节目青春之歌"，在这些知名媒体上，出现了一个甘肃小伙的身影，他就是西北师范大学大三学生袁柯。袁柯和他的"快门三秒钟"公益团队，在短短一年时间里，走遍了 14 个偏远县区，免费为农村留守儿童和 60 岁以上的老人拍摄照片。

袁柯说，他的想法很简单，希望通过微薄之力，让一张照片不再成为那些老人和孩子眼中的奢望……

"没有让外婆看到那张照片，这是我这一辈子的遗憾。"

在西北师范大学，不少人都知道袁柯，因为"快门三秒钟"已让他小有名气。

其实，早在"快门三秒钟"之前，袁柯就已经投身到了公益活动中，2009 年他入校时，就参加了学校的环境保护学社，现在已经成为理事长。短短三年里，他组织了"绿色出行""点绿中国兰州站""2010 质量月食品安全宣传""地球一小时""贫困地区支教"等公益活动。用他的话说"只是把想做的付诸行动。"

2011 年 4 月，袁柯有了免费为农村老人和小孩拍照片的想法，之所以有这个想法，是因为他的外婆。

袁柯的外婆瘫痪在床多年，刚上大学那一年，袁柯用 500 元钱买的手机给外婆拍照时，躺在床上很久没起身的外婆竟然用尽全身力气，想要尽量坐得直一点。"那一瞬间，我看到了外婆眼睛里闪烁的光芒。外婆当时说，这是她七十多年人生中的第二张照片。"袁柯当时并不知道手机拍的照片也能冲洗出来，当他告诉外婆照片不能洗时，老人的眼神黯淡了。直到一年后外婆去世，他也没能让老人看到这张照片，一张看似普通的照片成了他外婆心中永远的遗憾，更让他对外婆有了深深的愧疚。

那瞬间失落的眼神，成了袁柯永远的痛。

"后来我才知道，在甘肃农村有很多像我外婆一样，一辈子只有一张照片甚至没有照片的老人，我不想让他们心中留下遗憾。"怀揣着对外婆的愧疚，袁柯拿着靠一周做三份家教买来的千元卡片机，踏上了圆梦之路。

"现在的活动经费，基本上要靠我每周做 3 份家教来维系。"

在一些人眼中，做公益做慈善是有钱人的事儿，袁柯只是个庆阳普通人家的孩子，他没有闲钱，所以奖学金和做家教所得的收入，都被他用在了公益上。

2011 年 4 月，袁柯参加了"早稻田大学创新挑战赛"，凭借"快门三秒钟"，他获得了第四名，拿到了 8000 元的公益项目启动资金。"这笔钱确实给了我们很大的帮助，但活动开始快一年了，走了那么多地方，早就花完了，现在的活动经费基本上是靠我每周做 3 份家教得来的 400 元钱维系。"如今，袁柯的公益团队已经有 5 个人，其余的 4 个都是自愿加入的校友。

看似给老人拍一张照片很简单，但许多困难是预料不到的。坐车、吃饭、冲洗照片、邮寄，这些都需要钱，经费成了"快门三秒钟"首先要克服的困难。为了给团队多攒点钱，袁柯将自己的生活费一省再省。"我们吃饭都去西苑（西北师大食堂），那里的饭菜相对比较便宜。""快门三秒钟"成员刘玉说，去年夏天认识袁柯时，袁柯就穿着黑色上衣和蓝色牛仔裤，一年后的今天，袁柯依旧是这身打扮，认识这么长时间了，就没见过袁柯买衣服。

其实相比资金窘迫，很多人对他们的不信任、不接受才是真正的困难。那些纯朴的村民何曾想到，这样几个学生娃，会跋山涉水到村里，只是为了给他们免费拍照。

从2011年8月他们第一次开展活动至今，"快门三秒钟"走过了甘肃的14个偏远县区，为老人和留守儿童拍照4000多张。然而也并不是每个人都愿意接受他们的好意。"免费拍照片？怎么可能，骗钱的吧。""你要拿我的照片干什么去？"类似这样的问题，在过去的一年中，袁柯遇到了很多次，每次他们都会耐心解释，慢慢地，村民也就放下了戒备。

"我希望又害怕看到他们的高兴劲。"

尽管时常没有经费，还要面对许多不解和质疑，但袁柯和"快门三秒钟"团队从未想过放弃。总有一些东西在支撑着他们。在拍照过程中，他们在收获一张张笑脸的同时，也收获了笑脸背后的故事。

2011年，"快门三秒钟"受到了临夏县尹集镇新寨村村支书的邀请，袁柯一行去新寨村后发现，有些老人一辈子连一张照片都没有，去世后就拿一张白纸写上老人的名字作为遗像。"因为经济不宽裕，一些老人舍不得为照片这样不能吃不能穿的东西花钱，但这并不代表他们不需要。"在袁柯的4000多张照片中，就有这样的一些照片，成了老人的第一张也是最后一张照片。

2011年的暑假，袁柯带着他"快门三秒"的梦想回到家乡庆阳，给全村老人一一拍了照片，当要给一位90岁的老人拍照片时，老人强打着精神，双手拄着拐杖站了起来。老人的儿媳妇说："也许，你给他照的这张相是他这辈子的第一张也是最后一张了。"当时袁柯并没有在意这句话，但时隔四个月，袁柯得知那位老人去世了。

在永登县连城镇连城村，77岁的盲人万神保得知要拍照时，摸索着进屋将视为"珍宝"的两个毛主席纪念章别在胸前，还不断问袁柯"精神吗？"袁柯后来听说，拿到照片后，这位老人将照片放在炕头那个小小的木匣子里，那是老人的"珍宝盒"。

袁柯和"快门三秒钟"关注的不光是农村的老人，还有一些留守儿童。他知道，当城市里的孩子有一堆写真时，有些农村的孩子还不知道自己在照片里长什么样子。

2011年国庆节，他们来到了东乡县汪集学校给孩子们拍照。"孩子们拿到照片时那种高兴劲真让人难受，才知道，原来照片里的自己是这样的。"很多人长大后，也许会记得小时候做过的事情，但是小时候的样子却很难记住，如果没有一张照片，那就是缺憾。袁柯说："我的童年只有两张照片，还都是合照，我不想这些孩子的童年也像我一样……"

"想通过我们的行动做宣传，绝对不可能！"

这一年来，跋山涉水拍照片的袁柯，有了很多的触动、感动和收获。有老人将自家产的梨塞在了他的口袋里，还有人送来了玉米，但他的收获，远远不止这些。

"在被央视报道之后，有很多人都来找我，有哈尔滨、天津、广州、浙江等全国各地的热心人想要加入到我们这个团队中来。也有商家，他们甚至觉得这是一个很好的宣传机会，想要让我们穿上带有他们 logo 的衣服来宣传他们。这绝对不可能！"在袁柯看来，那样就变味了，就不是公益了。

让袁柯困扰的还有名气。时常有媒体采访他，同学眼中的他成了"名人"，这让想安静地做公益的袁柯觉得很不适应。"我只是想做自己的事情，而且这件事情没有大家想象的那么伟大。我只是一个平常人，做了一些平常事。"

面对充满变数的未来，袁柯说，唯一不会改变的是他要将"快门三秒钟"公益做下去的这颗心。

（摘自：西部商报 2012 年 5 月 10 日/魏　洁）

请回答：

（1）"尽管时常没有经费，还要面对许多不解和质疑，但袁柯和'快门三秒钟'团队从未想过放弃。总有一些东西在支撑着他们。"你认为支撑袁柯和"快门三秒钟"团队的东西究竟是什么？

（2）结合材料，你如何理解"赠人玫瑰，手有余香"？

（3）联系实际，谈谈大学生应如何养成助人为乐的美德和习惯。

3. 结合材料回答问题。

材料 1

社会公德是全体公民在社会交往和公共生活中应该遵循的行为准则，涵盖了人与人、人与社会、人与自然之间的关系。在现代社会，公共生活领域不断扩大，人们相互交往日益频繁，社会公德在维护公众利益、公共秩序，保持社会稳定方面的作用更加突出，成为公民个人道德修养和社会文明程度的重要表现。要大力倡导以文明礼貌、助人为乐、爱护公物、保护环境、遵纪守法为主要内容的社会公德，鼓励人们在社会上做一个好公民。

……

计算机互联网作为开放式信息传播和交流工具，是思想道德建设的新阵地。要加大网上正面宣传和管理工作的力度，鼓励发布进步、健康、有益的信息，防止反动、迷信、淫秽、庸俗等不良内容通过网络传播。要引导网络机构和广大网民增强网络道德意识，共同建设网络文明。

（摘自：《公民道德建设实施纲要》2001 年 9 月 20 日）

材料 2

网络作为一种新型的信息交流平台，已成为网民学习新知识、接受新思想、传播新信息的重要渠道，是我们认识世界、改造世界的一种新的技术手段。由于网络社会是一个可以产生异化的地方。因此，更要特别强调文明办网、文明上网，净化网络环境，努力营造文明健康、积极向上的网络文化氛围，营造共建共享的精神家园。

……

网络与现实是互动的。因为现实与网络是相互作用关系，网上不道德问题不仅影响网络空间，而且会直接影响到现实社会。现实中的一些不道德问题会反映到网络上并会被放大，网络空间的不道德现象反过来会对现实社会产生严重影响。如果网络空间允许存在与现实社会道德规范冲突的道德，最终会危及社会现有道德体系的维系。

……

与传统道德比较，网络道德的一个突出特点或发展趋势，在于从道德他律到道德自律的明显变化。网络社会中的道德不像传统道德那样，主要依靠舆论来规范个体行为，而是靠网民以"慎独"为特征的道德自律。因此，网民要自我约束自己的网上行为，在网上只发布对社会有用和有益的信息，不做有损于网络道德的事。

（摘自：网络道德重在自律，光明日报 2008 年 5 月 4 日/徐宝库）

请回答：

（1）结合社会公德的内容，如何正确理解社会公德涵盖了人与人、人与社会、人与自然之间的关系？

（2）联系实际，谈谈大学生应当遵守哪些网络生活中的道德要求？

4. 结合材料回答问题。

材料 1

职业道德是所有从业人员在职业活动中应该遵循的行为准则，涵盖了从业人员与服务对象、职业与职工、职业与职业之间的关系。随着现代社会分工的发展和专业化程度的增强，市场竞争日趋激烈，整个社会对从业人员职业观念、职业态度、职业技能、职业纪律和职业作风的要求越来越高。

（摘自：《公民道德建设实施纲要》中发〔2001〕15 号）

材料 2

2012 年 5 月 29 日，杭州长运客运二公司快客司机吴斌驾驶大客车从无锡返回杭州。11 时 39 分，大客车在高速公路上正常行驶途中，一块数斤重的铁块从空中飞落，击碎车前挡风玻璃后砸中吴斌腹部和手臂，导致其三根肋骨折断、肝脏破碎。危急关头，吴斌强忍剧痛，镇定完成换挡、刹车等一系列安全操作，将车平稳地靠边停好，开启双跳灯、打开车门，安全疏散旅客，确保了车上 24 名旅客安全，自己却因伤势过重献出了生命。

吴斌在 1 分 16 秒内用超人般的意志力忍受剧痛完成保障乘客安全的壮举震撼了无数人。网民毫不吝啬地赞其为"最美司机""英雄司机"。

（摘自：人民网 2012 年 6 月 4 日）

材料 3

尼玛拉木，女，33 岁，藏族，中共党员，云南省迪庆藏族自治州德钦县云岭乡邮政所邮递员。

自 1999 年参加工作以来，尼玛拉木心系群众，徒步在雪山峡谷邮路上穿梭了 20 余万公里，取送邮件无数，从来没有延误过一个邮班，也没有丢失过一封邮件，被誉为"藏族群众心中的格桑花"。

尼玛拉木所走的邮路在白马雪山和梅里雪山的峡谷地带，总长 350 公里，海拔高差 2000 多米，一天之内数次感受低温严寒和高温酷热。这段邮路大部分是悬崖峭壁间的羊肠小道，经常遇到飞石、滑坡和泥石流，很少有人敢走。尽管条件十分艰苦，并且凶险重重，但尼玛拉木在这条邮路上一走就是 10 年。她服务的几十个村寨中，有一条邮路要通过波涛汹涌的澜沧江。由于条件所限，过江通道只有一条锈迹斑斑的溜索。在那命悬一线的细细溜索上，随时都有可能发生各种意外，尤其是雨天，溜索太滑刹不住车，经常会撞在对岸挡墙上。可是为了乡亲们能及时收到信件和报刊，尼玛拉木冒着危险 10 年间在这条溜索上来回 1200 余次。在取送邮件的路上，尼玛拉木时常被飞石击伤，在过溜索时被江对岸的木桩撞疼，但她始终风雨无阻，无怨无悔。

尼玛拉木对待工作兢兢业业，对待群众亲如家人。产后才20天，她就把孩子托付给母亲照看，背起邮包又走上了邮路。雪山峡谷气候变化无常，尼玛拉木的邮包里常备有三块油布，为的是遇到下大雨时包裹邮件和报纸杂志。为了送一份重要邮件，她曾连闯3道泥石流，虽然自己全身被泥水淋透，但交到村民手中的却是崭新干净的邮件。为了按时把一份高考录取通知书亲自送到考生本人手上，她曾花了整整6天时间在崇山峻岭的牧场上寻找收件人。2008年1月雨雪冰冻灾害肆虐的时候，她不顾个人安危，冒着雨雪把100多封第二代身份证特快专递如期送到了红坡村的乡亲手中。有些群众住在深山里出门不容易，便托付她捎带上一些急需的日用品，她从没多收过群众一分钱。

尼玛拉木荣获全国邮政系统先进个人、全国城镇妇女巾帼建功标兵、全国五一劳动奖章、全国交通运输系统劳动模范、第十九届全国十大杰出青年、首届全国道德模范提名奖等荣誉。

（摘自：CCTV.com 2009年6月17日）

请回答：

（1）如何理解职业道德"涵盖了从业人员与服务对象、职业与职工、职业与职业之间的关系"？

（2）结合材料，如何理解社会主义职业道德的最基本要求和最高层次的要求？

（3）联系实际，谈谈大学生应如何培养自身的职业道德素质？

5. 结合材料回答问题。

两名80后通过500万诚信大考

500万是个啥概念？

按照现在的收入水平，对于一个普通的工薪阶层，500万元绝对是个天文数字。

500万能干啥？

在大庆100平方米的房子差不多能买10套。即使存进银行，一年的利息也相当可观。

500万的诱惑力不言而喻。

但，大庆有一对开彩票站的80后小夫妻，他们在500万面前，却表现得格外淡定。

当他们得知，替别人垫钱购买的彩票中了500万大奖之后，丝毫没有犹豫，而是在第一时间，将中奖彩票送到中奖者手中。

他们的诚信之举，传遍了大庆，无数人为他们竖起大拇指。

老客户委托帮忙垫钱买彩票

2012年10月31日下午4点，宋卫利正忙着帮彩民打彩票。

这时，电话响起："小宋啊，今晚大乐透开奖，再帮我打几注。"

"王哥啊，你说号吧，我马上就给你打。"宋卫利听出了老顾客的声音。

此时，虽然王哥已经欠宋卫利彩票站8000多元的彩票款，但是宋卫利还是毫不犹豫地帮王哥代买了70元的彩票。

"早点来取票啊，要是中奖了，不怕我给你拿跑了啊？"

"没事，你办事我放心！"

打彩票的时候，两人还开了几句玩笑。

原来宋卫利的这个彩票站开了 5 年多,王哥也在她的彩票站买了三四年的彩票,相处时间长了,彼此也就熟悉了。

赶上王哥没时间的时候,他就打电话,让宋卫利帮他先买上,存的钱花没了,小宋就先给他垫上。

几年来,王哥从来没差过事儿,王哥每次中个万八千元的奖金,小宋也都第一时间给王哥。一来二去,两家人成了朋友。

代购彩票当晚得知彩站中大奖

当天晚上 9 点多,彩票站里的彩民都已回家了,小宋和下班回来的丈夫李宝财,一边打扫着店内的卫生,一面收拾着东西准备回家。

宋卫利一看时间,大乐透开奖的时间到了,出于职业习惯,小宋打开电脑,查看了一下中奖信息。

这一看,宋卫利吓了一跳,屏幕上清晰地显示,大庆第 9511 号彩票站中出了一注一等奖,宋卫利简直不敢相信自己的眼睛。

“老公,你快来看,咱家中出了 500 万大奖!”宋卫利兴奋地喊了起来。李宝财立马扔掉了手中的活儿,两步就跑到了机器前。眼前的一幕让他知道这是真的。

稳定了一下情绪后,俩人再往下看,除了一等奖一注之外,他们彩票站还中出了一注二等奖、一注三等奖、十注四等奖,总计奖金 500 多万。

凭着经验,宋卫利意识到,这份大奖应该是一个人中的,而且这个彩民买的应该是复式。再看一下中奖的号码,宋卫利觉得这组号码很熟悉。

“这张票是谁买的呢? 运气太好了!”宋卫利一面替彩民高兴,一面大脑飞快地运转着,一个个彩民的身影在她的脑海中浮现。

啥都没想第一时间通知中奖人

突然,小宋像想起了什么,她迅速打开电脑下面的抽屉,拿出了一沓彩票,从前到后对了一遍。

“没错! 中奖的就是这张。这是王哥下午打电话,让我帮他买的。王哥发财了!”

李宝财不放心,颤抖着双手,接过彩票,从头到尾,又仔细地对了一遍。“赶紧给王哥打电话!”两口子不约而同地说。

“王哥,你中了大乐透一等奖 500 万,还中了二等奖、三等奖、四等奖,彩票就在店里呢,你快来拿走吧。”小宋拿起手机拨了过去。

“呵呵,小宋,你不是开玩笑吧?”

“真的,王哥,我们两口子都在店里等你呢! 快过来吧!”

听小宋说得特别认真,王哥放下电话,直奔彩票站。

10 分钟后,王哥到达彩票站。小宋两口子正在焦急地等待着。

王哥接过彩票的一刹那,两口子也都松了一口气。

此时,已经快到晚上 10 点了,由于担心王哥一个人走夜路不安全,两口子又主动提出,亲自护送王哥回家,把王哥安全送到家,两口子心里算是彻底踏实了。

(摘自:大庆晚报 2012 年 11 月 5 日/孙贻国)

请回答：

（1）诚实守信，既是做人的准则，也是对从业者的道德要求。结合材料，谈谈如何理解"诚实守信"这一职业道德的基本要求？

（2）联系实际，简述从业者恪守"诚实守信"的职业道德的重要意义。

6.结合材料回答问题。

材料1

大学生就业压力大是事实，这是社会问题，不是谁可以随便解决的，但对于我们每一个人，却是很现实的问题，我们必须解决。毕业了，意味着我们要工作，要独立生活，要赚钱养活自己。一个月没工作，这个月的生活费便是问题。所以——不能哭泣，生活不相信眼泪。我们必须积极面对，寻找解决问题的办法。

香港未来盛景教育培训集团职业生涯规划课题组主任兼客服部主任郑艺桐女士，多年来从事职业生涯规划研究的她有着深厚的理论基础，同时在未来盛景客服部的工作，让她接触了很多案例。她为大学生贡献了四条求职妙招。

一是正确的自身定位。就业压力大决定了我们找工作时，只能找到我们能力所能胜任的，而非努力工作还难以胜任的较高职位。自己是个普通螺丝的材料，就不要顶替膨胀螺丝的位置，发挥好普通螺丝的作用就好了。所以，应届生首先要正确认识自己，科学定位自己，肯降下身段从基础做起。是金子总会发光，是金子总会被发现，是金子就不要太在乎今天的命运。

二是巧妙利用国家政策。近年来，国家颁布了很多政策制定了很多措施，应届生要利用好这些政策。比如，各地均有对于大学生创业的优惠政策；各地政府为促进大学生就业，纷纷出台政策免费提供就业、职前或创业以及其他技能培训；近年来国家出台了不少惠农政策，关注农业项目和三农政策，也许会发现更好的出路。

三是躲开北上广，西部地区及农村大有可为。对于应届生来说，别说像北京、上海、广州这样的大城市，就是二线城市，生活也并不容易。反而祖国的中西部的小城市或者农村，有着更广阔的天地。关键看我们能否扭转观念。

四是提升自身综合素质。就业压力大的大环境我们无法改变，我们能改变的只有我们自己。不要做无用的埋怨，积极面对困难和挫折，采取措施，积极主动的提升自身的综合素质才是解决问题的办法。比如参加就业培训、职前培训提升自身综合素质。

（摘编自：中国日报网2011年11月5日）

材料3

希望同学们把深入实践作为成长成才的必由之路。古人讲，既要"读万卷书"，又要"行万里路"。这在一定程度上揭示了人才成长的规律。古往今来凡成大事者，无不经过社会实践的历练和艰苦环境的考验。五四运动昭示的青年运动正确方向，就是在党的领导下，走与工农群众相结合、与中国革命实践相结合的道路。当代青年学生要健康成长、茁壮成才，仍然必须坚持这个正确方向、这条正确道路。对青年学生来说，基层一线是了解国情、增长本领的最好课堂，是磨炼意志、汲取力量的火热熔炉，是施展才华、开拓创业的广阔天地。只有深入到基层中去，深入到群众中去，才能加深对社会的认识，增进同人民群众的感情，提高解决实际问题的能力。近年来，不少高校毕业生积极响应党和政府号召，主动到基层一线去工作，做出了显著成绩，加快了成长成才步伐。希望更多同学以他们为榜样，自觉到基层一线去发挥才干，到艰苦的环境里去经受锻炼，到祖国和人民最需要的地方去建功立业，切实走好迈向社会的第一步，开辟事业发展的新天地。

（摘自：胡锦涛：《在同中国农业大学师生代表座谈时的讲话》，人民日报 2009 年 5 月 3 日）

请回答：

（1）大学生应如何正确认识当前我国的就业形势？请简要分析大学生就业压力大的主客观原因。

（2）择业与创业的关系如何？简述大学生应如何树立正确的择业观与创业观。

（3）联系实际，谈谈大学生应如何进行职业生涯设计？

7. 结合材料回答问题。

王某与李某婚后有四子：长子于 2010 年 5 月病故，遗有妻子 A 和子 B；次子对王某、李某有严重虐待行为，于 2011 年 8 月车祸死亡，遗有子 C；三子在外地工作，经常回家探望父母；四子于 2013 年 7 月工伤死亡，遗有妻子 D 和女儿 E，D 与王、李共同生活，并将王某养老送终。2013 年 10 月王某病故，未留下遗嘱，生前与李某共有财产 20 万元。王某的家人为争夺遗产发生了纠纷，起诉到法院。

请回答：

（1）什么是遗嘱继承？遗嘱的有效要件有哪些？

（2）根据我国《继承法》的规定，本案应如何分配遗产？

四、简答题

1. 简述公共生活有序化对经济社会发展的主要意义。

2. 简述社会公德的含义及其主要内容。

3. 联系实际，谈谈大学生应该如何增强社会公德意识。

4. 我国《治安管理处罚法》的立法目的和基本原则是什么？

5. 什么是违反治安管理行为？主要包括哪些种类？

6. 治安管理处罚的种类有哪些？

7. 我国《集会游行示威法》的立法目的和基本原则是什么？

8. 简述集会、游行、示威的含义及其申请与许可的法律规定。

9. 我国《环境保护法》的立法目的和基本原则是什么？

10. 简述我国环境管理的基本制度。

11. 我国《道路交通安全法》的立法目的和基本原则是什么？

12. 我国《维护互联网安全的决定》的立法目的和基本原则是什么？

13. 简述职业道德的含义及其主要内容。

14. 简述我国《劳动法》的基本原则。

15. 简述劳动者的权利和义务。

16. 简述大学生如何培养职业道德素质与法律素质。

17. 面对当前我国的就业形势，大学生应怎样树立正确的择业观和创业观？

18. 大学生应如何正确认识恋爱中的道德要求？

19. 简述我国《婚姻法》的基本原则。

20. 简述我国《婚姻法》规定的结婚条件。

21. 什么是无效婚姻？包括哪些情形？

22. 简述父母子女之间的权利义务关系。

23. 什么是离婚？离婚的方式有哪些？

24. 简述离婚过错赔偿制度。

25. 什么是遗产？遗产的范围是什么？

26. 简述我国财产继承的类型。

27. 什么是遗赠和遗赠抚养协议？

28. 简述个人品德及其作用。

29. 简述道德修养及道德修养的有效方法。

参考文献

［1］伍大勇. 大学生职业素养. 北京：北京理工大学出版社，2011.

［2］梁矗. 职业素养训练. 北京：机械工业出版社，2012.

［3］尹凤霞. 职业道德与职业素养. 北京：机械工业出版社，2012.

［4］杨千朴. 职业素养基础. 江苏：南京大学出版社，2009.

［5］封智勇. 职业素养. 广东：福建人民出版社，2014.

［6］尹智安、李耘. 职业素养与法律. 北京：中国商业出版社，2012.

［7］高其才. 法律基础. 第 3 版. 北京：清华大学出版社，2013.